从117到中国尊
——姚攀峰工程实践及前沿研究

姚攀峰　著

中国建筑工业出版社

图书在版编目（CIP）数据

从117到中国尊——姚攀峰工程实践及前沿研究/
姚攀峰著．—北京：中国建筑工业出版社，2015.10
ISBN 978-7-112-18288-6

Ⅰ．①从…　Ⅱ．①姚…　Ⅲ．①建筑结构-文集
Ⅳ．①TU3-53

中国版本图书馆CIP数据核字（2015）第161903号

本书以作者的工程实践和研究为主线，展示了土木工程行业一些前沿研究和最新技术进展，在工程实践篇介绍了中国尊、天津117等国内代表性工程；在结构工程篇介绍了砌体-钢筋混凝土筒体混合结构、多边多腔钢管钢筋混凝土巨柱力学性能等，在房屋抗震篇介绍了设防巨震及“四水准、多阶段”、科学地震逃生等抗震新理念；在地基基础篇介绍了半回填建筑地基承载力、非饱和土的抗剪强度等。

本书是学术前沿研究和工程实践相结合的书籍，可作为科研单位、大专院校和工程单位了解土木工程前沿研究和超大工程实践技术的资料。

责任编辑：刘瑞霞　李天虹
责任设计：董建平
责任校对：张　颖　陈晶晶

从117到中国尊
——姚攀峰工程实践及前沿研究
姚攀峰　著

*

中国建筑工业出版社出版、发行（北京西郊百万庄）
各地新华书店、建筑书店经销
北京科地亚盟排版公司制版
北京中科印刷有限公司印刷

*

开本：787×1092毫米　1/16　印张：17¼　字数：409千字
2015年10月第一版　2015年10月第一次印刷
定价：**49.00**元（含附赠《结构小记》）
ISBN 978-7-112-18288-6
（27489）

推　荐　语

目前中国仍然处于建筑工程的高速发展期，很多工程项目在规模、影响以及技术难度等方面处于世界领先地位。作为多项重大工程项目的设计者与管理者，姚攀峰先生在建筑结构领域具有非常丰富的经验，他亲历了国贸三期、天津117和中国尊等代表当时最高水平的重大工程建设全过程。他涉猎广泛，视角独特，对新技术兴趣深厚。在本书中，姚攀峰先生对国贸三期、天津117和中国尊项目的工程概况、结构选型、荷载与材料、计算分析以及采用的关键技术进行了详细介绍，讲解了多边形多腔钢管钢筋混凝土巨柱、抗震避难单元等新理念，提出了在砌体结构抗震、次结构与非结构构件抗震、地基承载力理论研究等方面的独到见解。本书可为广大设计、施工及管理人员在了解国内重大建筑工程动态与新技术时提供宝贵的参考。

——范重　中国建筑设计研究院总工程师

本书是姚攀峰同志长期从事结构工程设计实践和防震减灾研究的一部心血结晶。书中以作者参与设计的国贸三期A项目、天津117项目和中国尊项目为实践背景，既详细展示了作者提出的非饱和土摩尔-库仑破坏准则、砌体-钢筋混凝土筒体混合结构、多边多腔钢管混凝土巨柱（“姚式巨柱”）等新理论和新技术，也首次系统描述了作者在防震减灾领域提出的“设防巨震”、“避难单元”、“四水准”、“多阶段”、“综合逃生法”等新震新理念。本书是一部集新理论、新技术、新理念于一体，学术前沿研究和重大工程实践相结合的佳作。

——吕大刚　哈尔滨工业大学土木工程学院副院长

《从117到中国尊——姚攀峰工程实践及前沿研究》是具有实用性、技术性的重要学术著作，内容包括多项复杂高层结构技术领域的创新性研究成果，集中展现了国内外高层结构技术的最新进展。

超高层结构的建设能力往往是衡量一个国家建筑科技水平的重要标准，也是一个国家文明发展程度的象征，世界各国都十分重视超高层结构设计理论与建造技术的研究与工程应用。作者多年来活跃于超高层结构技术领域的工程前沿，形成了多边多腔钢管混凝土巨柱的思想和具体概念并推广应用到中国尊等多个项目，是我国结构工程界为数不多的重大原创之一，推动了我国复杂超高层结构设计技术的进一步发展。

此外，作者在结构抗倒塌设计理论、地震逃生科学等领域多有创新建树，特别是在完善“四水准设防理论”、提出“抗震综合逃生法”、构建“砌体-钢筋混凝土筒体结构”等方面的研究成果引人注目并在相关规程得到了体现。

以上这些创新成果的取得，与作者多年来对科技创新的不懈追求分不开。我们也期待作者今后百尺竿头更进一步。

特此，我非常乐意向广大结构科技工作者郑重推荐《从 117 到中国尊——姚攀峰工程实践及前沿研究》。

——赵世春 西南交通大学土木工程学院副院长

本书作者紧密结合国家工程大建设的机遇，坚持工程实践与理论研究相结合，勇于创新，在地基基础、结构工程及工程抗震方面取得了独创性的成果。针对半开挖地基基础这一特殊基础形式，作者在 Prandtl 假定的基础上，推导了相应的地基承载力计算公式，并引入相应的修正系数给出了实用计算公式。作者基于对非饱和土抗剪强度的深刻理解，利用已有的实验结果，给出了改进的摩尔库仑抗剪强度公式，用极端实验验证了其合理性。在结构上，提出了多边多腔钢筋混凝土巨柱的新结构，丰富了超高层建筑的结构形式。对解决量大面广的低层建筑的地震灾害问题，提出了“避难单元”的避震结构形式。这些成果将给相关领域读者带来新理念和新知识，对工程实践有较好的参考价值。特为之推荐。

——杨光华 广东省水利水电科学研究院名誉院长

对于高度超过 500m 以上的复杂超限高层一直是工程设计界的高难度项目，姚攀峰先生本着敢挑大梁、追求卓越的信念，不惧挑战，在这方面的设计实践、研究中取得了众多心得体会。在本书中，对多个复杂超限高层的技术难点、解决方案等关键技术进行了详细的讲解和介绍，图文并茂、内容详尽丰富。其中中国尊项目中的结构方案讨论章节，通过对建筑设计需求、结构合理性、结构耗能机制、历次超限审查意见等多方面对结构设计方案的选取过程进行了论述，使读者能够详细地知道该项目最终结构方案的确定原则和选取原因，对设计极具参考借鉴价值。

本书中不仅对有关高难度项目的设计做了较为全面的介绍，还展示了作者在多腔钢管混凝土巨柱、巨震避难单元概念等方面的科研成果及在工程实践中的应用。对广大设计、科研人员而言，的确是一本值得一读的好书。

——李治

姚攀峰先生是我的同事。他在中国尊项目时负责结构设计工作，有效整合设计资源，全面管理设计质量和进度，控制了风险。提出了多边多腔钢管钢筋混凝土巨柱（姚氏巨柱）、高延性双连梁核心筒等重要技术，在中国尊项目得到了应用。在他和项目团队的共同努力下，中国尊顺利通过了振动台模拟巨震的考验，抗震性能优异，综合效益超过 10 亿元，创造了国内同类项目结构超限审查用时最短的纪录。

本书是姚攀峰先生长期从事建筑结构领域工作实践和理论研究的宝贵结晶。在本书中，以姚攀峰先生亲历的国贸三期、天津 117 和中国尊项目等代表当时最高水平的重大工程项目为实践背景，详细介绍了其工程概况、结构选型、荷载与材料、计算分析以及采用的关键技术，同时讲解了多边形多腔钢管钢筋混凝土巨柱、抗震避难单元等新理念，提出了在砌体结构抗震、次结构与非结构构件抗震、地基承载力理论研究等方面的独到见解。本书实用性强，理论很好地结合了实际，立意高，将为广大工程管理人员在了解国内重大建筑工程动态与前沿技术方面提供了非常有益的参考。

——齐明

致　谢

在完成此书之际，我要向为本书题写序言和推荐词的聂建国院士、范重总工程师、吕大刚教授、赵世春教授、杨光华院长、李治总工程师、齐明副总经理致谢；向曾经给予我指导和支持的陈肇元院士致谢；向建工社的沈元勤社长、王梅主任、刘瑞霞主任、李天虹编辑致谢；向一直默默帮助我的师友、家人致谢，向完成国贸三期A、天津117、中国尊项目设计、咨询的全体成员致谢，向所有为本书提供相关资料和帮助的同事、同行致谢，如张义元、孔永祥等同志。你们的支持和帮助促使我完成了本书的撰写。由于篇幅限制等原因，本书未能列举所有相关人员的名字，但是本书离不开他们的支持和帮助，谢谢。

姚攀峰 2015-08

序　言

姚攀峰同志长期从事结构设计工作，从基层做起，先后设计了几十个工程，参与的代表性工程包括国贸三期A、天津117、中国尊等大型项目，实践经验丰富。在天津117设计过程中，针对首个截面面积超过30平方米的巨柱，他突破了采用钢骨混凝土柱的传统做法，提出了多边多腔钢管钢筋混凝土巨柱技术，在天津117项目中得到了实施，取得了显著的效果，并推广应用到中国尊等项目，目前多边多腔钢管钢筋混凝土巨柱已经成为超高层建筑结构中的重要竖向结构形式之一。在设计工作的同时，姚攀峰同志还一直从事科研工作。他在抗震减灾领域先后提出了"巨震、(避难单元)不倒"、"四水准、多阶段"、"综合逃生法"、"砌体-钢筋混凝土筒体混合结构"等新概念、新技术，部分成果已经被国家标准采用，并在中国尊项目得到了实施。在岩土工程领域，他提出了改进的摩尔库仑破坏准则等公式。"十年磨一剑"，他用多年的汗水、积累取得了可喜的成果，他刻苦钻研和勇于创新的精神难能可贵。

姚攀峰同志在本书中反映了上述成果，展示了国贸三期、天津117、中国尊的结构设计，介绍了这些工程在设计过程中关于结构体系、关键技术的部分研究成果和报告，此外，还收录了他本人已发表的几篇代表性论文："多边多腔钢管钢筋混凝土巨柱力学性能初步探讨"、"房屋结构抗巨震的探讨、应用及实现"等。本书内容丰富，理论联系实际，对土木工程结构设计和科研都具有参考价值。

聂建国

2015年7月于清华园

前　言

2008年5月12日14时28分04秒，四川省阿坝州汶川县发生8.0级地震，地震造成87150人死亡或失踪，374643人受伤。——中华人民共和国民政部

这是一个所有中国人应该铭记在心的日子，也是改变中国结构界的日子！汶川地震之前，我做结构专业负责人已经将近5年了，负责或者参与设计了UHN、国贸三期等项目，天天忙碌于协调、设计、分析、绘图、处理现场问题……然而2008年5月12日，改变了许多人，也改变了我。地震来了！

砌体结构是汶川地震中死亡人数最多的结构，也是世界上历史最悠久，应用非常广泛的重要结构形式。砌体结构具有取材便捷、施工简单、经济实用的优点，也存在延性差、强度低、离散性大等问题。尽管设置圈梁构造柱的砌体结构二代技术有效提高了砌体的抗震性能，砌体结构抗震性能差仍然是结构界面临的难题。我试图先解决砌体结构抗震问题，经过持续努力，在5月的下半旬，我突然想出了一种新型的砌体结构能够解决这个问题。这种新型砌体结构我称之为砌体-钢筋混凝土筒体结构，在2008年6月30日我完成了初步的深化，形成了相对完整的版本，"本结构形式有下列优点：1. 房屋抗震性能大幅度提高，本结构结合了钢筋混凝土筒体结构的优势，较普通的砌体房屋抗震性能大幅度提高，使得房屋在地震中不易倒塌。2. 提供了最近距离的抗震避难所，钢筋混凝土筒体本身的抗震性能高于砌体部分，在地震中不易倒塌，可以为其中人员提供避难场所，由于是该避难所在室内，人员完全可以有时间逃到其中……"这个版本中已经蕴含了地震逃生、避难单元、允许非避难单元倒塌等概念的萌芽。这种新型结构面临着严峻的考验，存在以下问题：1. 违背了"规则、均匀、连续"等结构抗震基本概念；2. 与《建筑抗震设计规范》(GB 50011—2001) 相关条文直接冲突；3. 内力分析过程中面临刚度矩阵奇异等难题；4. 需要地震逃生等非结构学科的支撑。

砌体-钢筋混凝土筒体结构成立的前提之一在于使用人员具有逃生能力，然而地震逃生在当时远远不是一门科学。在2008年下半年，我开始展开了对地震逃生的科学研究，提出了逃生的安全目标、目标安全区、地震逃生安全函数等概念，进行了上百次的地震逃生模拟实验，结合实际逃生案例，针对农村单层砌体房屋居民给出了不同情况下的逃生建议。关于地震逃生的研究成果在2009年3月份的《国际地震动态》正式发表。在地震逃生研究和砌体-钢筋混凝土筒体研究的基础上，在2008年年底，2009年年初我形成了"小震不坏、中震可修，大震不倒，巨震，(避难单元) 不倒"的"四水准"抗震理念。2009年4月份关于"4水准"抗震的成果正式发表在《建筑结构》增刊上，并在第二届建筑结构技术交流会上与大家进行了学术交流。到了巨震阶段，破坏和倒塌对于砌体等结构是难以避免的，火灾等次生灾害也是可能发生的，这需要引入新的结构抗震概念、分析理论和技术措施，科学地震逃生也是应对巨震的重要一环。从2009年至今，我们进一步完善了

“四水准，多阶段”的抗震理念，引入了“避难单元面积比”、“避难单元子结构”、“整合式抗震”等，在地震逃生领域提出了“综合逃生法”等，两者相辅相成，不但适用于砌体结构，而且可以推广应用到钢筋混凝土、钢结构等各种结构。巨震中，避难单元不倒塌是对结构的最低要求。如果说“耗能支撑”宛如人的锁骨，起到保护主结构的作用，那么“避难单元”就是人的颅骨，是主结构要保护的核心部件。上述成果在中国尊项目中得到了部分尝试和实践，在众多专家学者的推动下，部分成果被引入了国家标准，具体内容可详见本书“房屋抗震篇”中相关论文。

研究固然重要，然而结构设计才是我的本职工作。国贸三期结构封顶之后，我收到Arup的邀请，2009年5月，正式加入Arup，开始了从“天津117”到“中国尊”的征途。天津117项目位于天津市西青区，结构高度596.2m，是中国真正的第一高楼，比哈里发塔的结构高度也仅低4.8m，由于建筑方案的不同，结构难度甚至高于哈里发塔。如果说在国贸三期项目中我更多的是向Arup这种国际一流的公司学习，在做117的过程中，我有了更多的机会与世界顶级专家面对面的交流、切磋，并有机会实践自己的一些新理念。作为天津117的主要设计成员之一，我先后涉及了天津117的桩基、筏板、巨柱、巨撑、桁架、现场配合等工作，并按照公司要求给多位设计师进行了具体的技术指导和支撑。天津117是巨型结构，只有4个巨柱，巨柱直接关系到整个大楼的安危。当时世界上20平方米以上的超大截面巨柱均为钢骨柱，如上海环球金融中心等。概念方案设计阶段，香港总部的方案为钢骨柱。117巨柱地上部分最大截面面积达到45平方米，是世界上首个超过30平方米的巨柱，没有任何先例。在整个工程设计中难度最大的就是巨柱设计。进入初步设计阶段，我发现原钢骨柱延性低、钢板过厚等不足，开始考虑新的解决方案。在深入设计的过程中，我逐步形成了多边多腔钢管混凝土巨柱的思想和具体概念，尝试了几十种柱身设计方案，终于设计出来当时较为满意的巨柱柱身截面，在初步设计第一次超限审查会议上，新结构得到了容柏生院士、程懋堃总工、陈富生总工等专家的支持和认可。在前期工作基础上，我带领部分同事，一鼓作气完成了巨柱的关键节点、柱脚、地下部分等设计。多边多腔钢管钢筋混凝土巨柱后来被推广应用到中国尊等多个项目，这也是我国结构工程界人士重大原创之一，部分专家学者甚至称之为姚氏巨柱。在117项目组同事的协助之下，我的部分工作创造了多项世界纪录：世界上第一个超过30平方米巨柱设计、第一个超过1.5米厚的多腔钢管钢筋混凝土剪力墙……

2011年我开始做中国尊项目。相比于天津117，中国尊的难度更大，高528m，是世界上8度抗震区首个超过500m的建筑物，而且为尊形，顶部尺寸变大为69m×69m。中国尊的地震基底剪力约是上海中心的1.7倍，天津117的1.25倍。由于种种原因，中国尊的第一次超限审查的设计成果相当不理想，部分专家明确指出：“（刚度）突变，特别是高烈度区，是危害性很大的。”受命于危难之际，我和设计、顾问团队共同努力，迅速扭转了局面。我们采用了巨型支撑框架＋高延性双连梁核心筒结构体系、多边多腔钢管钢筋混凝土巨柱等新技术，解决了多个难题，通过了多次内审和外审。在2013年12月我们进行了振动台实验。实验证明，中国尊结构体系合理，位移角、剪重比等均可满足国家标准，不但能够抗大震，而且能够抗约7500年一遇的巨震，安全性能良好。在中国尊项目中，我们创造了多项世界纪录和国内纪录，取得了10亿元以上的综合效益。相关内容可参见本书“天津117项目”“中国尊项目”“结构工程篇”等章节。为了便于读者了解国内超高层设计发展的过程，我特意收录了“国贸三期A项目”。

半开挖地基基础是常见的实际工程问题，规范中缺乏相应的地基承载力计算公式，我基于Prandtl假定，推导并给出了工程中比较实用的地基承载力计算公式。非饱和土是广大结构工程师比较陌生的领域，然而非饱和土在我国分布广泛，许多工程问题就是对非饱和土认识不足造成的。非饱和土的基础理论之一是抗剪强度理论，Fredlund教授是该领域的权威，提出了扩展的摩尔库仑破坏准则。我在该领域持续工作8年之后，基于3个独立的实验，分析了扩展的摩尔库仑破坏准则的不足，提出了改进的摩尔库仑破坏准则，用极端实验验证了新准则的合理性。相关内容可参见“地基基础篇”的章节。

在漫长的研究、实践过程中，我得到了陈肇元院士、容柏生院士、聂建国院士、李广信教授等许多前辈、同事、同行的指导和帮助，得到了建工社沈元勤、王梅、刘瑞霞、李天虹等同志的支持，也得到了我爱人及家人的全力支持，在此向他们表示感谢。在这里，我还想对周炳章先生致以特殊的敬意。周先生已于2015年2月仙逝。以周先生为代表的专家学者提出了著名的圈梁构造柱技术并进行了系列研究，把砌体结构提升到了二代技术，大大减少了地震中砌体房屋居民的伤亡。这是我国近代房屋结构领域为数不多的重大原创，在近代结构工程中占有一席之地。让我们新一代土木人，继承前辈心愿，在世界房屋结构、抗震领域做出更多的成绩，为社会创造出更多的贡献使汶川悲剧不再重演。

目　　录

工程实践篇

结构工程篇

房屋抗震篇

地基基础篇

工程实践篇

1 国贸三期A项目[1~6]

1.1 项目概况

国贸三期地处北京市朝阳区光华路CBD核心区，东起东三环路，西至机械局综合楼，南起国贸大厦2座，北至光华路，占地6.27公顷，总建筑规模达54万m^2。共分两个阶段进行施工，三期A阶段工程和三期B阶段工程，三期A阶段工程的建筑面积约为29.7万m^2，已经建设完毕，三期B正在建设中。参见图1-1和图1-2。

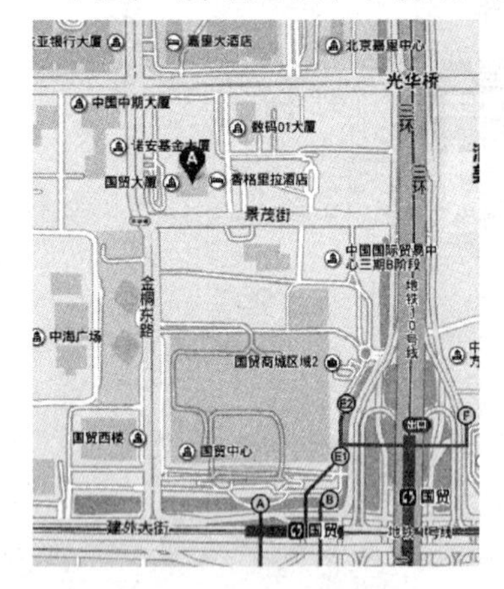

图1-1 项目位置图

国贸三期A项目是由中国国际贸易中心股份有限公司开发的超高层项目，该建筑物主塔总高度为330m，地上74层，地下3层，集写字楼和超五星级饭店为一体的主塔楼、一座可同时容纳1600人的大宴会厅、现代化商城、电影院及地下停车场等，是北京市新的地标性建筑物，参见图1-3。

图1-2 项目全景图（摄影：姚攀峰）

图1-3 国贸三期（拍摄：姚攀峰）

1.2 主要参与单位

本工程开发建设单位为中国国际贸易中心股份有限公司，地勘单位为北京市勘察设计研究院有限公司，地震安评单位是中国国家地震局地壳应力研究所，结构设计单位为奥雅纳工程顾问和中冶京城工程技术有限公司，奥雅纳工程顾问完成国贸三期A的结构方案和初步设计及结构超限审查，奥雅纳工程顾问与中冶京城工程技术有限公司共同完成施工图设计，TT 是该项目结构顾问单位；建研科技股份有限公司进行了振动台试验。

1.3 技术标准

本工程结构设计主要执行以下中国国家相关技术标准：

（1）建筑结构设计可靠度统一标准	GB 50068—2001
（2）建筑结构设计术语和符号标准	GB/T 50083—97
（3）工程结构设计基本术语和通用符号	GBJ 132—90
（4）建筑结构荷载规范	GB 50009—2001
（5）建筑抗震设计规范	GB 50011—2001
（6）混凝土结构设计规范	GB 50010—2002
（7）钢结构设计规范	GB 50017—2003
（8）高层民用建筑钢结构技术规程	JGJ 99—98
（9）高层建筑箱形与筏形基础技术规范	JGJ 6—99
（10）建筑桩基技术规范	JGJ 94—94
（11）北京地区建筑地基基础勘察设计规范	DBJ 01—501—92
（12）高层建筑混凝土结构技术规程	JGJ 3—2002
（13）型钢混凝土组合结构技术规程	JGJ 138—2001

如结构设计部分不包括在中国国家规范之内，则参考英国和美国或者新西兰相关规范。

本工程的地勘报告、地震安评主要依据以下资料：地震作用以国标 GB 50011—2001 为标准，并参考中国国家地震局地壳应力研究所于 2002 年 11 月提供的《中国国际贸易中心三期工程主塔楼场地地震安全性评估报告》（报告号 2002C0024）的结果。场地类别依据北京市勘察设计研究院 2003 年 4 月 18 日提供的《中国国际贸易中心三期工程岩土工程详细勘察报告》（报告号 2003 技 036）确定。

1.4 性能指标

结构设计基准期：（可靠度）	50 年
结构设计使用年限：	50 年（耐久性 100 年）
建筑结构安全等级：	一级
结构重要性系数：	1.1
建筑抗震设防分类：	丙类
建筑高度类别：	超 B 级
地基基础设计等级：	甲级
基础设计安全等级：	一级
抗震设防烈度：	8 度

抗震措施：　　　　　　　　　　9 度
设计基本地震加速度峰值：　　　0.20g
场地类别：　　　　　　　　　　Ⅱ类

1.5　材料

本结构选用混凝土为 C30 等级以上混凝土，主要混凝土强度等级为 C30、C35、C40、C45、C50、C60，相关强度指标等根据《混凝土结构设计规范》(GB 50010—2002) 取值，详见表 1-1。

混凝土材料性能表　　　　**表 1-1**

强度种类	标准值 f_{ck} (N/mm²)	设计值 f_c (N/mm²)	弹性模量 E_c (N/mm²)
C30	20.1	14.3	3.00×10^4
C35	23.4	16.7	3.15×10^4
C40	26.8	19.1	3.25×10^4
C45	29.6	21.1	3.35×10^4
C50	32.4	23.1	3.45×10^4
C60	38.5	27.5	3.6×10^4

本结构选用钢筋为 HPB235、HRB335、HRB400，相关强度指标等根据《混凝土结构设计规范》GB 50010—2002 取值，钢筋材料性能见表 1-2。

钢筋材料性能表　　　　**表 1-2**

钢筋种类	符号	直径 (mm)	标准值 f_{yk} (N/mm²)	设计值 f_y，f_y' (N/mm²)	弹性模量，E_s (N/mm²)
HPB235	Φ	8～20	235	210/210	2.1×10^5
HRB335	Φ̲	6～50	335	300/300	2.0×10^5
HRB400	Φ̳	6～50	400	360/360	2.0×10^5

本结构选用钢材为 Q235、Q345，钢材材料性能见表 1-3

钢材力学性能表　　　　**表 1-3**

钢材种类	厚度 (mm)	屈服强度 f_y (N/mm²)
Q235	≤16	235
	>16～40	225
	>40～60	215
	>60～100	205
Q345	≤16	345
	>16～35	325
	>35～50	295
	>50～100	275
Q390	≤16	350
	>16～35	335
	>35～50	315
	>50～100	295

续表

钢材种类	厚度（mm）	屈服强度 f_y（N/mm²）
Q420	≤16	380
	>16～35	360
	>35～50	340
	>50～100	325

1.6 荷载

本工程楼面活荷载按照现行国家荷载规范和工程实际情况而确定，详见表 1-4 和表 1-5。

主塔荷载表（kN/m²） 表 1-4

位置/荷载	活荷载	机电设备	找平层	间隔墙
屋面	1.5 或按实际重量	1.5	4.8	—
标准层（办公）	3.0	0.5	1.7*	1.0
标准层（酒店）	2.0	0.3	1.2	按建筑布置
楼梯	3.0	—	1.2	—
楼电设备房	不少于 7.5 或按实际重量		1.2	—
隔火层	5.0	—	1.2	—

* 吊顶=0.5，地台粉饰=1.2。

裙楼荷载表（kN/m²） 表 1-5

位置/荷载	活荷载	机电设备	找平层	间隔墙
屋面	3.0	—	4.8	—
绿化屋面	按园林设计布置	—	5.0	—
商店	3.5	0.75	1.2	2.0
大堂入口	5.0	0.5	1.2	—
消防车道	20	—	5.0	—

风荷载：

50 年基本风压为 0.45kN/m²，100 年基本风压为 0.50kN/m²，并综合风洞试验结果。风洞试验做了高频天平试验等，试验照片见图 1-4，风洞试验最大底部弯矩为 7100MN·m。

图 1-4 风洞试验照片（RWDI）

1.7 建筑条件

塔楼平面为正方形，而且上下宽度渐变。地面以上 74 层，其中 1～4 层为大堂等多用途楼层，5～56 层为办公，57 层以上为旅馆。地下有 3 层，B3 为停车库和设备用房，B2、B1 为设备和商业用途。底部大堂为 57.6m×57.6m，顶部约为 37.6m×37.6m。

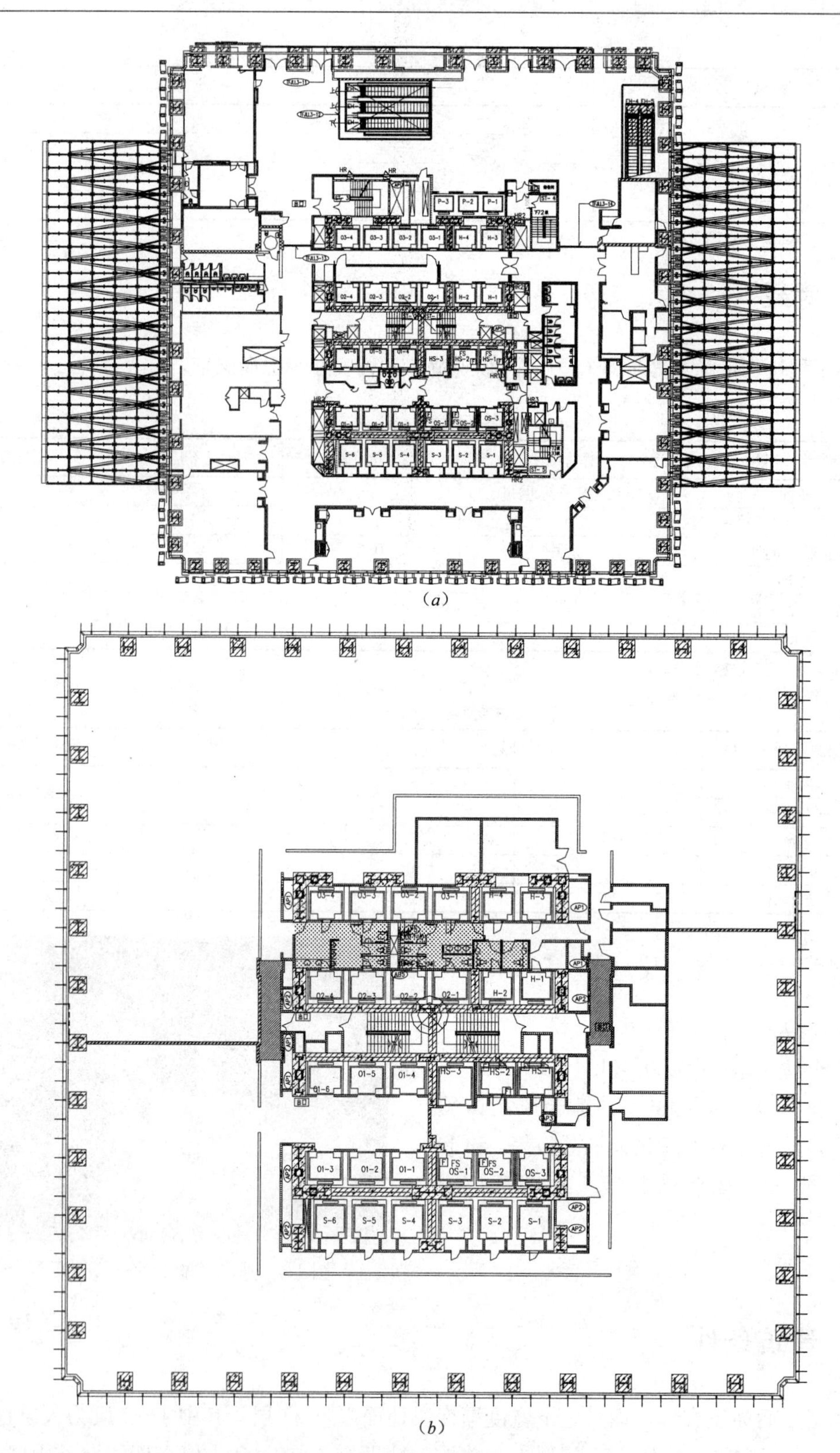

图 1-5　国贸三期 A 典型标准层示意图（一）

(*a*) 首层大堂区典型平面示意图（L3）；(*b*) 办公区典型平面示意图（L9～L13）

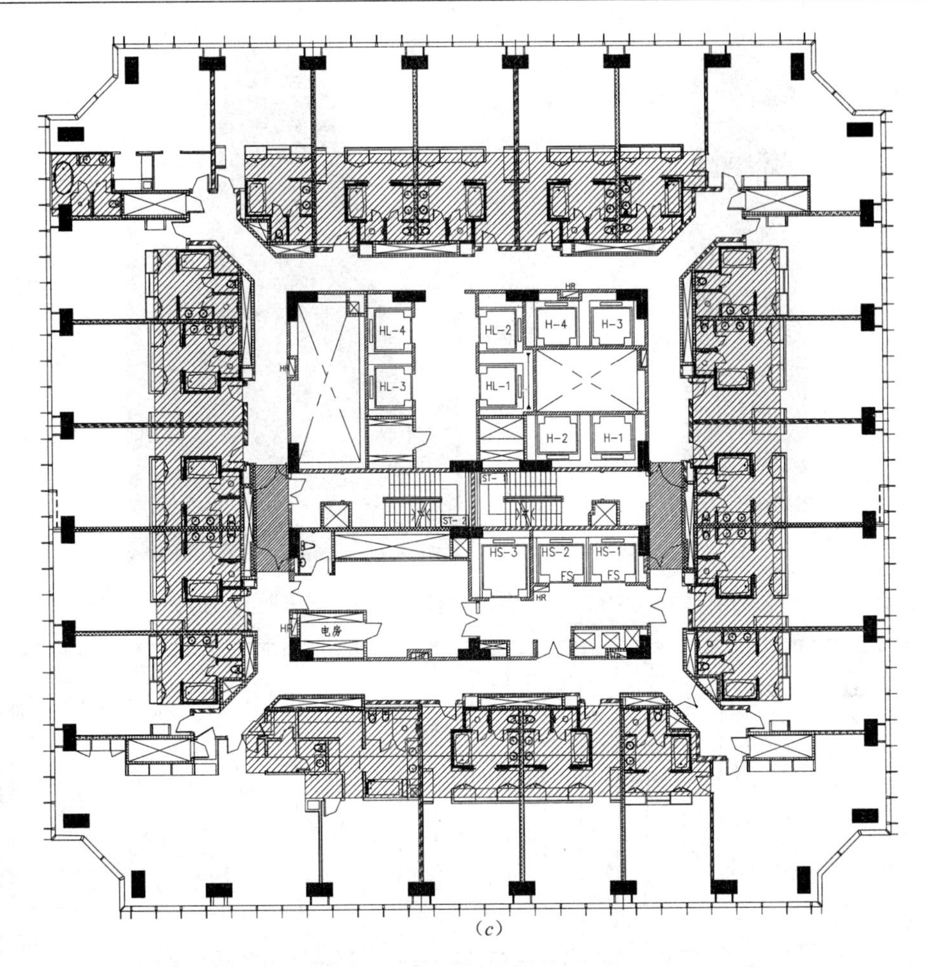

图 1-5 国贸三期 A 典型标准层示意图（二）

（c）旅馆区典型平面示意图（L63）

1.8 结构布置

国贸三期 A 项目结构体系为密柱框架式筒＋内支撑框架核心筒＋伸臂桁架的组合结构，周边框筒基本贴合建筑的外形，平面为削角正方形。57 层以上外边框筒在柱距为 5.6m，56 层及以下楼层的柱距为 4.2m（桁架层和底部巨型支撑处除外）。

框筒所有柱均为钢骨钢筋混凝土柱，腰桁架之斜杆及所有的框架梁均为 H 型钢截面，设置有三个两层高的腰桁架，分别位于 6～8 层、28～30 层及 55～57 层的机电层。三维示意见图 1-6，现场照片见图 1-7。

典型的结构布置见图 1-8

外框柱为钢骨钢筋混凝土柱。典型的柱截面见图 1-9，主要尺寸为 1300mm×1300mm，1000mm×1000mm。柱的钢板主要为 Q345，板厚为 75mm、50mm 等，混凝土为 C60、C50 等。

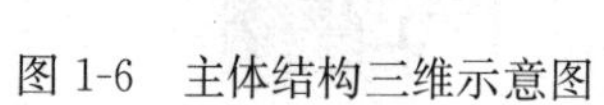

图 1-6　主体结构三维示意图

图 1-7　建设中的国贸三期 A（拍摄：姚攀峰）

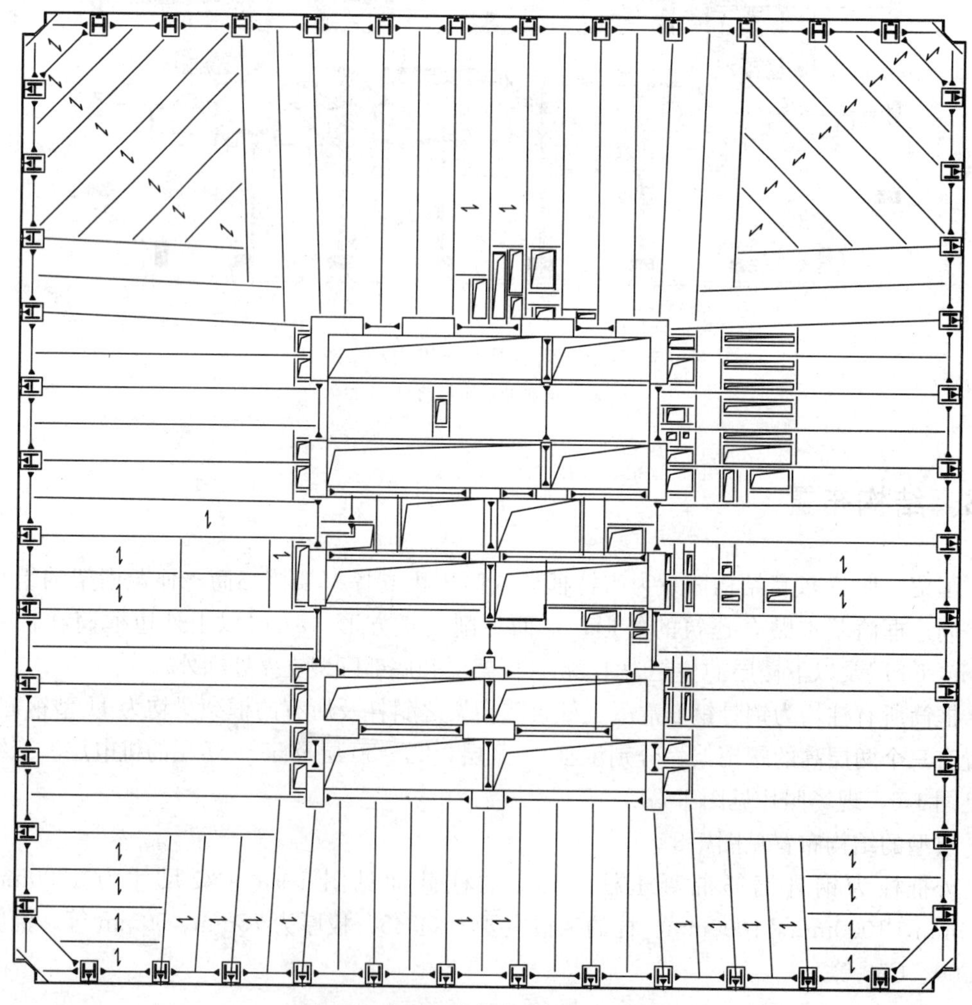

图 1-8　典型的结构布置图（L12 层）

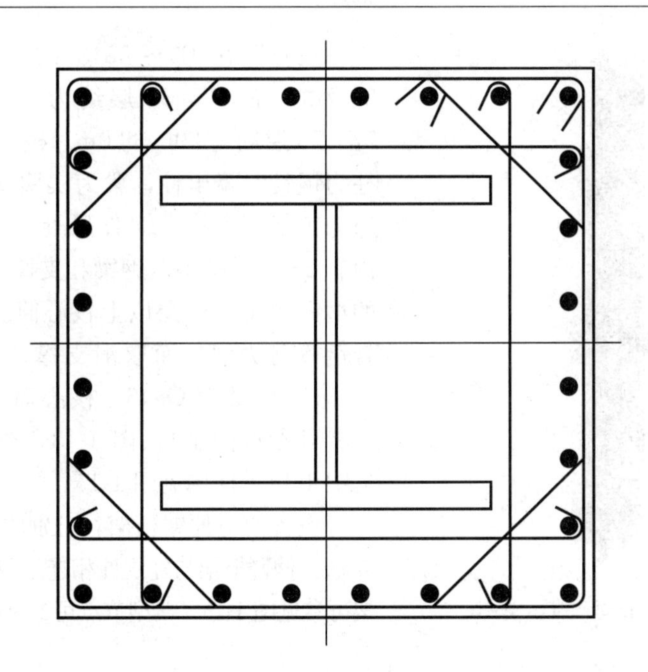

图 1-9 典型柱截面示意图

桁架采用工字形截面钢构件，典型的桁架布置见图 1-10，构件主要尺寸为 H1012×402×42×24，H862×401×32×20，H800×800×70×70，钢材为 Q345、Q390、Q420，参见图 1-10。

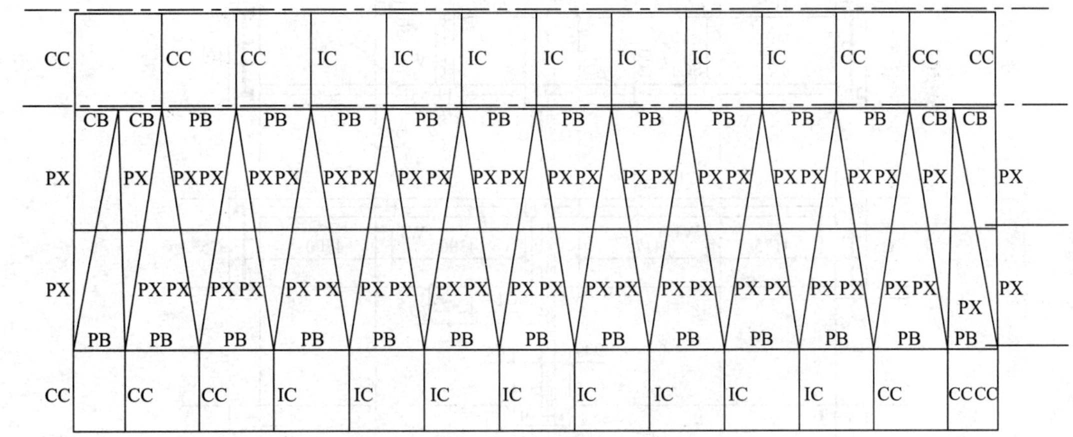

图 1-10 典型的桁架布置图

（图中：PB 弦杆，PX 腹杆，CC 角柱，IC 中柱）

楼板为组合楼板，办公标准层楼板厚 130mm，旅馆部分楼板厚 180mm。

图 1-11　核心筒三维示意图

核心筒在 B3～33 层的尺寸约为 26.8m×20.7m，在 33～57 层约为 23.8m×20.7m，在 57～73 层约为 20m×20m。核心筒为支撑框架筒，柱为钢骨混凝土柱，梁为实腹式工字型钢梁，支撑为工字钢支撑。钢骨混凝土柱有 L 形和矩形，内有 2～7 个型钢。钢梁和支撑将直接与钢骨柱内的型钢相连。57 层以上核心筒的内框架部分设组合钢板剪力墙，而取消支撑。钢板厚度为 30～80mm，钢材为 Q345。核心筒三维图见图 1-11，布置可参见图 1-12、图 1-13，典型的钢骨柱截面见图 1-14，现场见图 1-15。

设置两道伸臂桁架，分别位于 28～29 层及 56～57 层。伸臂桁架与外框柱相连。内外筒连接的伸臂桁架可参见图 1-16，典型节点可参见图 1-17、图 1-18。

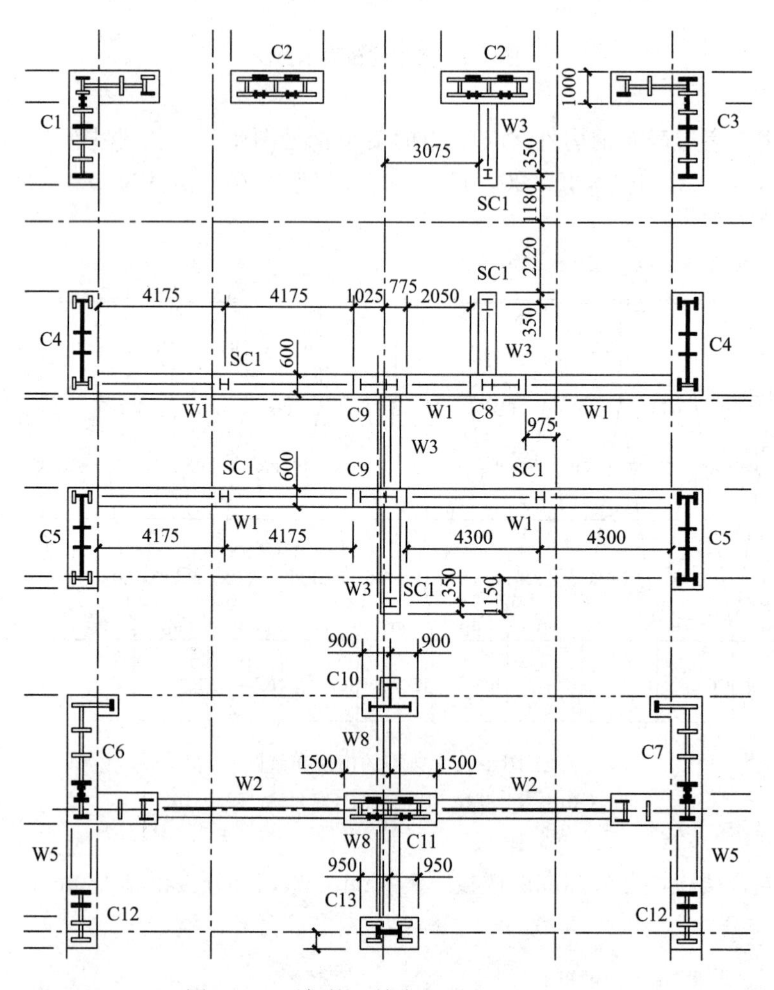

图 1-12　下部核心筒布置图（L1～L10）

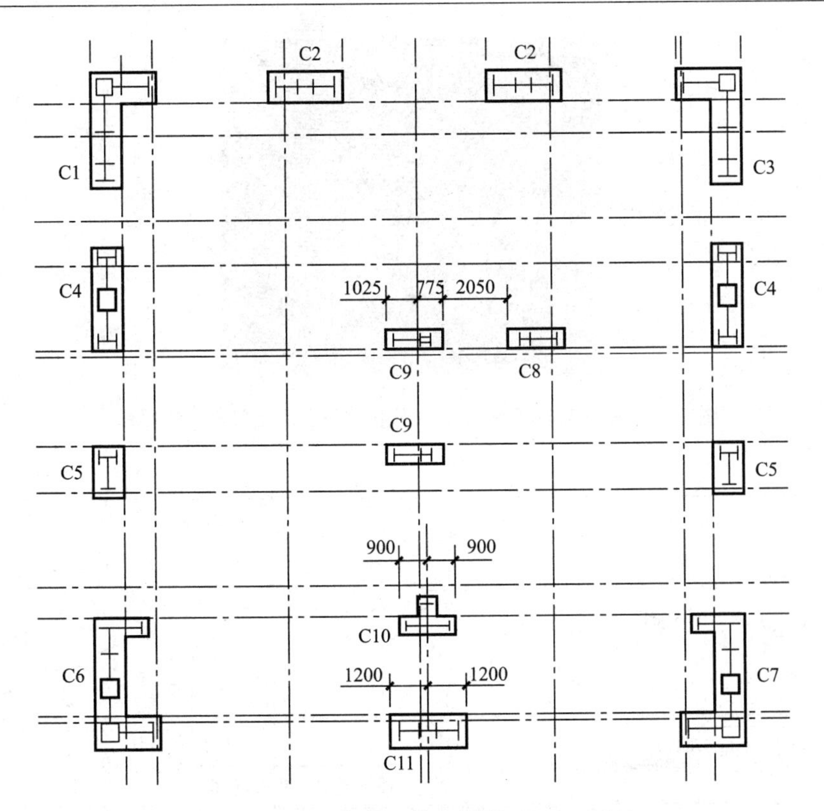

图 1-13 中上部核心筒布置图（L41～L54）

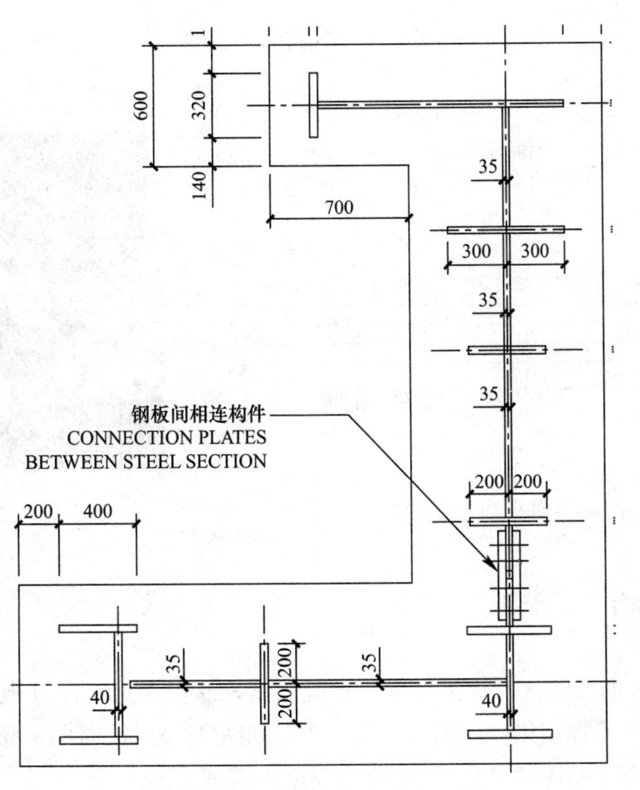

图 1-14 典型钢骨柱布置图（C7）

图 1-15　核心筒钢骨柱与支撑地上部分照片（摄影：姚攀峰）

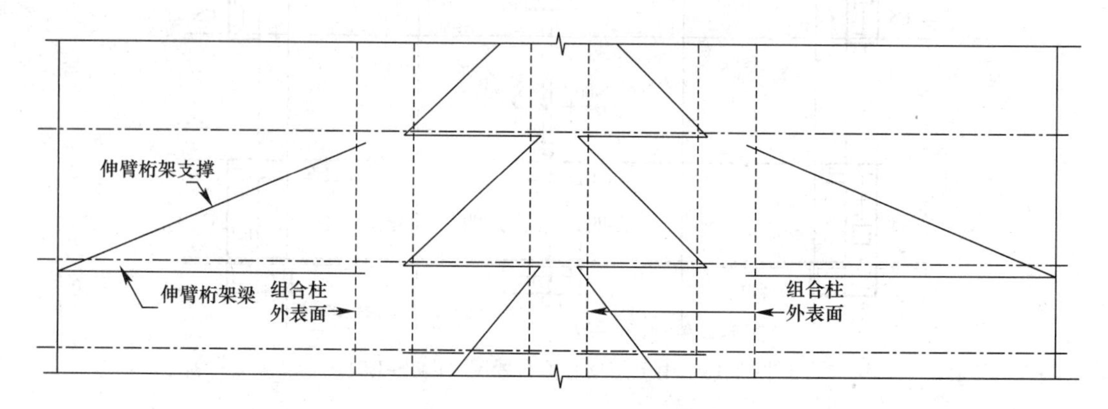

图 1-16　伸臂桁架立面图

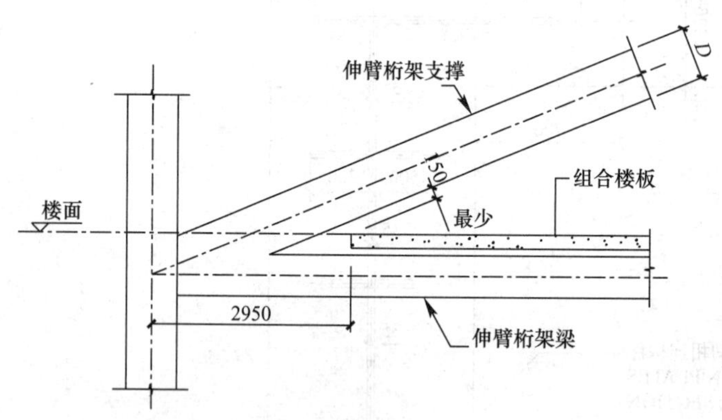

图 1-17　伸臂桁架节点图

图 1-18　伸臂桁架典型节点

1.9　计算分析

本项目位于 8 度设防区，地震是主要控制因素，Ⅱ类场地，设计地震第一组，特征周期 T_g 取 0.35s，水平地震影响系数 α_{max} 取 0.16，阻尼比 4%，周期调整系数取 0.9，根据《建筑抗震设计规范》GB 50011—2001，小震反应谱参见图 1-19。

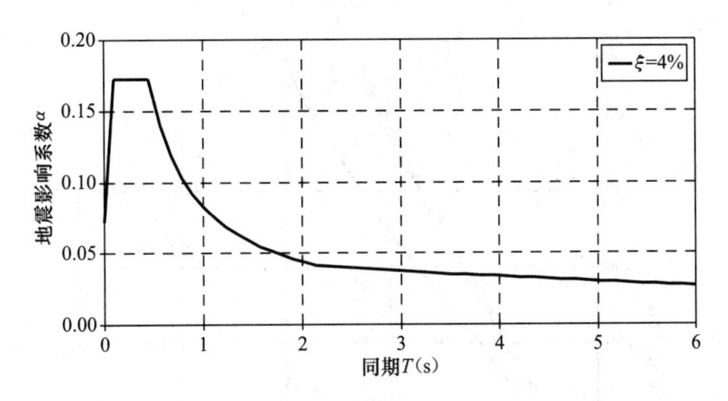

图 1-19　小震时规范反应谱

经过分析，在地震作用下，X 向和 Y 向地震剪力和倾覆弯矩接近。在小震作用下，X 向基底剪力为 50.3MN，考虑到剪重比调整，X 向基底剪力为 67.6MN，风荷载作用下，X 向基底剪力为 33MN。在小震作用下，X 向倾覆弯矩为 10087MN·m，考虑到剪重比调整，X 向倾覆弯矩为 13360MN·m，风荷载作用下，X 向倾覆弯矩为 6666MN·m。地震作用下的基底剪力和倾覆弯矩远大于风荷载作用下的基底剪力和倾覆弯矩。

本项目结构第一自振周期 T_1 为 6.82s，第二自振周期 T_2 为 6.55s，第三自振周期 T_3 为 3.66s（扭转第一周期）。

风和地震作用下的层间位移角和位移可参见图 1-20～图 1-23，由图中可知，在小震作用下，X 向层间位移角最大为 1/559，50 年风荷载作用下，X 向层间位移角最大为1/833，地震作用下的层间位移角远大于风荷载作用下的层间位移角。风荷载作用下，X 向顶点位移为 282mm，地震作用下，X 向顶点位移为 426mm，地震作用下的位移也远大于风荷载作用下的位移。

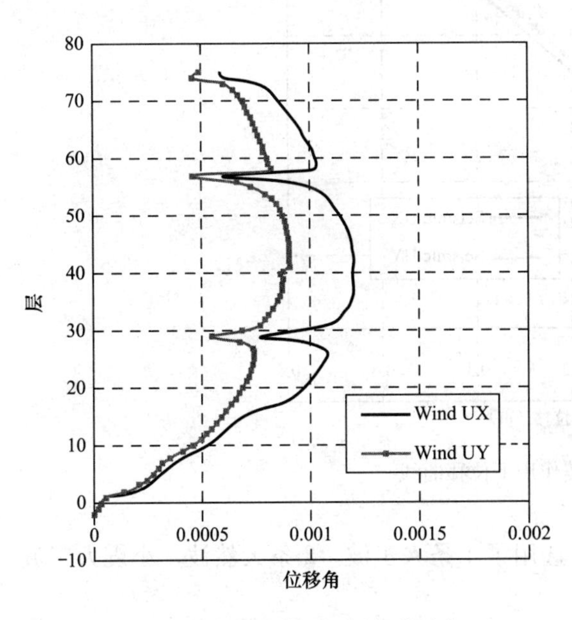

图 1-20　风荷载作用下层间位移角

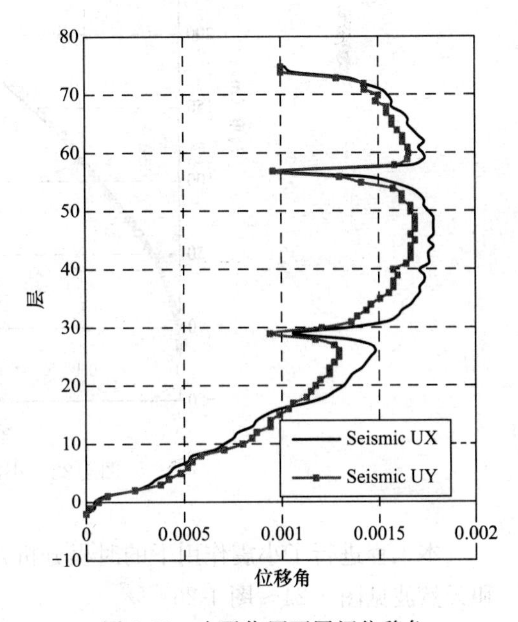

图 1-21　小震作用下层间位移角

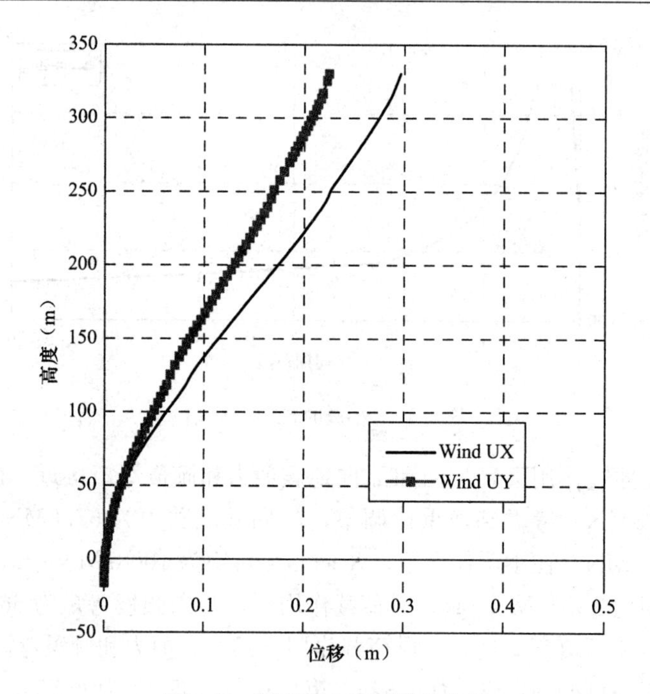

图 1-22　风荷载作用下位移曲线

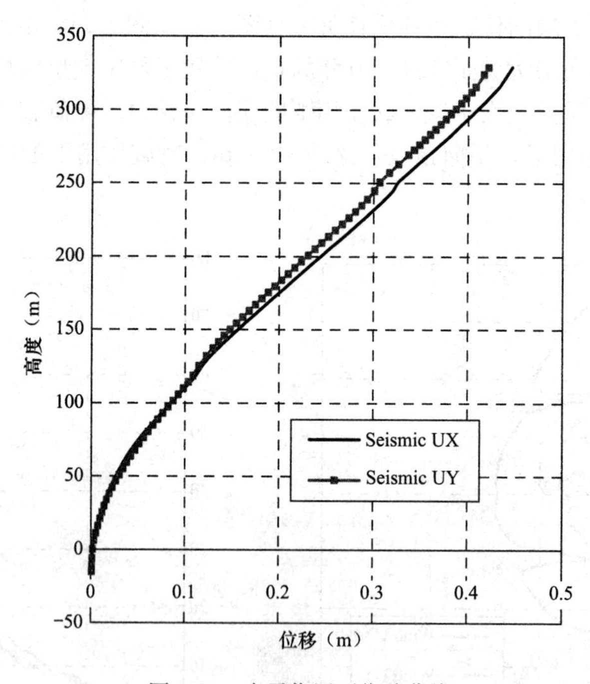

图 1-23　小震作用下位移曲线

本工程进行了小震作用下的时程分析，选用了 1 条人工波，2 条天然波，小震人工波和天然波见图 1-24～图 1-26。

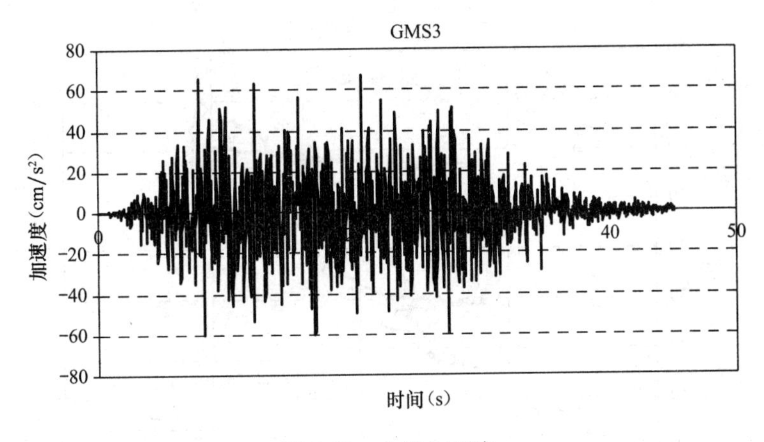

图 1-24 小震人工波

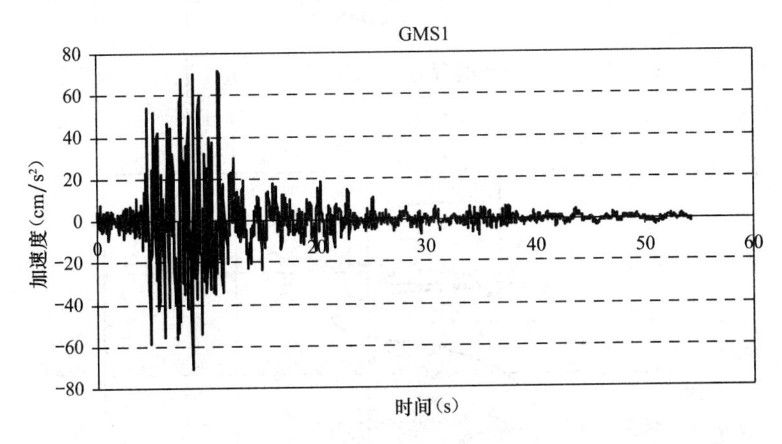

图 1-25 小震天然波 1

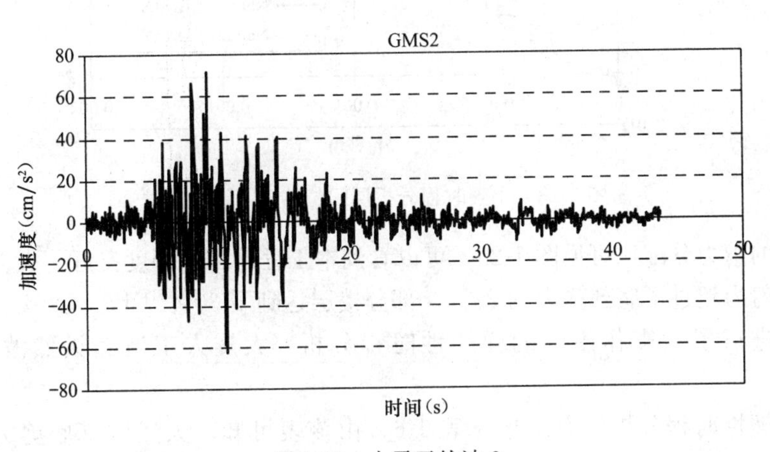

图 1-26 小震天然波 2

弹性时程分析层间位移角结果见图 1-27、图 1-28，由图可知，层间位移角均满足 1/500 的要求。

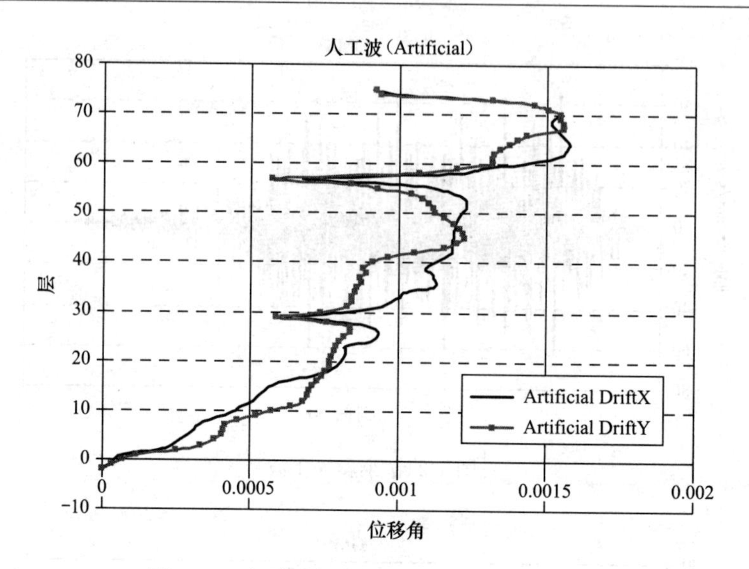

图 1-27　小震时程分析层间位移角（人工波）

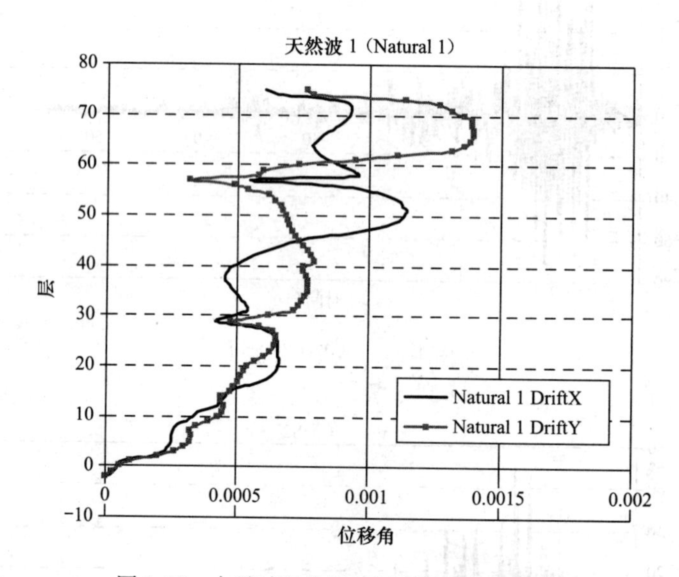

图 1-28　小震时程分析层间位移角（天然波）

内外筒的剪力分配比可见图 1-29，可以看到本工程外框筒刚度良好，大多数楼层的外框筒承担的剪力超过了底部剪力的 20%，部分楼层达到了 30%以上。

本工程进行了大震作用下的弹塑性时程分析，大震人工波和天然波见图 1-30～图 1-32。

大震弹塑性时程分析剪力结果见表 1-6，由该表可知，天然波基底剪力为 360MN。典型的层间位移角见图 1-33、图 1-34，最大层间位移角小于 1/100。典型顶点位移的时程曲线可参见图 1-35、图 1-36。根据弹塑性分析结果，外框架柱的最大拉应变为 0.17×10^{-3}，最大压应变为 1.22×10^{-3}，均可满足防倒塌限制要求，其他构件也可满足相关要求。

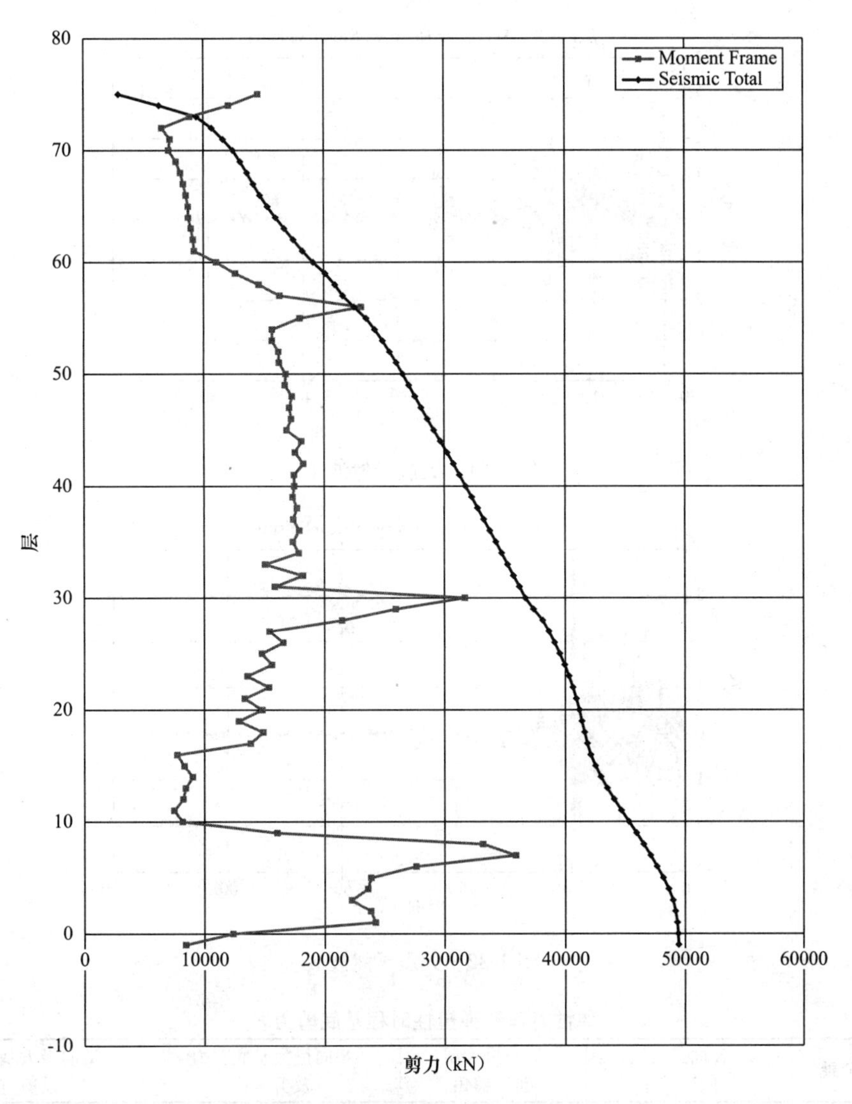

图 1-29 外框剪力图（小震）

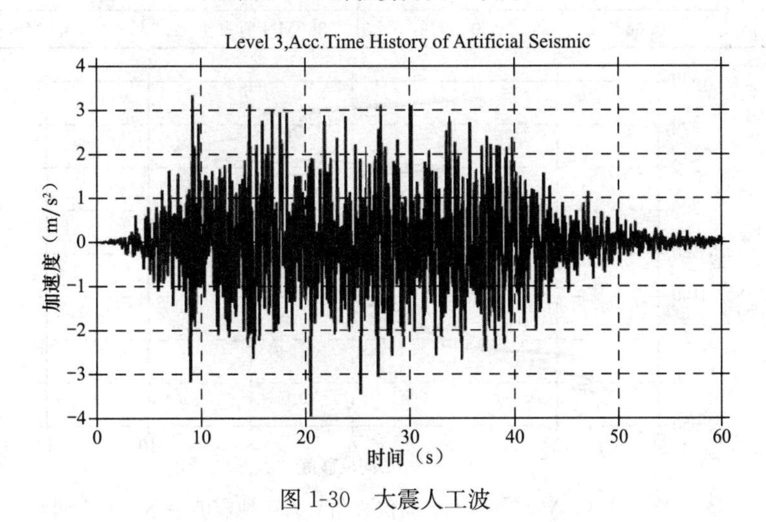

图 1-30 大震人工波

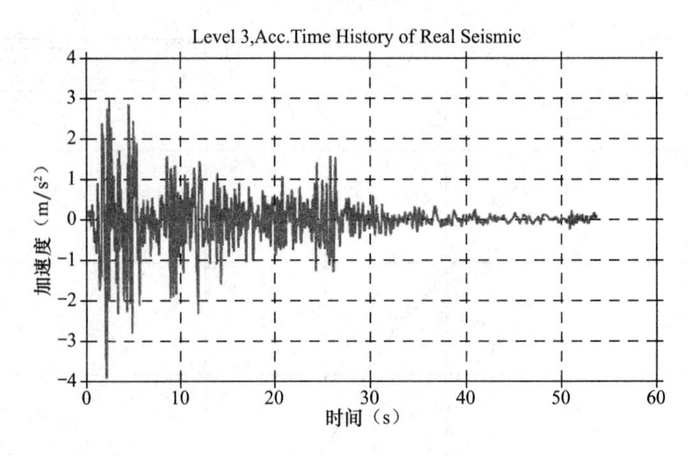

图 1-31　大震天然波 1

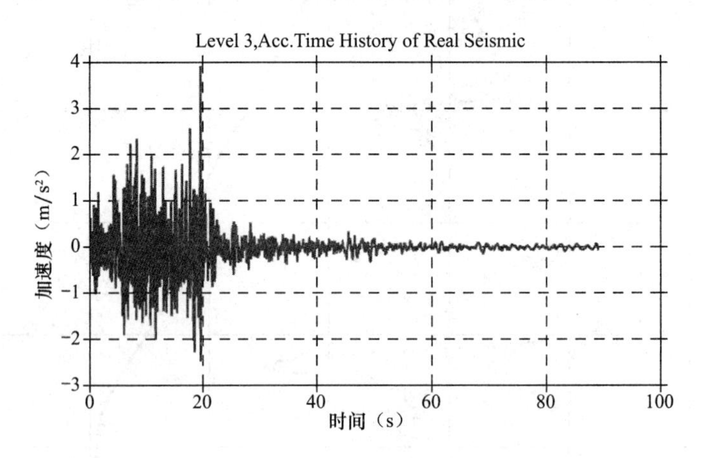

图 1-32　大震天然波 2

弹性时程和弹塑性时程基底剪力表　　表 1-6

地震记录	X 向最大层间位移角	Y 向最大层间位移角	X 向最大基底剪力及剪重比	Y 向最大基底剪力及剪重比
人工波	0.95%	0.86%	339MN 剪重比 12.1%	288MN 剪重比 10.3%
真实波	0.66%	0.59%	360MN 剪重比 12.9%	330MN 剪重比 11.8%

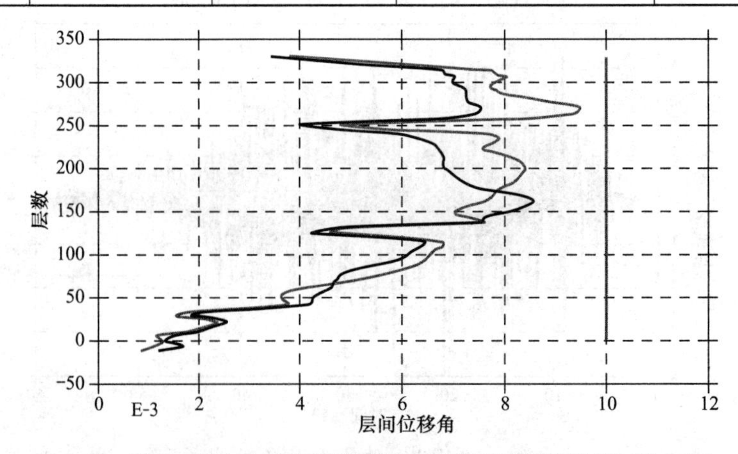

图 1-33　沿 X、Y 方向最大层间位移角（人工地震波沿 X、Y 方向）

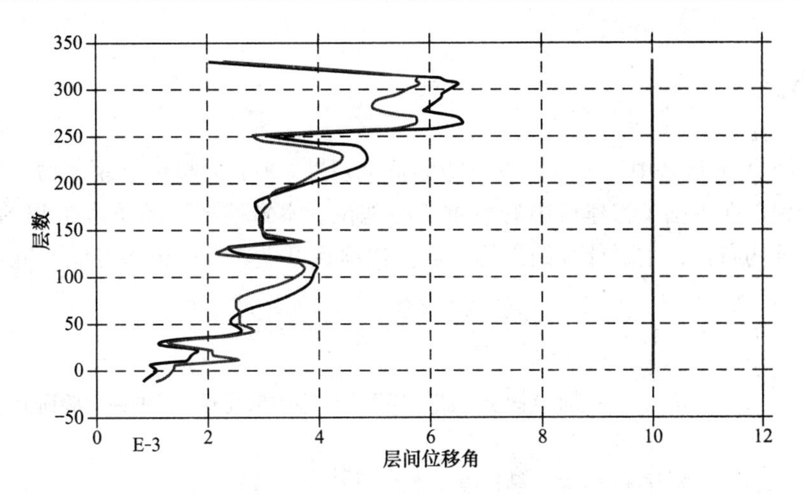

图 1-34 沿 X、Y 方向最大层间位移角（真实地震记录第一组沿 X、Y 方向）

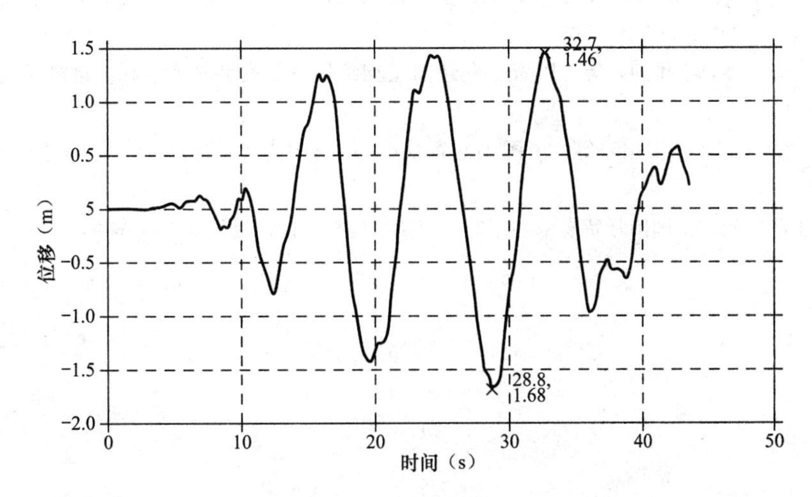

图 1-35 沿 X 方向屋顶相对位移时程曲线（人工地震波沿 X 方向）

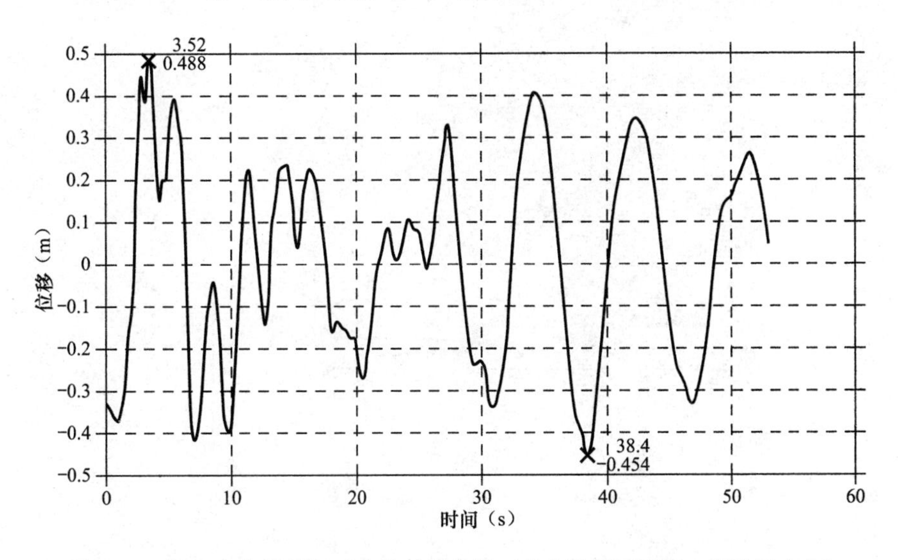

图 1-36 沿 X 方向屋顶相对位移时程曲线（真实地震记录第一组沿 X 方向）

1.10 小结

国贸三期A项目是中国8度抗震设防区首个超过300m的超高层建筑物，多项技术为国内首次采用，在中国工程建设中有着重要的地位。本章简要介绍了本工程的技术标准、性能指标、结构布置、主要计算结果等，对类似项目可供参考，更多专题研究可参看相关文献。

[1] 颜锋，肖从真，徐培福，等. 北京国贸三期工程高含钢率型钢混凝土异型柱试验研究 [J]. 土木工程学报，2010 (8)：11-20.
[2] 卜楠楠. 国贸三期钢骨混凝土组合结构施工技术 [J]. 施工技术，2010 (10)：89-92.
[3] 薛刚，李博. 中国国际贸易中心三期工程主塔楼施工技术 [J]. 施工机械化新技术交流会论文集（第十一辑），2010.
[4] 杨耀辉，李世鲲，王维迎，等. 国贸三期超高层钢结构关键安装技术 [J]. 建筑科技情报，2010 (2)：10-18.
[5] 郭家耀，郭伟邦，徐卫国，等. 中国国际贸易中心三期主塔楼结构设计 [J]. 建筑钢结构进展，2007，9 (5)：1-6.
[6] 奥雅纳工程顾问. 中国国际贸易中心三期国贸楼结构初步设计报告 (20040618).

2 天津117项目[1~11]

2.1 项目概况[12]

天津高银117项目（下简称天津117）位于天津市高新区地块发展项目的中央商务区。天津滨海高新技术产业开发区，简称“天津高新区”，也称“海泰”，创立于1988年。天津高新区是天津市滨海新区的重要组成部分，国家综合配套改革试验区的一部分，也是中国首批国家级高新技术产业开发区，总体规划面积97.96平方公里。天津高新区是由最初天津市高新区和滨海科技园两大系统合并而成，目前，园区共分为核心园区和政策区两部分。天津滨海高新区核心园区的前身是华苑科技园和滨海科技园，目前核心区发展为天津滨海高新技术产业开发区华苑科技园、未来科技城南区（原滨海科技园）、未来科技城北区（原未来科技城拓展区）、天津滨海高新技术产业开发区塘沽海洋科技园。其中华苑产业园区是天津滨海高新区的最早的雏形，也是天津117项目所在的园区，坐落在天津市中心城区西南部，总面积11.58km^2，是天津市区内唯一成片开发的区域，其中外环线内园区面积2km^2、外环线外园区面积为9.58km^2。区位详见图2-1、图2-2。

图2-1 项目区位图1

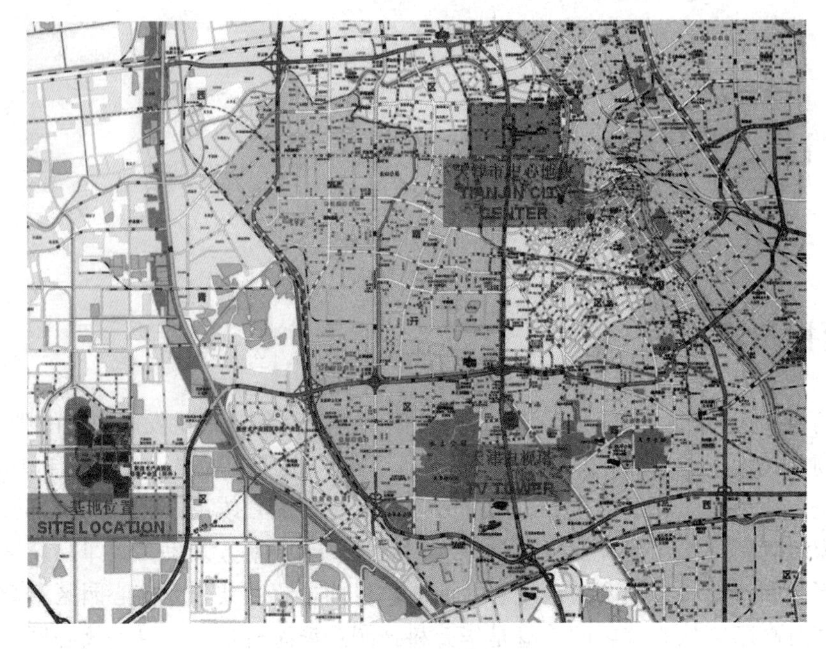

图 2-2　项目区位图 2

项目选址位于天津新技术产业园区（环外）中央商务区内，海泰东西大街以北、海泰南北大街以西、规划路以南、海泰内环一路以东，大厦南面为含有中央商务区地下车库出入口的广场，北面为规划的二层特色商店区，东西两面为规划的商业街，总占地面积 33858m^2。总建筑面积约 40 万 m^2。参见图 2-3。

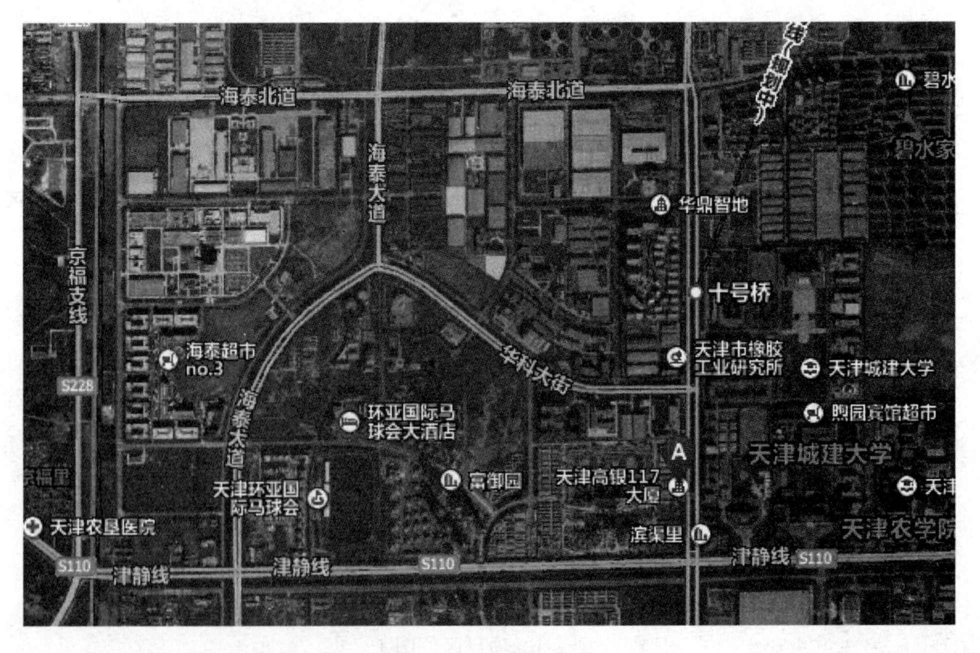

图 2-3　项目位置图

天津 117 项目是由天津海泰新星房地产开发有限公司开发的超高层项目，该建筑物总高度为 597m，地上 117 层，地下 3 层，东西两侧附带 4 层裙楼，主要功能为办公、旅馆等，首层至 92 层将用作甲级写字楼，93 层至顶层将用作六星级豪华商务酒店，是天津市新的地标性建筑物，参见图 2-4、图 2-5。

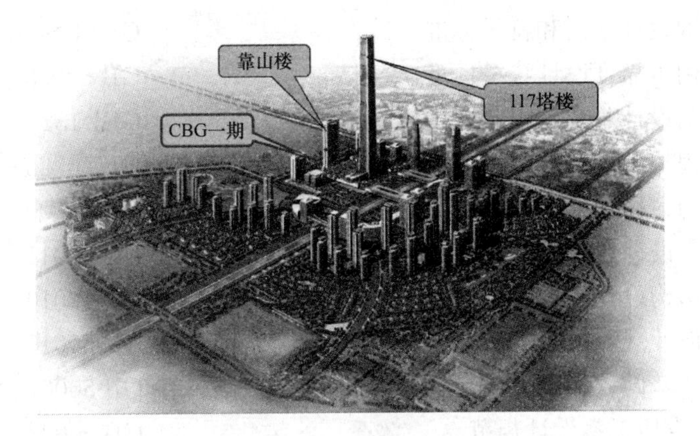

图 2-4 效果图 1

图 2-5 效果图 2

2.2 主要参与单位

本工程开发建设单位为高银地产控股有限公司，地勘单位为北京市勘察设计研究院有限公司，地震安评单位是中国地震局地壳应力研究所，结构设计单位为奥雅纳工程顾问和华东建筑设计院有限公司。奥雅纳工程顾问完成结构方案和初步设计及结构超限审查，容柏生事务所是该项目结构顾问单位；建研科技股份有限公司进行了振动台试验。本工程已于 2010 年 10 月通过了全国及天津市超限高层建筑工程抗震设防审查专家委员会的审查。

2.3 技术标准

本工程结构设计主要执行以下中国国家相关技术标准：

（1）建筑结构设计术语和符号标准	GB/T 50083—97
（2）建筑结构可靠度设计统一标准	GB 50068—2001
（3）工程结构设计基本术语和通用符号	GBJ 132—90
（4）建筑工程抗震设防分类标准	GB 50223—2008
（5）建筑结构荷载规范（2006年版）	GB 50009—2001
（6）建筑抗震设计规范（2008年版）	GB 50011—2001
（7）混凝土结构设计规范	GB 50010—2002
（8）钢结构设计规范	GB 50017—2003
（9）建筑地基基础设计规范	GB 50007—2002
（10）人民防空地下室设计规范	GB 50038—2005
（11）地下工程防水技术规范	GB 50108—2008
（12）岩土工程技术规范	DB 29—20—2000
（13）高层建筑混凝土结构技术规程	JGJ 3—2002
（14）高层民用建筑钢结构技术规程	JGJ 99—98
（15）型钢混凝土组合结构技术规程	JGJ 138—2001
（16）高层建筑箱形与筏形基础技术规范	JGJ 6—99
（17）建筑桩基技术规范	JGJ 94—2008
（18）建筑钢结构防火技术规范	CECS 200：2006
（19）矩形钢管混凝土结构技术规程	CECS 159：2004
（20）钢管混凝土结构设计与施工规程	CECS 28：90
（21）钢管混凝土叠合柱结构技术规程	CECS 188：2005
（22）高层建筑结构用钢板	GB/T 19879—2005
（23）全国民用建筑工程设计技术措施—结构	2003年版
（24）钢骨混凝土结构技术规程	YB 9082—2006
（25）工程建设标准强制性条文房屋建筑部分	2002年版
（26）超限高层建筑工程抗震设防管理规定	建设部令111号
（27）超限高层建筑工程抗震设防专项审查技术要点	建质［2006］220号
（28）建筑工程抗震性态设计通则（试用）	CECS160—2004
（29）高层建筑钢—混凝土混合结构设计规程	CECS230：2008

本工程的地勘报告、风洞试验、地震安评主要依据以下资料：

（1）北京市勘察设计研究院有限公司提供的《岩土工程勘察报告》

（2）中国地震局地壳应力研究所提供的《地震安全性评价报告》

（3）汕头大学风洞实验室提供的《天津高新区地块发展项目-高银中国117大厦详细风洞试验最终报告》及详细风洞试验分析结果

（4）汕头大学风洞实验室提供的《天津高新区地块发展项目-高银中国 117 大厦详细风洞试验补充报告》及详细风洞试验分析结果

2.4 性能指标

结构设计基准期：（可靠度）	50 年
结构设计使用年限：	50 年（耐久性 100 年）
建筑结构安全等级：	一级
结构重要性系数：	1.1
建筑抗震设防分类：	乙类
建筑高度类别：	超 B 级
地基基础设计等级：	甲级
基础设计安全等级：	一级
抗震设防烈度：	7 度
抗震措施：	8 度
设计基本地震加速度峰值：	0.15g
场地类别：	Ⅲ类
场地特征周期 T_g：	0.6s
弹性分析阻尼比（型钢混凝土结构）：	0.035
弹塑性分析阻尼比：	0.05
钢筋混凝土核心筒抗震等级：	特一级
巨型角柱抗震等级：	特一级
周期折减系数	0.85

2.5 材料

本结构选用混凝土为 C30 等级以上混凝土，主要混凝土强度等级为 C30、C35、C40、C45、C50、C55、C60、C70，相关强度指标等根据《混凝土结构设计规范》GB 50010—2002 取值，详见表 2-1。

混凝土材料性能表 表 2-1

强度种类	标准值（N/mm²）		设计值（N/mm²）		弹性模量 E_c（N/mm²）
	f_{ck}	f_{tk}	f_c	f_t	
C30	20.1	2.01	14.3	1.43	3.00×10^4
C35	23.4	2.20	16.7	1.57	3.15×10^4
C40	26.8	2.39	19.1	1.71	3.25×10^4
C45	29.6	2.51	21.1	1.80	3.35×10^4
C50	32.4	2.64	23.1	1.89	3.45×10^4
C60	38.5	2.85	27.5	2.04	3.60×10^4
C70	44.5	2.99	31.8	2.14	3.70×10^4

本结构选用钢筋为 HPB235、HRB335、HRB400，相关强度指标等根据《混凝土结构设计规范》（GB 50010—2002）取值，钢筋材料性能见表 2-2。

钢筋材料性能表　　表 2-2

钢筋种类	符号	直径 d（mm）	标准值 f_{yk}（N/mm²）	设计值 f_y/f'_y（N/mm²）	弹性模量 E_s（N/mm²）
HPB235	Φ	8～20	235	210/210	2.1×10^5
HRB335	Φ	6～50	335	300/300	2.0×10^5
HRB400	Φ	6～50	400	360/360	2.0×10^5

本结构选用钢材为 Q235、Q345，钢材材料性能见表 2-3。

钢材力学性能表（N/mm²）　　表 2-3

钢　材	抗拉、抗压	抗　剪	端面承压
厚度或直径（mm）			
≤16	235/215	125	325
>16～40	225/205	120	325
>40～60	215/200	115	325
>60～100	205/190	110	325
≤16	345/310	180	400
>16～35	325/295	170	400
>35～50	295/265	155	400
>50～100	275/250	145	400
≤16	345/315	180	420
>16～35	345/315	180	420
>35～50	335/305	175	420
>50～100	325/295	170	420
≤16	390/350	205	415
>16～35	370/335	190	415
>35～50	350/315	180	415
>50～100	330/295	170	415

2.6 荷载

本工程楼面活荷载按照现行国家荷载规范和工程实际情况而确定，详见表 2-4。

荷载表（kN/m²） 表 2-4

功能分区	活荷载			附加恒荷载		
	活载	规范要求活载	隔墙	吊顶	机电设备	找平层
不上人屋面（无设备）	0.5	0.5	—	0.2	0.5	3.6
上人屋面（无设备）	2.0	2.0	—	0.2	0.5	3.6
酒店	2.0	2.0	2.0 或按实际布置计算	0.2	0.35	1.2
办公区/会议室/多功能室	3.0	2.0	1.0	0.2	0.5	0.5（架空地台）
交易楼层	4.0	—	1.0	0.2	0.5	0.5（架空地台）
茶水间、吸烟室	2.5		—	0.2	0.5	1.2
商业楼、宴会厅	3.5	3.5	1.0	0.2	0.5	1.2
储物室	5.0	5.0	—	—	0.5	1.2
走道/疏散楼梯/避难层	3.5	3.5	—	—	0.5	1.2
卫生间	2.5	2.5	1.0	0.2	0.5	1.2（无回填）
餐厅厨房	4.0	4.0	—	—	0.5	3.6
食堂/餐厅	2.5	2.5	—	0.2	1.0	1.8
首层大堂	5.0	2.5	—	0.2	0.5	1.8
电梯大堂/电梯转换层	3.0	2.5	—	0.2	0.5	1.8
会所/健身房	4.0	4.0	—	0.2	0.5	1.2
空调机房、电梯机房	7.0 或按实际设备重量	7.0	—	—	0.5（不含基座）	1.2
发电机房、水泵房、变配电	10.0 或按实际设备重量	7.0	—	—	0.5（不含基座）	1.2
其他设备用房	7.0 或按实际设备重量	7.0	—	—	0.5（不含基座）	1.2
停车库、小型车车道（室内）	4.0	4.0	—	—	0.5	1.2

由于高银 117 大厦高度大于 200m，且作为超高耸和细柔的结构，风荷载及响应的大小直接影响到 117 大厦的建筑成本及用户之舒适度，117 大厦之风荷载采用风洞试验确定。

初步风洞试验在 2009 年 1 月在汕头大学完成。初步试验采用高频底座测力天平研究

图 2-6　风洞试验照片 1（汕头大学）

（HFFB）进行，并配以规范风速、风参数、风梯、周边建筑群和地形环境及刚性模型作初步测试。英国 BMT Fluid Mechanics Ltd. 公司（下称“BMT”）进行了第三方独立风洞测试，以确保设计使用的风荷载可靠及合理。汕头大学及 BMT 公司于 2009 年 9 月完成高频测压 HFPI 风洞试验，为塔楼结构设计提供了更准确的风力数据。两个单位分别得到的风荷载数据吻合良好。

50 年基本风压为 0.50kN/m²，100 年基本风压为 0.60kN/m²。风洞试验做了高频天平试验等，试验照片见图 2-6，试验成果见图 2-7。

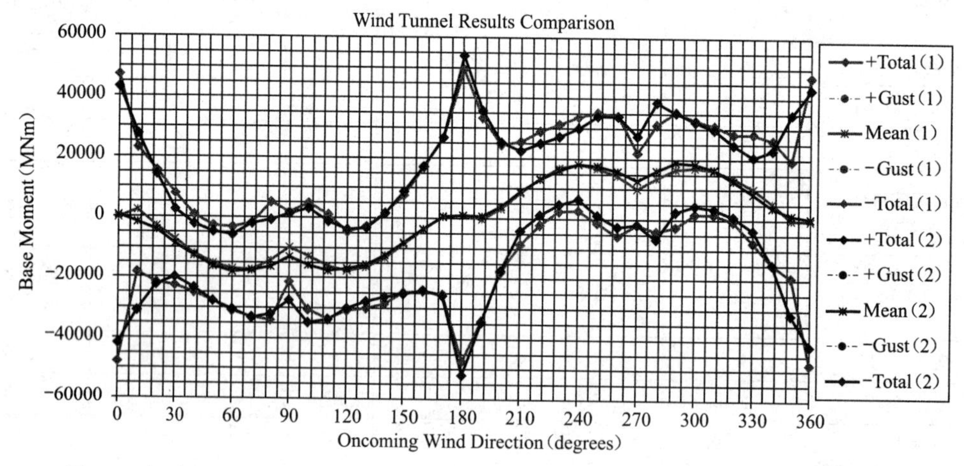

图 2-7　初步风洞试验（红）与详细风洞试验（蓝）的风倾覆力矩结果（汕头大学）

2.7　建筑条件

塔楼平面为带有圆角处理的正方形，而且上下宽度渐变。Z0 区为首层大堂、会议等功能，Z1～Z7 区为办公，最顶部为观光区。底部大堂为 65m×65m，顶部为 45m×45m，总高 597m。三维示意参见图 2-8，典型的标准层平面参见图 2-9，剖面参见图 2-10。

图 2-8　三维示意图

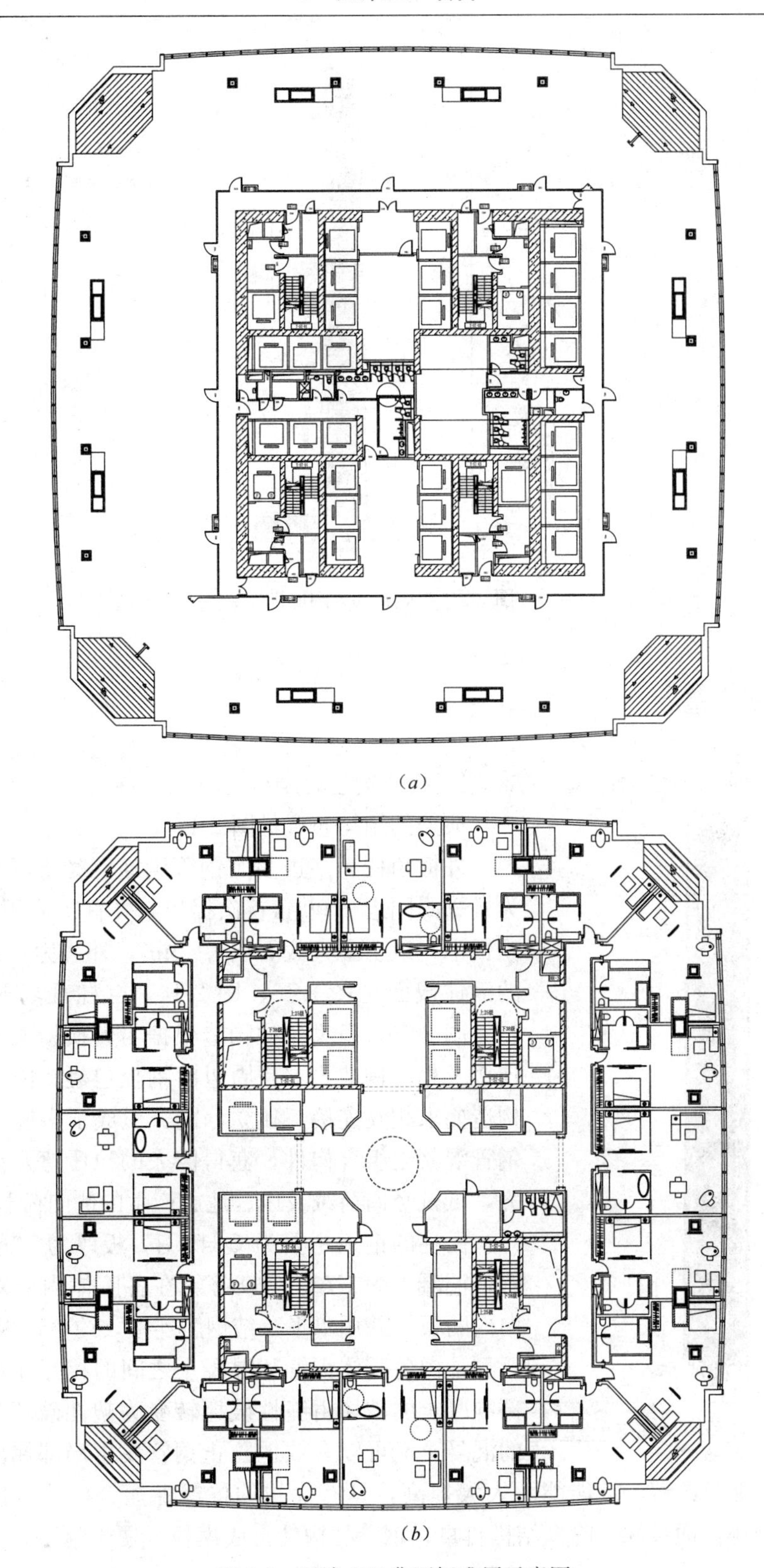

（*a*）

（*b*）

图2-9 天津117典型标准层示意图

（*a*）办公区域（L36）；（*b*）宾馆区域（L95～L105）

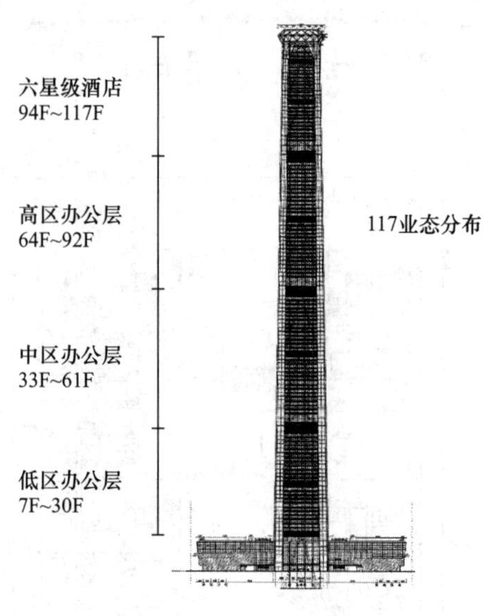

图 2-10　天津 117 剖面图

2.8　结构布置

天津 117 结构体系为巨型支撑框架＋核心筒组合结构，三维示意见图 2-11。典型的结构布置见图 2-12。

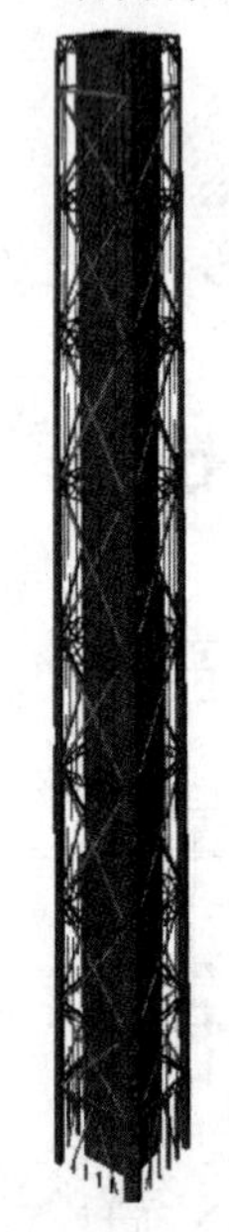

图 2-11　主体结构三维示意图

外框角柱为多边多腔钢管钢筋混凝土巨柱，该巨柱为姚攀峰同志 2009 年首次提出，并首次应用在天津 117 项目中，地上最大截面积为 45m^2，外边为六边形。典型的巨柱截面见图 2-13、图 2-14，巨柱现场照片见图 2-15、图 2-16。巨型角柱构造根据与转换桁架及巨型斜撑连接及相应构造要求，周边由钢板包裹，内部钢板根据构造要求相互连接，独立分割，形成了多腔体的多边形钢管混凝土组合构件，获得巨大的拉压弯及抗剪扭承载力，抵抗竖向荷载及风、地震产生的侧向荷载。

巨柱的钢板主要为 Q345GJ，板厚为 80mm、60mm 等，混凝土为 C70、C60 等。在各腔体内侧对称布设纵向内肋板，并用水平拉结钢筋连接，约束钢板面外屈曲。巨型柱内各腔体钢管和混凝土之间的相互作用使钢管内部混凝土的破坏由脆性破坏转变为塑性破坏，钢管内部的混凝土又可以有效地防止钢管发生局部屈曲，因而构件的延性性能明显改善，耗能能力大大提高，具有优越的抗震性能。在轴压比控制条件下，可有效减小截面尺寸，降低结构自重；钢管柱构件自成模板，便于施工，可加快施工进度。

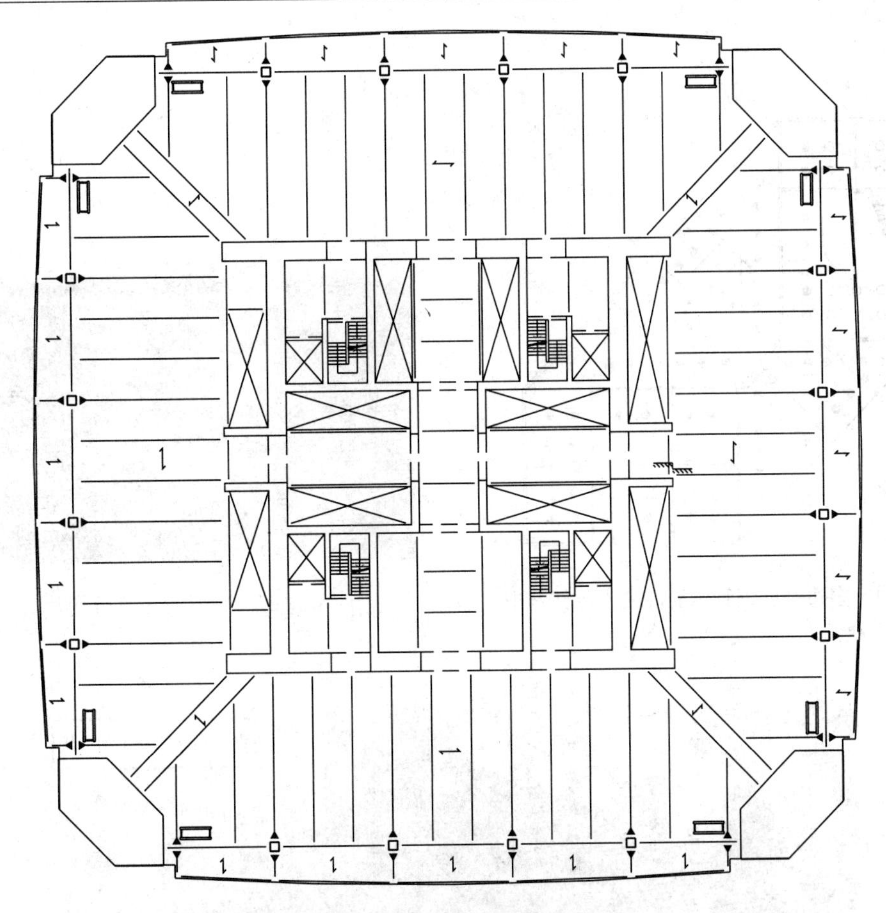

图 2-12 典型的结构布置图

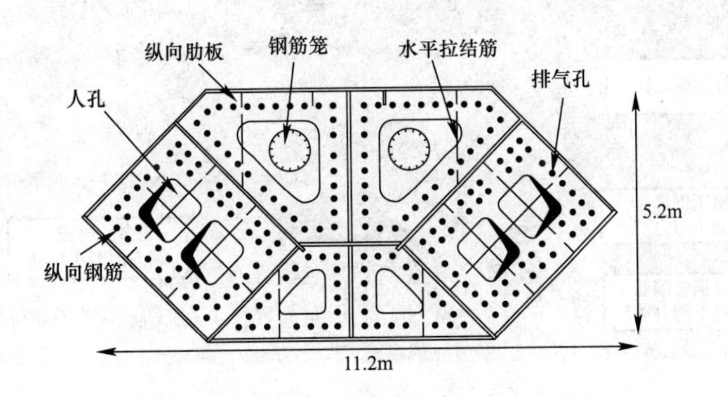

图 2-13 多边多腔钢管钢筋混凝土巨柱（底部）

巨型支撑采用箱型截面钢支撑，主要尺寸为 900×1500×100×50，900×1800×120×50，钢材为 Q345GJ，参见图 2-17～图 2-19。

巨型桁架采用箱型截面钢构件，主要尺寸为 800×800×50，1200×800×100×100，

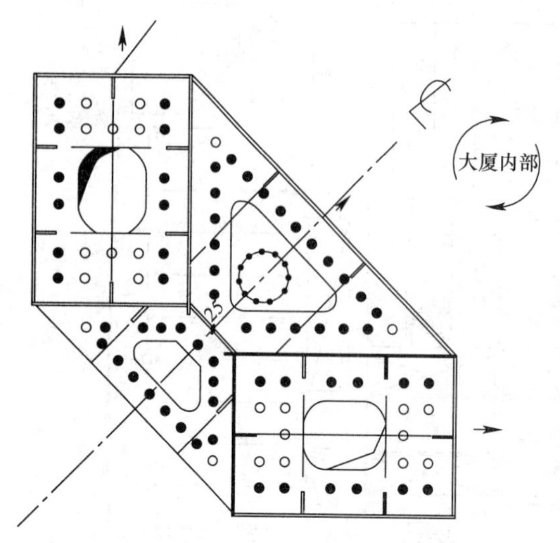

图 2-14　多边多腔钢管钢筋混凝土巨柱（中上部）

图 2-15　巨柱地下部分照片

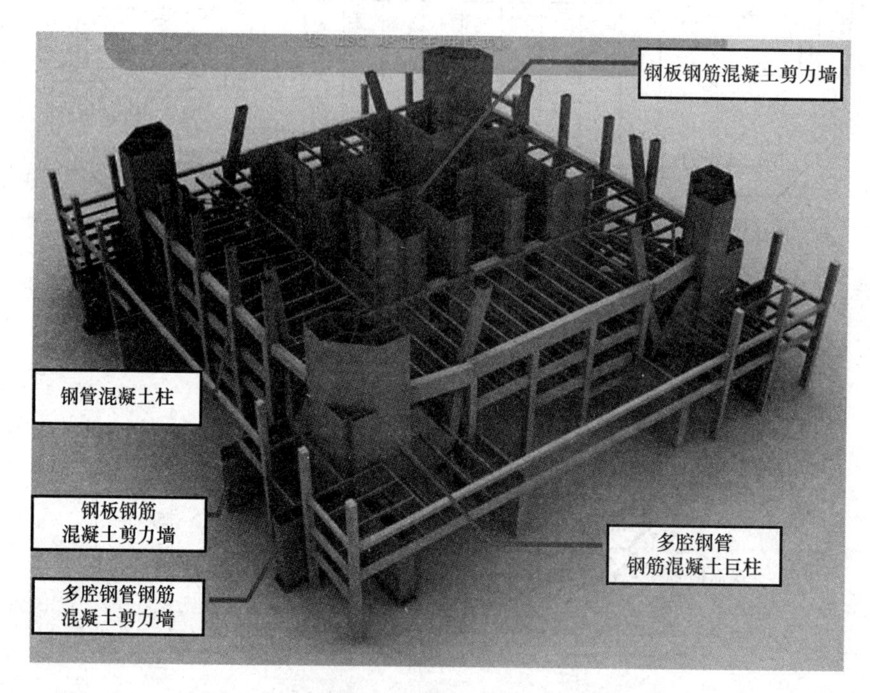

图 2-16　巨柱及核心筒地下部分钢结构示意图

钢材为 Q345GJ，参见图 2-20、图 2-21。

次框架柱为焊接箱形柱，次框架梁为焊接工字钢，钢材为 Q345B。

楼板为组合楼板，办公标准层楼板厚 120mm，旅馆标准层楼板厚 130mm。

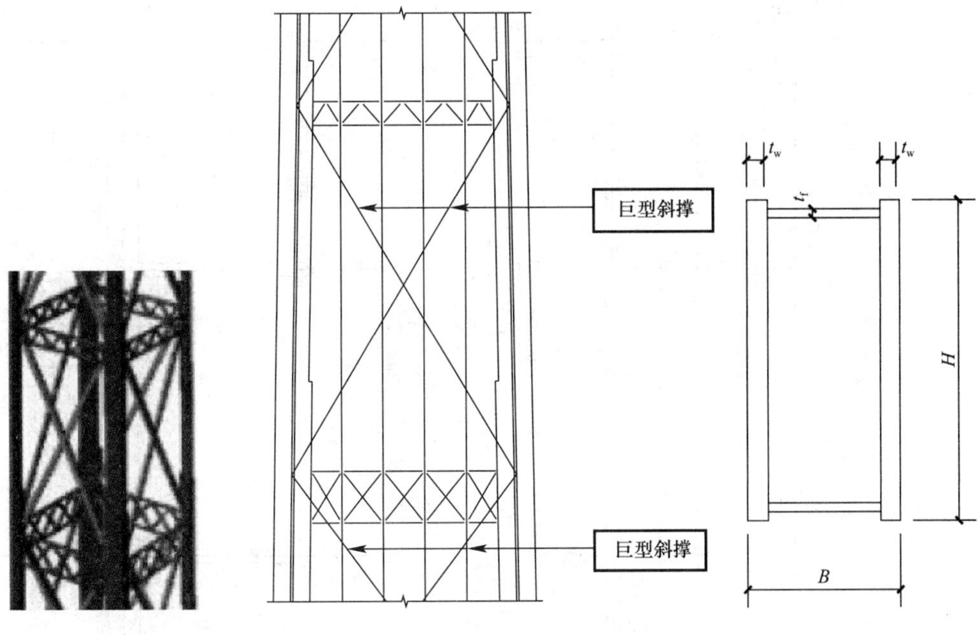

图 2-17 巨型支撑三维示意图　　图 2-18 典型巨型支撑立面示意图　　图 2-19 典型支撑截面

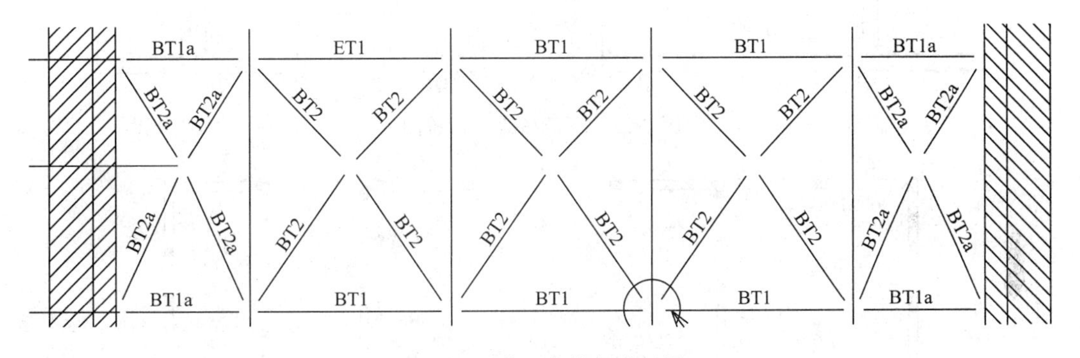

图 2-20 典型的桁架布置图

核心筒为剪力墙为钢板-钢筋混凝土组合剪力墙，墙厚 1400～300mm，底部墙段内嵌钢板，钢板厚度为 70～20mm，钢材为 Q345GJ 和 Q345。核心筒布置图可参见图 2-22、图 2-23，现场照片可见图 2-24、图 2-25。连梁高 700mm，部分连梁内嵌钢板，参见图 2-26。

巨柱、桁架、支撑的典型节点可参见图 2-27、图 2-28。

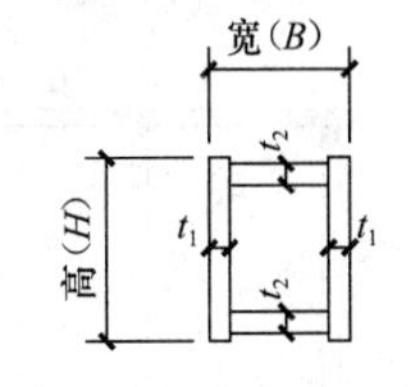

图 2-21 典型的桁架杆件截面

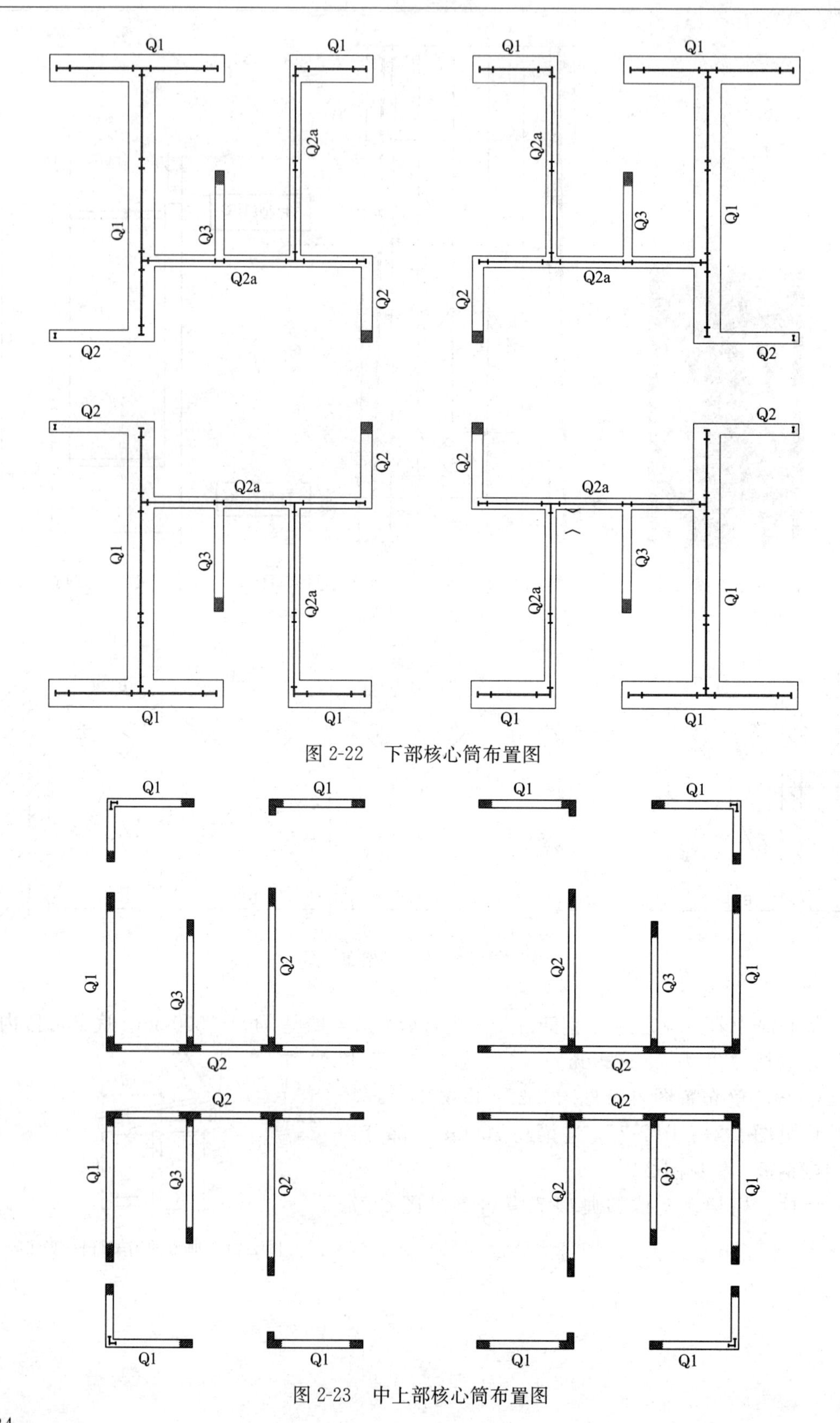

图 2-22　下部核心筒布置图

图 2-23　中上部核心筒布置图

图2-24 钢板钢筋混凝土剪力墙地上部分照片

图2-25 钢板钢筋混凝土剪力墙地上部分照片

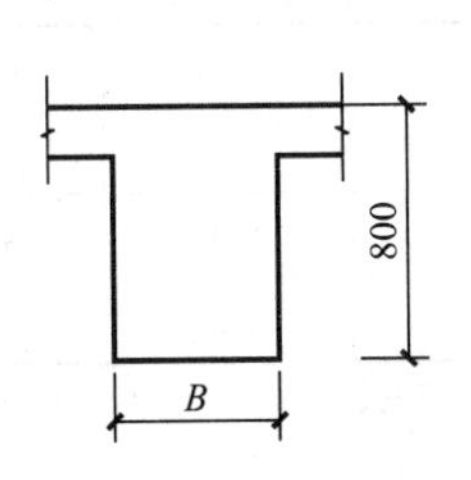

图2-26 核心筒连梁

图2-27 巨柱、支撑、桁架节点三维图

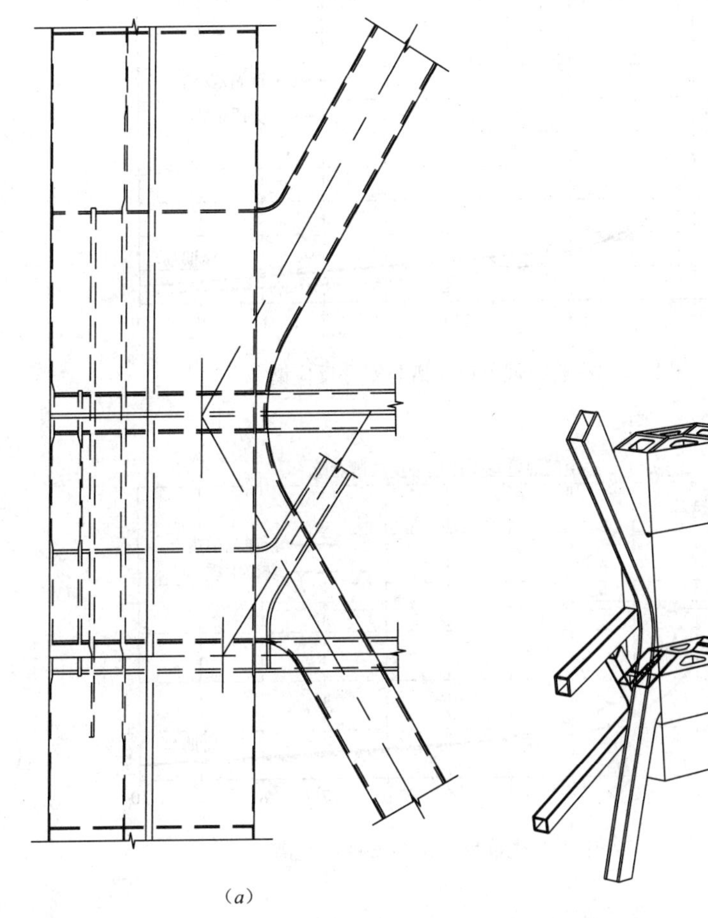

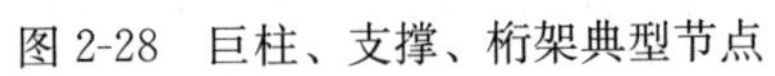

图2-28 巨柱、支撑、桁架典型节点

2.9 计算分析

本项目位于7度设防区（峰值加速度150gal），地震和风荷载是重要控制因素，特针对该场地做了地震安评，根据抗震规范（2008版本）得到的反应谱与根据地震安评得到的反应谱主要参数见表2-5，小震、中震、大震时反应谱可参见图2-29～图2-31。

规范反应谱与安评反应谱主要参数 表2-5

	多遇地震（小震）		设防烈度（中震）		罕遇地震（大震）	
	抗震规范	安评报告	抗震规范	安评报告	抗震规范	安评报告
地震影响系数最大值	0.12	0.15	0.34	0.45	0.72	0.64
场地特征周期	0.6	0.6	0.6	0.8	0.65	1.2
反应谱衰减指数	0.93	1.12	0.93	1.12	0.90	1.10
阻尼比	0.035	0.035	0.035	0.035	0.05	0.05

注：上表中列出的反应谱衰减指数已按不同工况的阻尼取值作出相应的调整

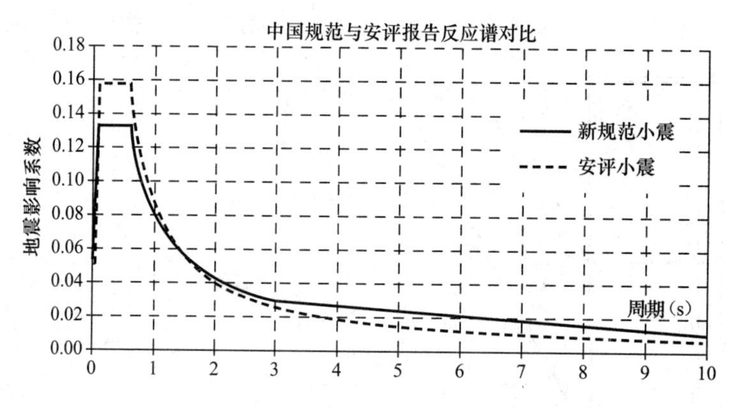

图2-29 小震时规范反应谱与安评反应谱

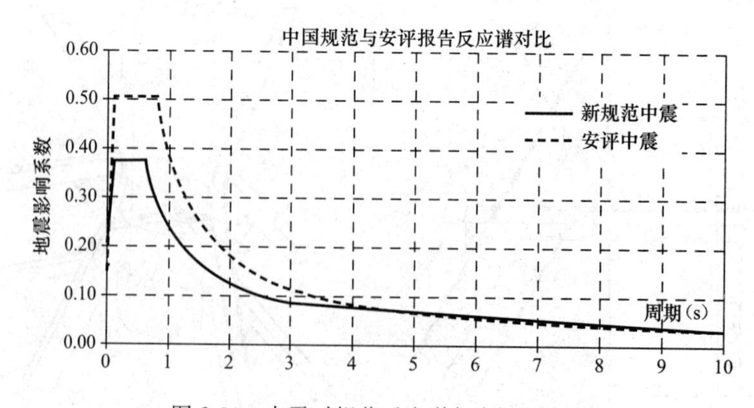

图2-30 中震时规范反应谱与安评反应谱

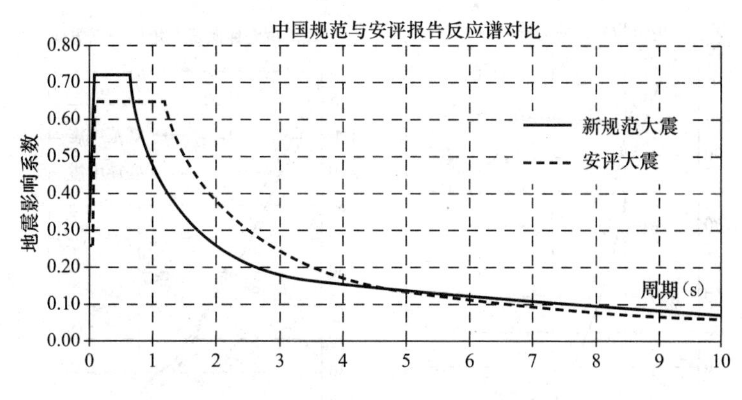

图 2-31 大震时规范反应谱与安评反应谱

采用振型分解法进行小震、中震、大震分析，经过分析，基底剪力与倾覆总弯矩可参见表 2-6，剪力和倾覆弯矩可参见图 2-32～图 2-34。由于本工程在小震时根据抗震规范反应谱得到的基底剪力大于根据安评反应谱得到的基底剪力，本工程计算分析主要采用规范反应谱。

基底剪力表 **表 2-6**

地震工况		底部剪力*（MN）	比例	总倾覆力矩（MN·m）	比例
多遇地震（小震）	规范 7.5 度	109	100%	26608	100%
	地表安评	85	78%	12822	48%
设防烈度（中震）	规范 7.5 度	266	100%	59590	100%
	地表安评	341	129%	56689	95%
罕遇地震（大震）	规范 7.5 度	585	100%	135351	100%
	地表安评	650	111%	118562	88%

* 该剪力为剪重比调整前数值。

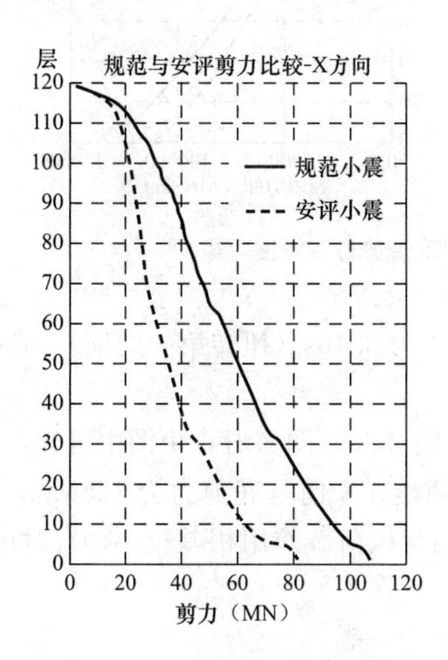

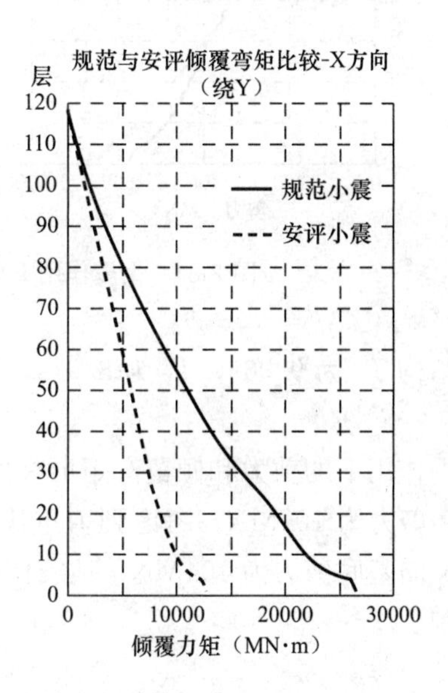

图 2-32 小震作用下规范谱剪力与倾覆弯矩

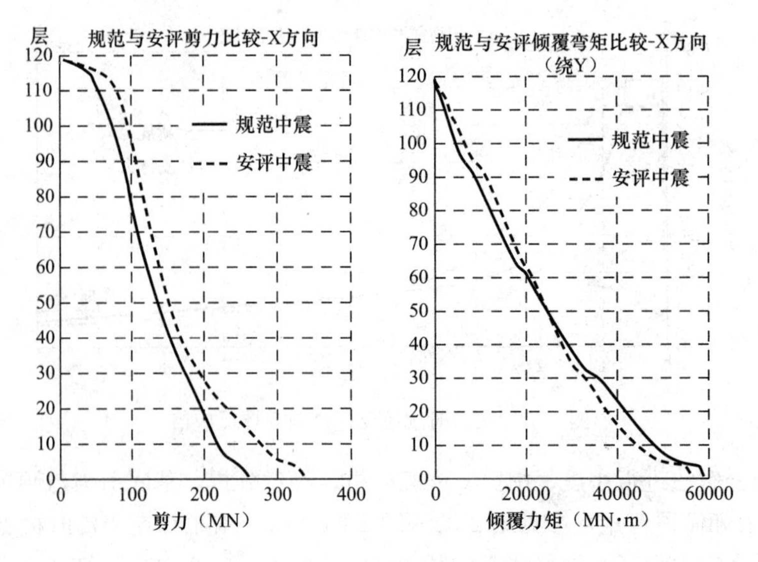

图 2-33 中震作用下规范谱剪力与倾覆弯矩

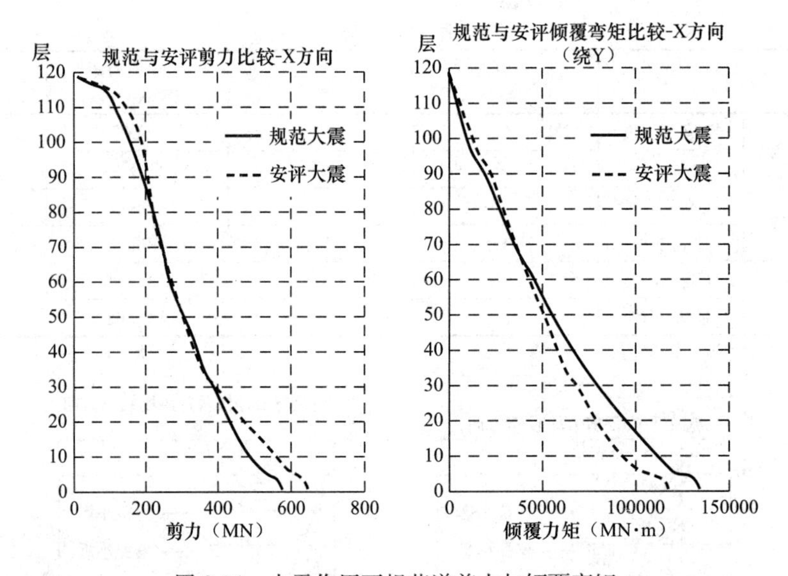

图 2-34 大震作用下规范谱剪力与倾覆弯矩

本项目结构 T_1 为 9.06s，T_2 为 8.97s，T_3 为 3.46s（扭转第一周期），其振型可参见图 2-35。

风和地震作用下的剪力和倾覆弯矩可参见图 2-36、图 2-37，由图中可知，在小震作用下，X 向基底剪力为 107MN，考虑到剪重比调整，X 向基底剪力为 128MN，100 年风荷载作用下，X 向基底剪力为 104MN，地震作用与风荷载作用相差较小，有时风荷载控制，有时地震控制。

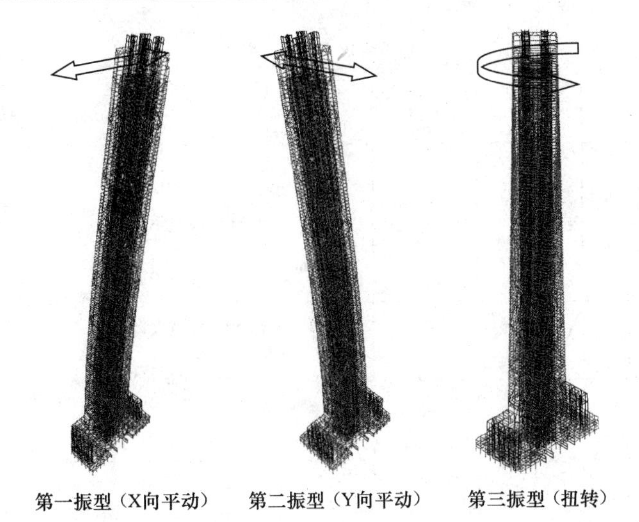

图 2-35 前三阶振型

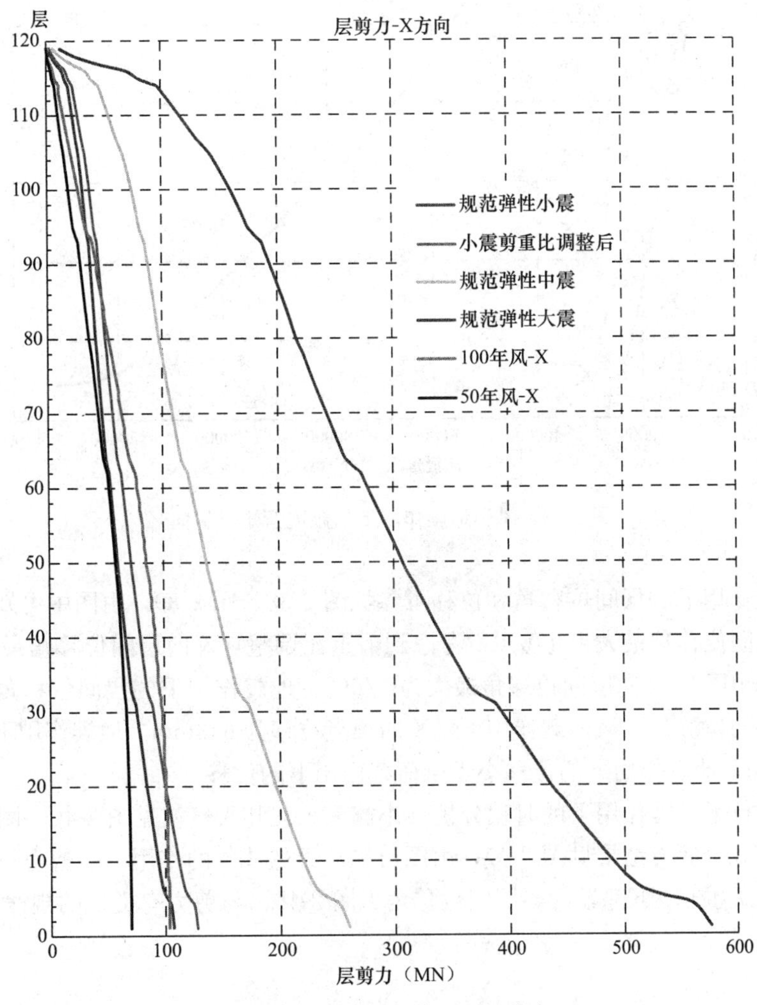

图 2-36 风和地震作用下的剪力

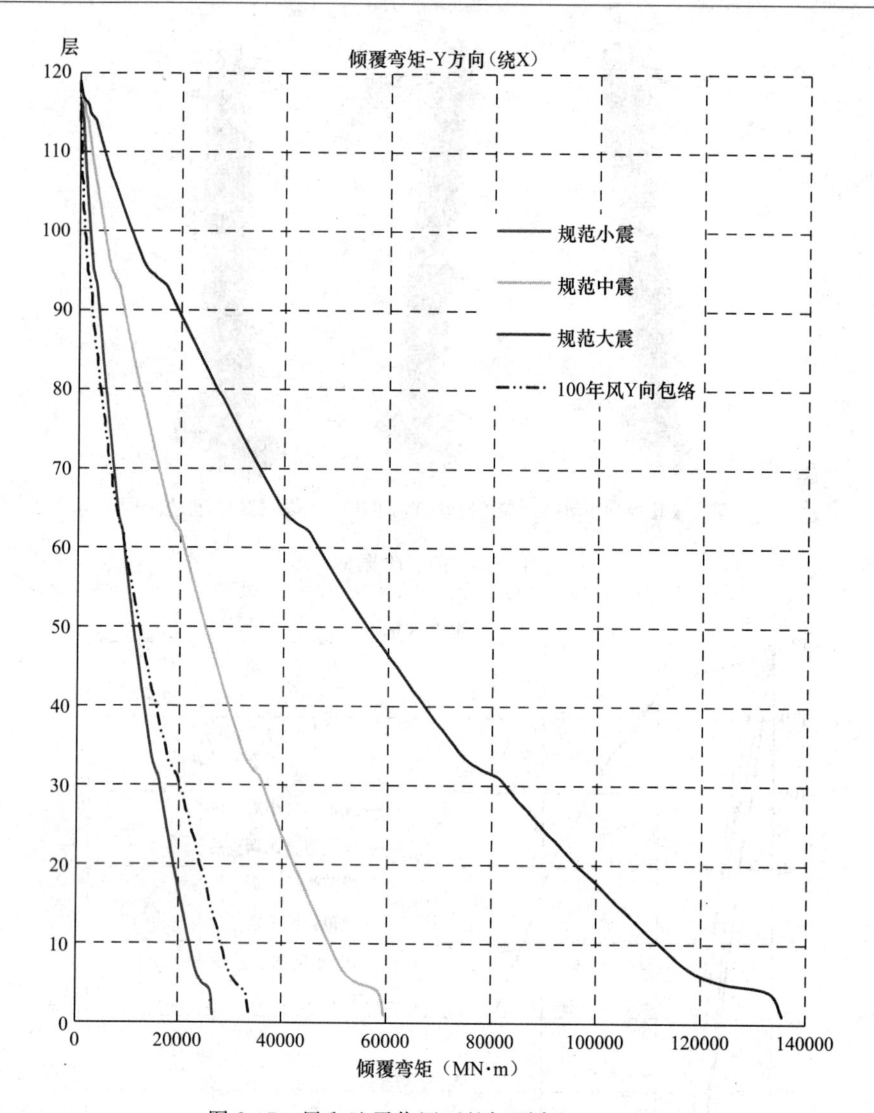

图 2-37　风和地震作用下的倾覆弯矩（Y 向）

风和地震作用下的层间位移角和位移可参见图 2-38、图 2-39，由图中可知，在小震作用下，X 向层间位移角最大为 1/620，考虑到剪重比调整，X 向层间位移角最大为 1/521，50 年风荷载作用下，X 向层间位移角最大为 1/667，地震作用下的层间位移角远大于风荷载作用下的层间位移角。风荷载作用下，X 向顶点位移为 643mm，地震作用下，X 向顶点位移为 612mm，地震作用下的位移小于风荷载作用下的位移。

本工程进行了小震作用下的时程分析，小震人工波和天然波见图 2-40～图 2-46。

弹性时程分析剪力结果见图 2-47，由图可知，天然波 4 的作用下的剪力较大，天然波 5 的作用下的剪力在中下部较大。层间位移角见图 2-48，与剪力有类似的规律。

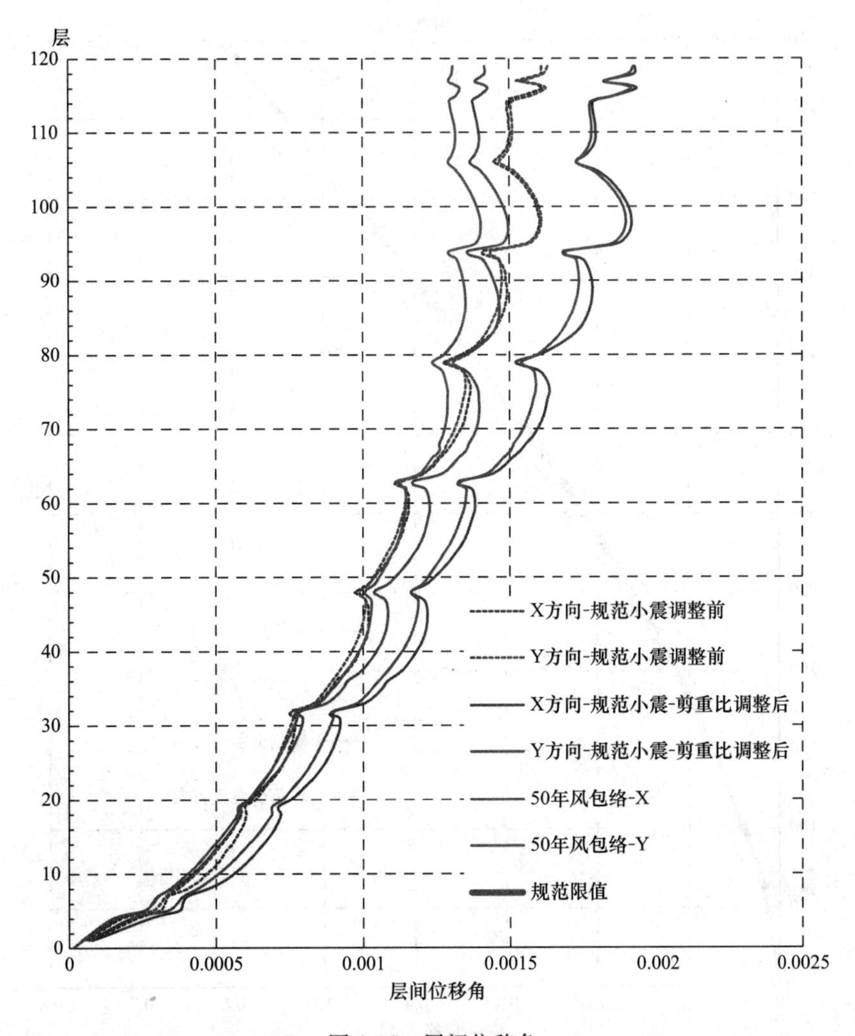

图 2-38 层间位移角

内外筒的剪力分配比可见图 2-49，可以看到本工程外框筒刚度良好，大多数楼层的外框筒承担的剪力超过了底部剪力的 20%，部分楼层达到了 40%以上。

根据汕头大学风洞实验室的详细风洞试验结果，本工程的最高住人楼层加速度为 0.203m/s^2，在上面楼层的特色酒吧加速度为 0.217m/s^2，均满足国家规范要求。

本工程进行了大震作用下的弹塑性时程分析，大震人工波和天然波见图 2-50～图 2-56。

大震弹塑性时程分析剪力结果见表 2-7，由该表可知，基底剪力均值为 623MN，天然波 1 的作用下的基底剪力最大，典型的基底剪力时程曲线可参见图 2-57，典型的顶点位移的时程曲线可参见图 2-58，典型的层间位移角见图 2-59。

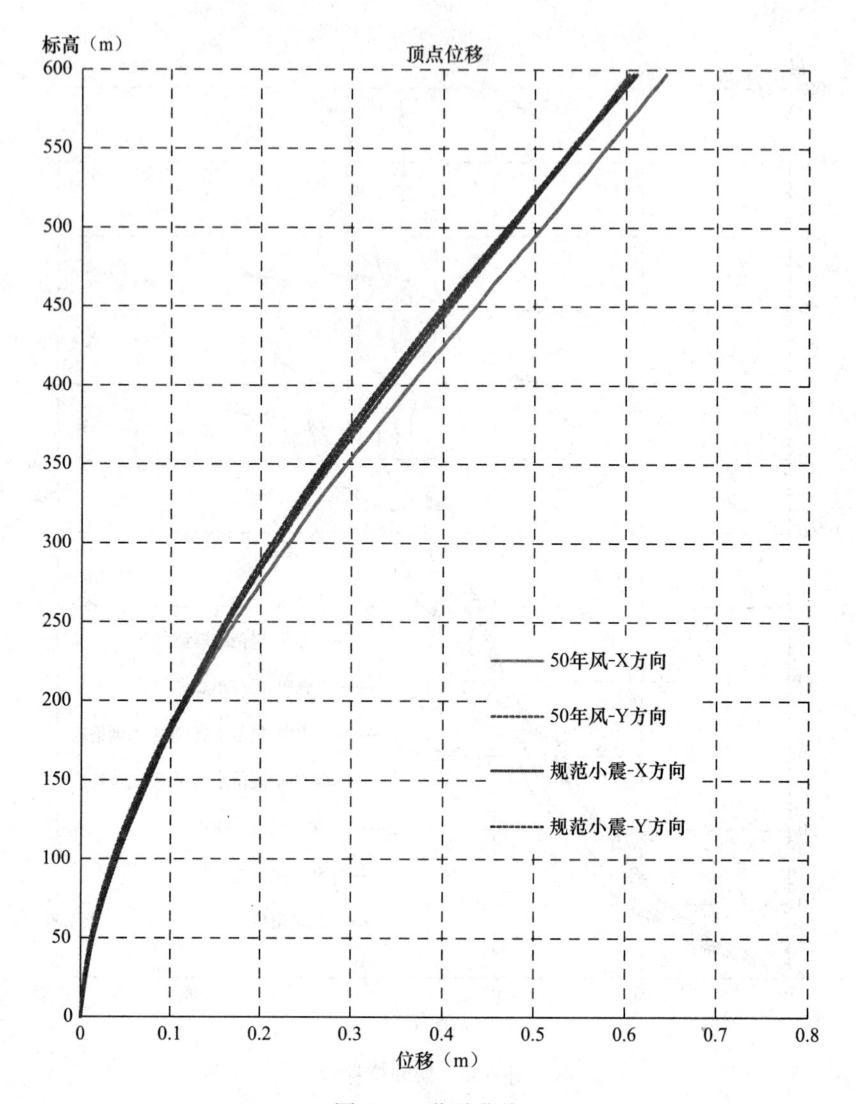

图 2-39　位移曲线

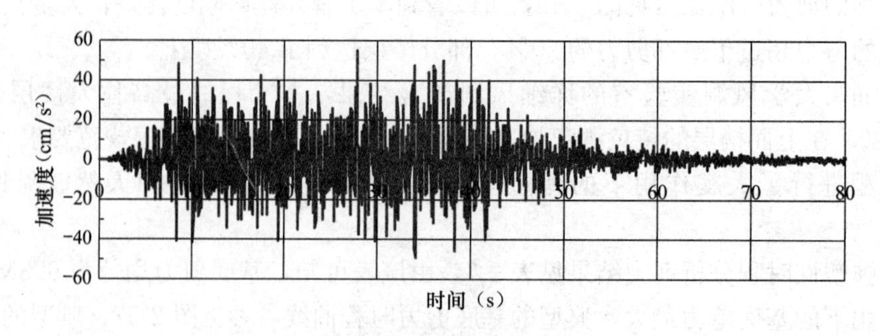

图 2-40　小震人工波 1

有效峰值：55gal；时间间隔：0.02s；有效持时：62.46s

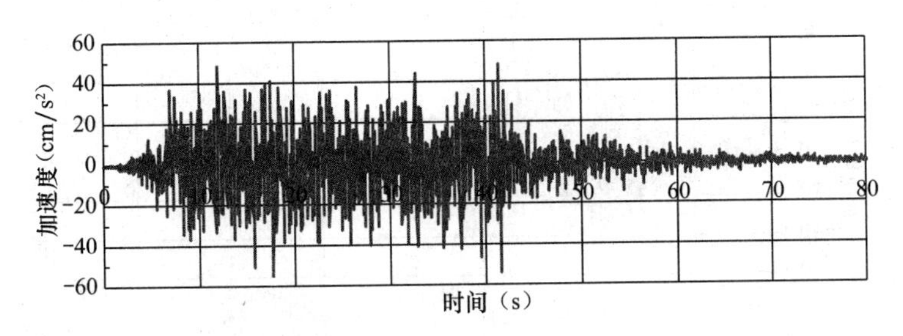

图 2-41 小震人工波 2

有效峰值：55gal；时间间隔：0.02s；有效持时：57.38s

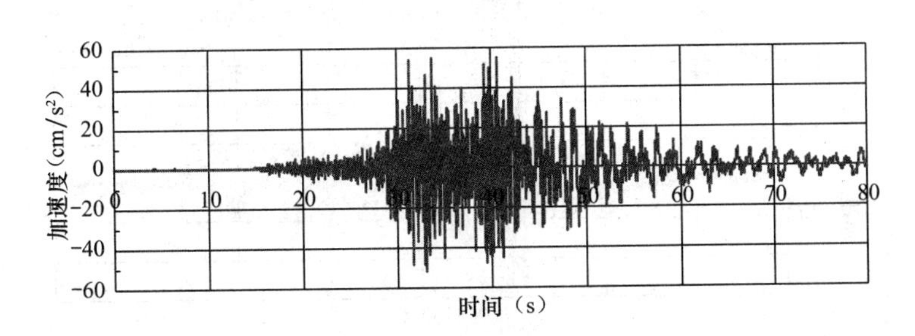

图 2-42 小震天然波 1

地震名称：台湾集集地震；发生时间：1999.9.20；记录台站：国福国小

有效峰值：55gal；时间间隔：0.005s；有效持时：58.93s

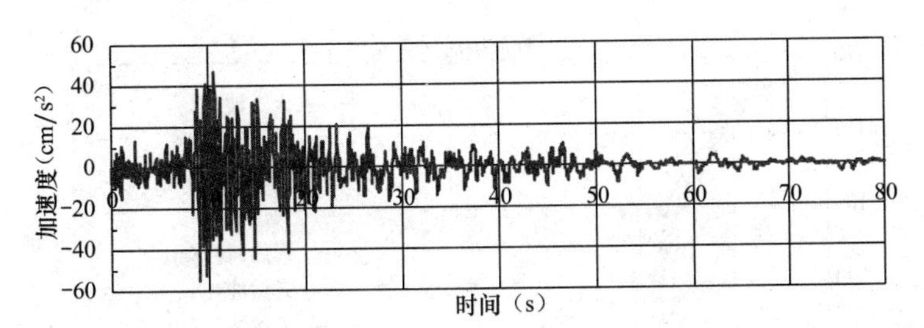

图 2-43 小震天然波 2

地震名称：BORREGO MOUNTAIN EARTHQUAKE；发生时间：1968.4.8

记录台站：S. CALIF. EDISON CO. COLTON，CAL.

有效峰值：55gal；时间间隔：0.02s；有效持时：52.22s

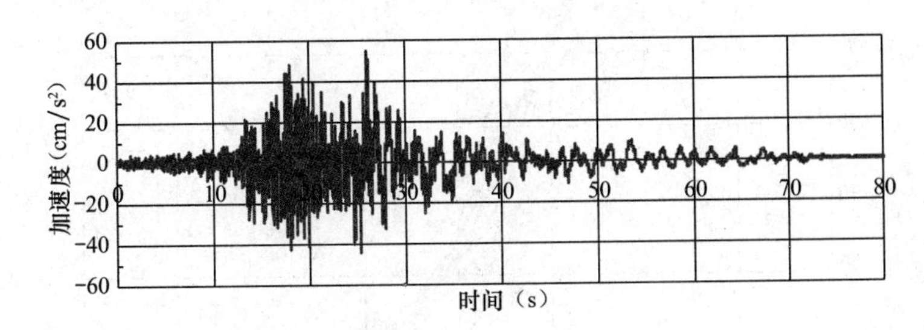

图 2-44 小震天然波 3

地震名称：HOLLISTER EARTHQUAKE；发生时间：1961.4.8

记录台站：HOLLISTER CITY HALL

有效峰值：55gal；时间间隔：0.005s；有效持时：51.21s

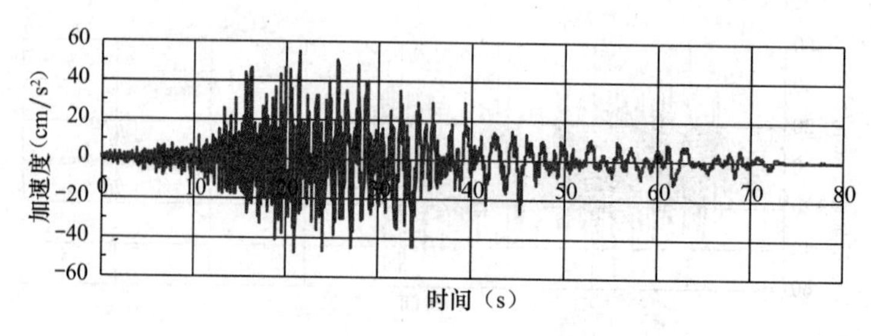

图 2-45　小震天然波 4

有效峰值：55gal；时间间隔：0.02s；有效持时：63.94s

（该地震波由中国建筑科学研究院抗震所补充提供）

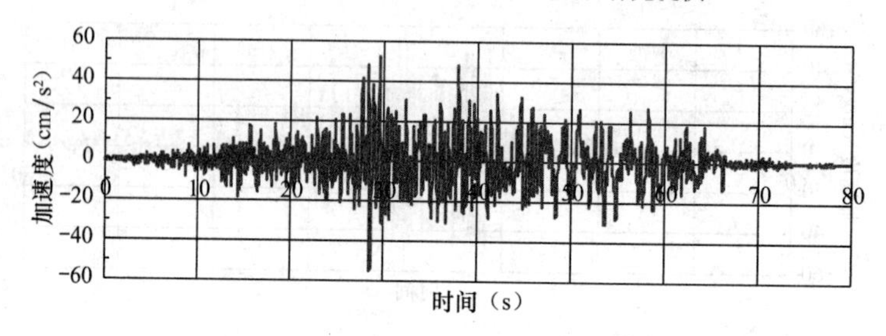

图 2-46　小震天然波 5

有效峰值：55gal；时间间隔：0.02s；有效持时：57.76s

（该地震波由中国建筑科学研究院抗震所补充提供）

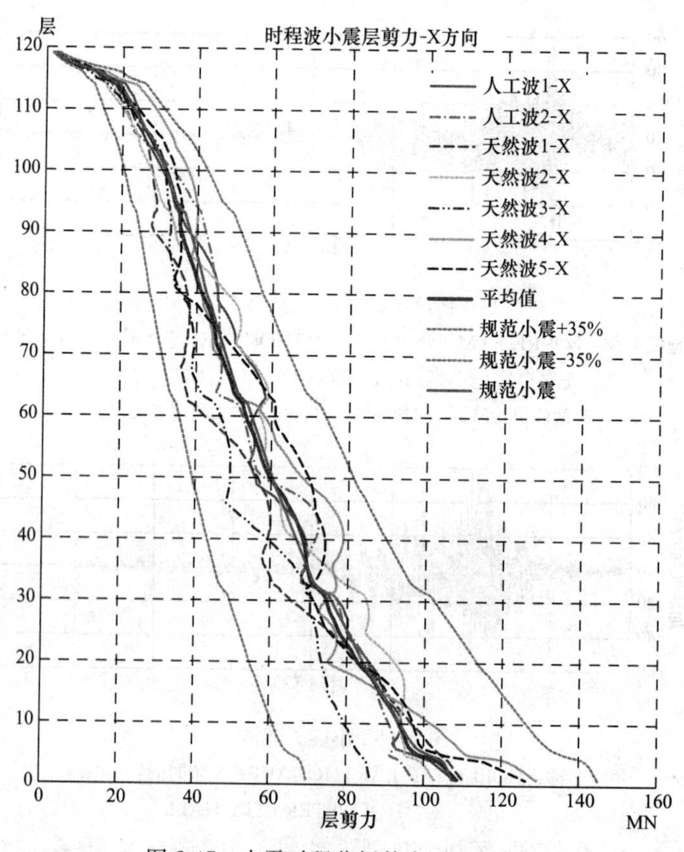

图 2-47　小震时程分析剪力图（X 向）

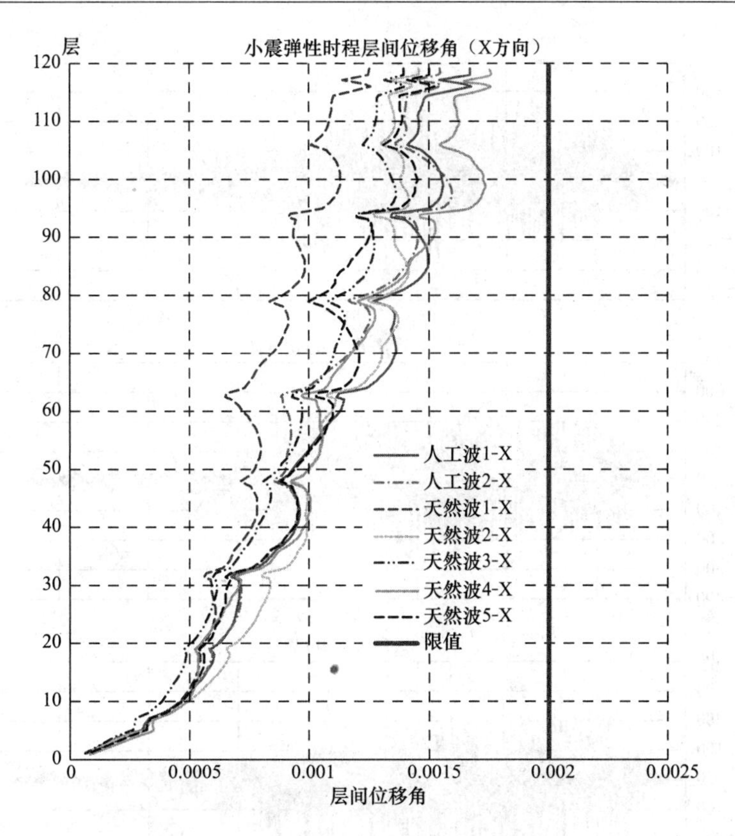

图 2-48　小震弹性时程层间位移角（X 向）

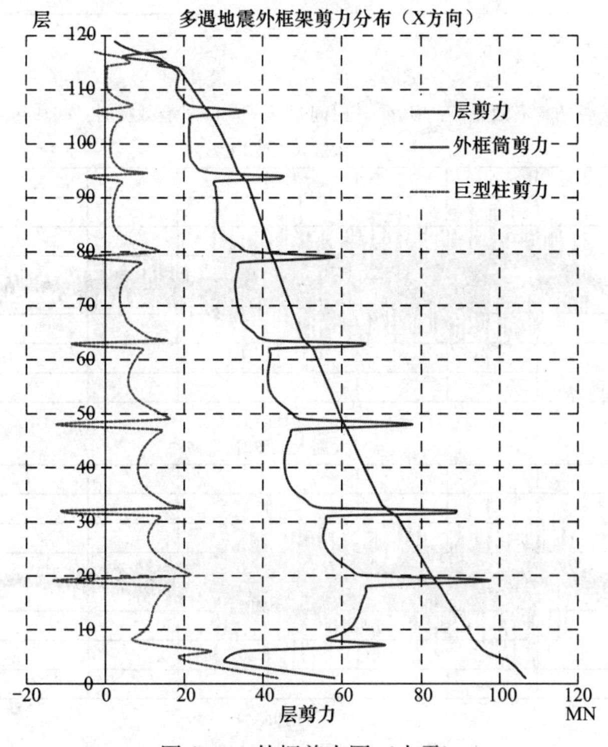

图 2-49　外框剪力图（小震）

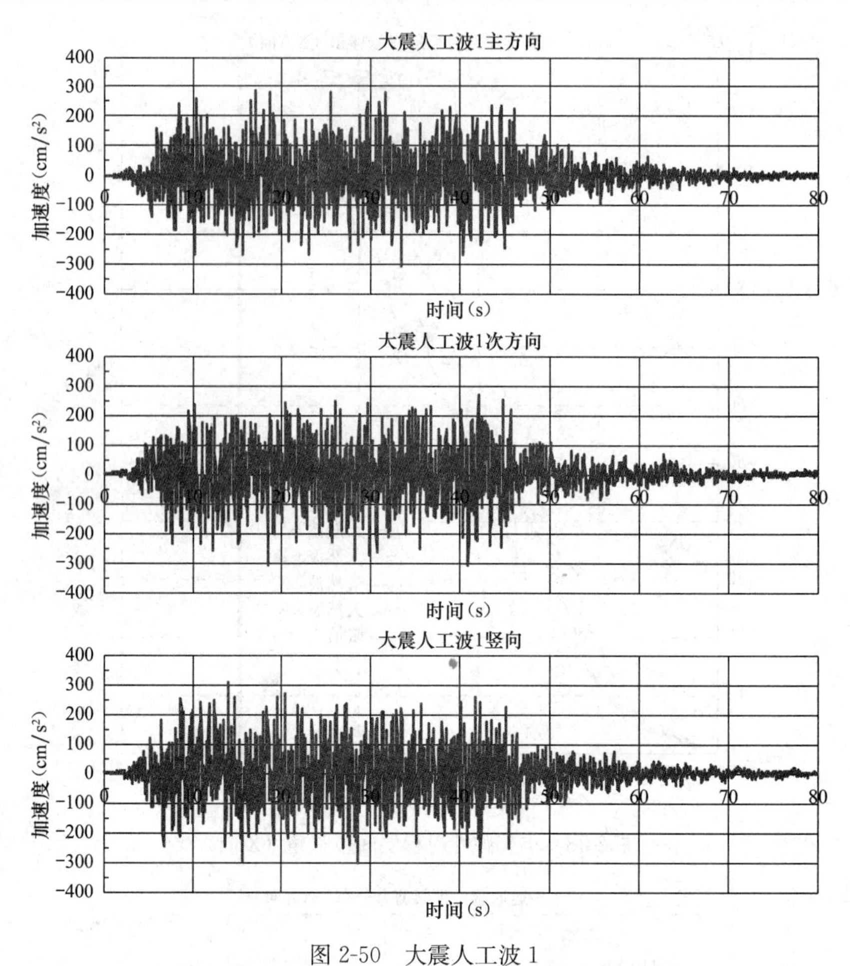

图 2-50　大震人工波 1

主方向有效峰值：310gal；时间间隔：0.02s；有效持时：66.94s

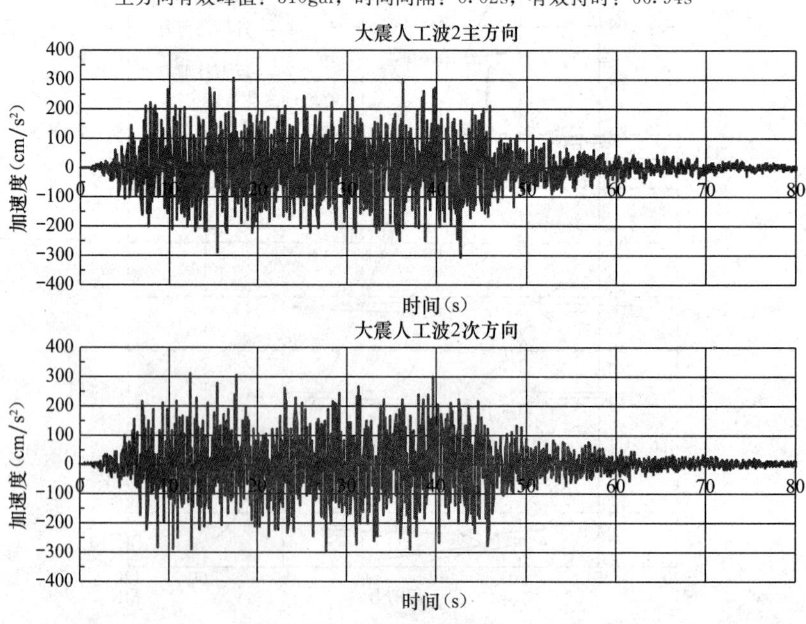

图 2-51　大震人工波 2（一）

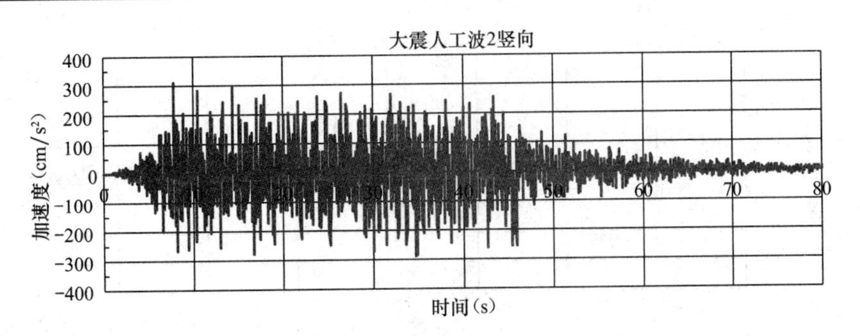

图 2-51 大震人工波 2（二）

主方向有效峰值：310gal；时间间隔：0.02s；有效持时：66.62s

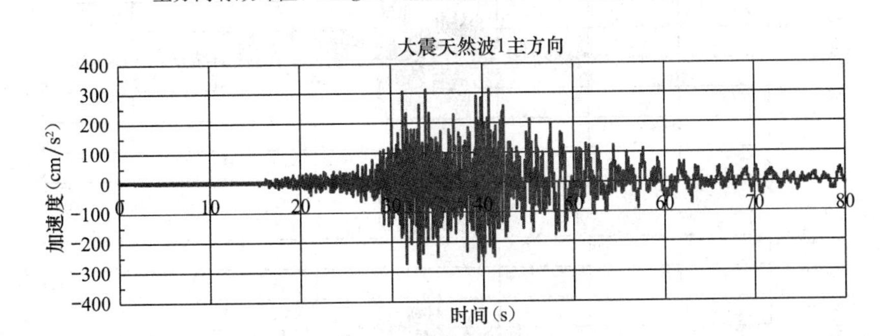

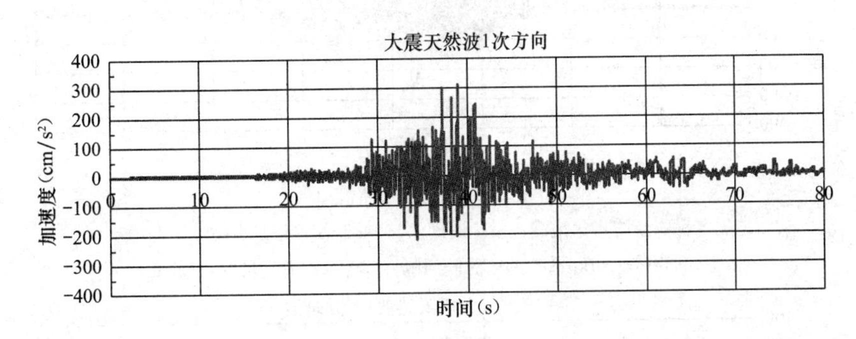

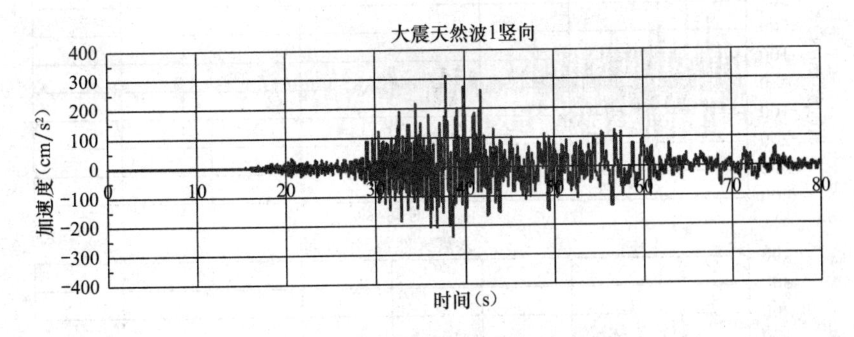

图 2-52 大震天然波 1

地震名称：台湾集集地震；发生时间：1999.9.20；记录台站：崇和国小

主方向有效峰值：310gal；时间间隔：0.005s；有效持时：58.93s

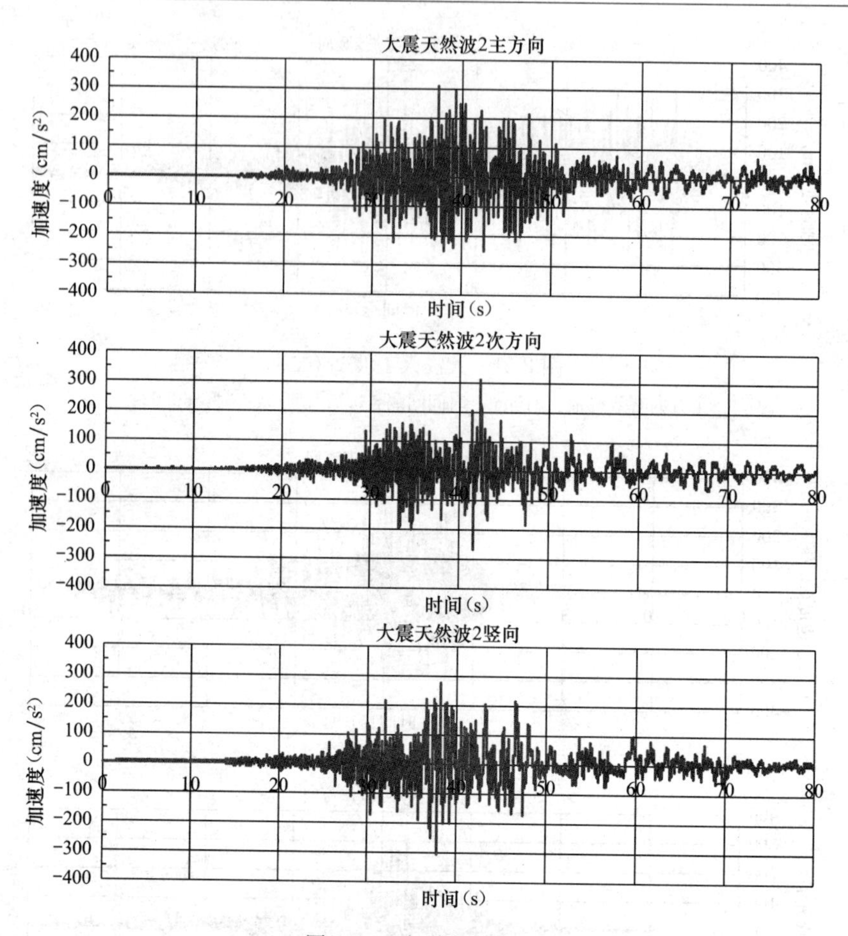

图 2-53　大震天然波 2

地震名称：台湾集集地震；发生时间：1999.9.20；记录台站：崇德国小

主方向有效峰值：310gal；时间间隔：0.005s；有效持时：54.47s

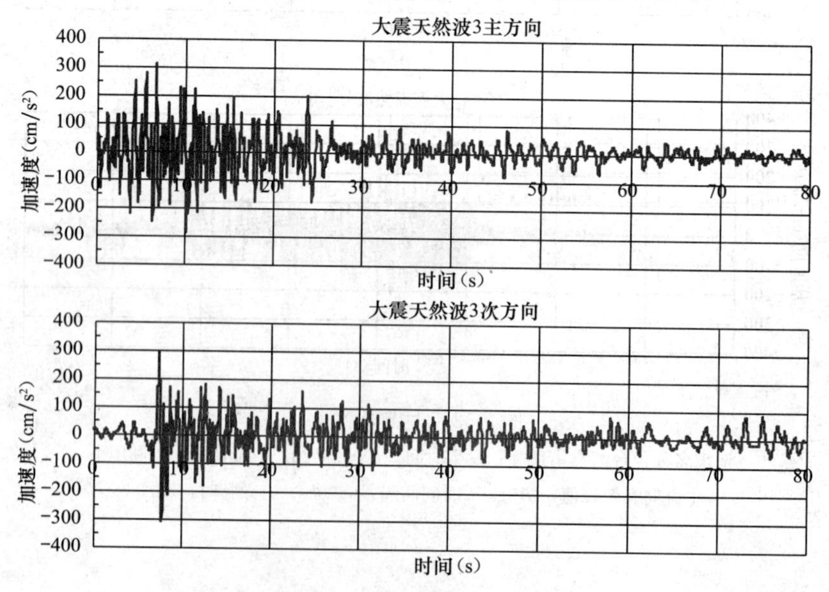

图 2-54　大震天然波 3（一）

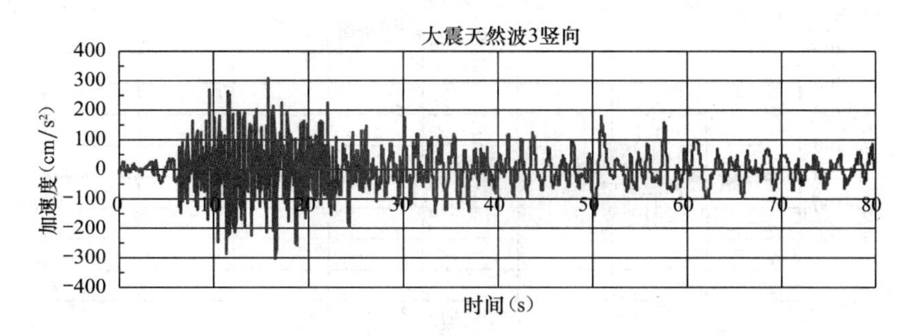

图 2-54 大震天然波 3（二）

地震名称：EL ALAMO，BAJA CALIFORNIA EARTHQUAKE；发生时间：1956.2.9；

记录台站：EL CENTRO SITE IMPERIAL VALLEY IRRIG DISTRICT

主方向有效峰值：310gal；时间间隔：0.02s；有效持时：75.12s

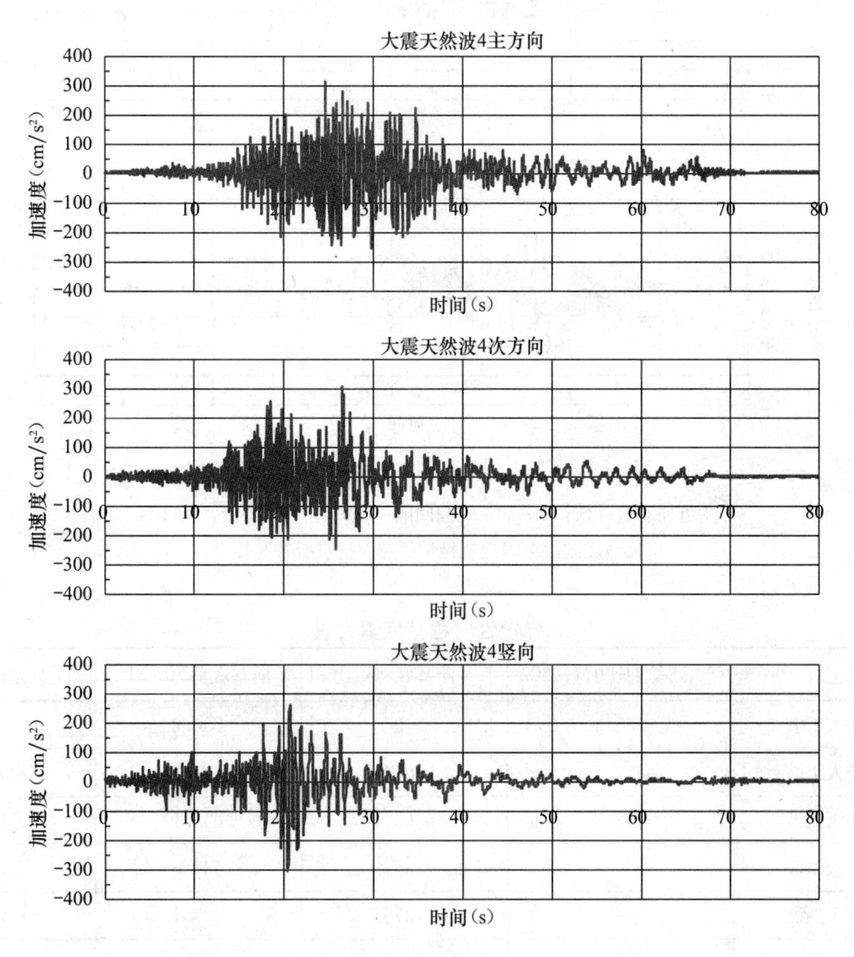

图 2-55 大震天然波 4

主方向有效峰值：310gal；时间间隔：0.02s；有效持时：54.48s

（该地震波由中国建筑科学研究院抗震所补充提供）

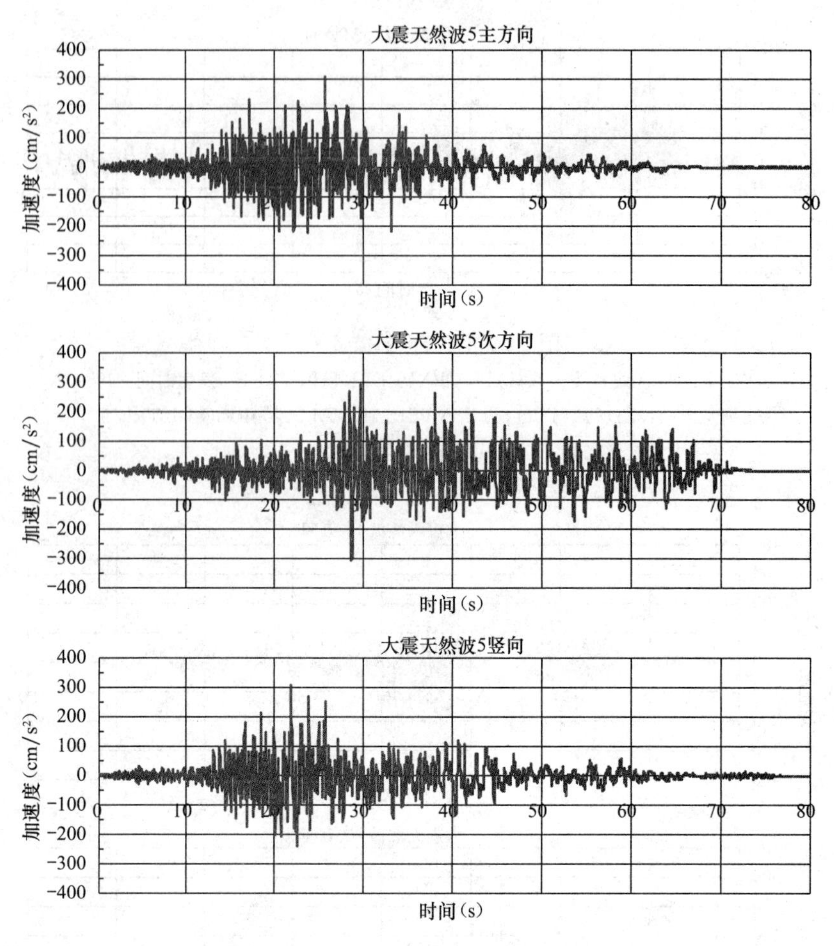

图 2-56 大震天然波 5

主方向有效峰值：310gal；时间间隔：0.02s；有效持时：50.94s

（该地震波由中国建筑科学研究院抗震所补充提供）

弹塑性时程基底剪力表 表 2-7

地震记录	X向基底剪力（MN）	X向基底剪重比	Y向基底剪力（MN）	Y向基底剪重比
第一条人工波	766.8	10.39%	730.8	9.91%
第二条人工波	667.6	9.05%	648.3	8.79%
第一条天然波	638.1	8.65%	655.1	8.88%
第二条天然波	559.3	7.58%	534.0	7.24%
第三条天然波	580.4	7.87%	592.1	8.03%
第四条天然波	611.7	8.29%	623.6	8.45%
第五条天然波	539.4	7.31%	582.6	7.90%
平均值	623.3	8.45%	623.8	8.46%

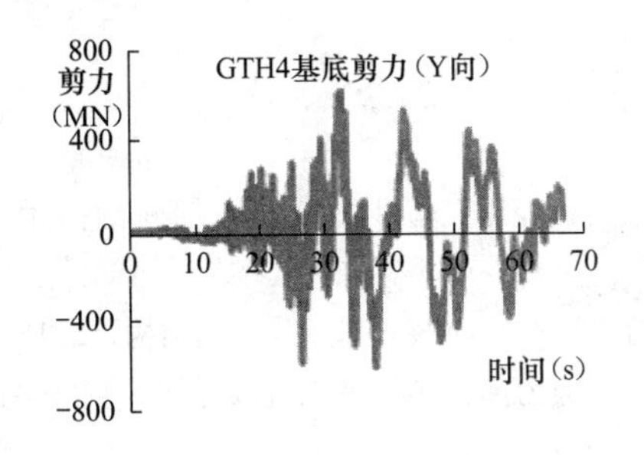

图 2-57　第四条弹塑性时程基底剪力（Y 向）

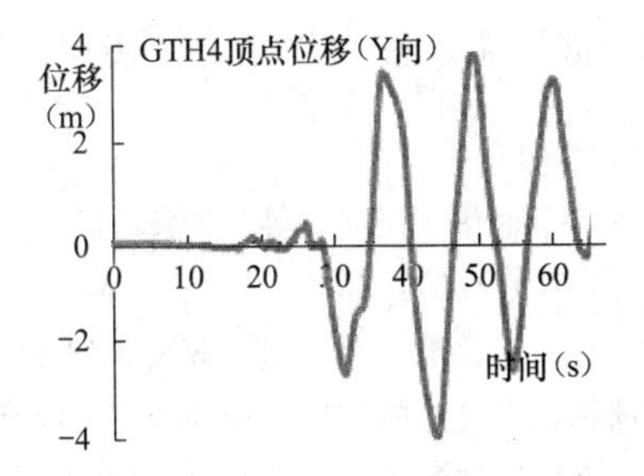

图 2-58　第四条顶点位移时程曲线（Y 向）

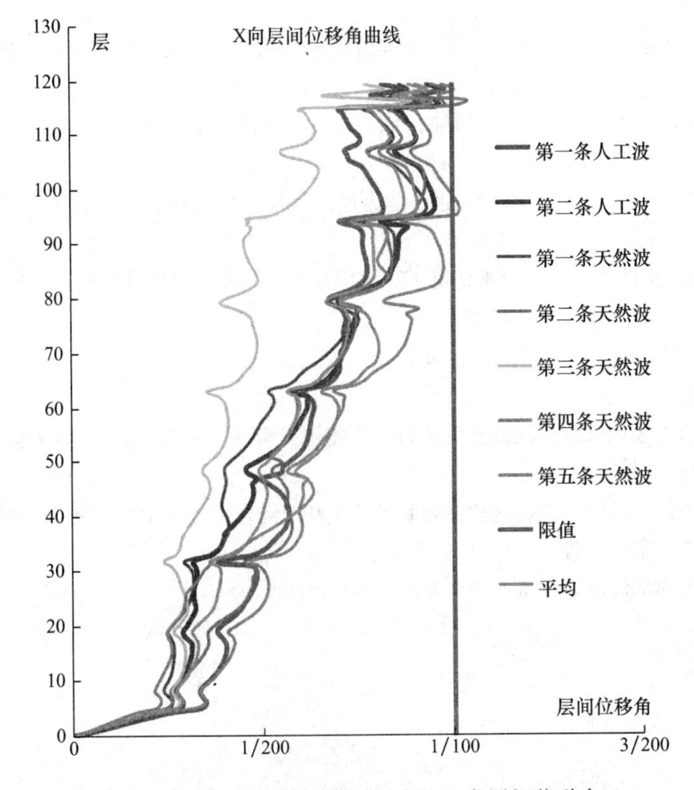

图 2-59　大震作用下弹塑性时程 X 向层间位移角

本工程是一个复杂的超高层建筑物，主体结构施工将近 5 年左右完成，结构竖向构件在施工工程中的受力、变形不可忽略，本工程进行了施工模拟，考虑施工模拟和不考虑施工模拟有较大差异。

2.10　小结

天津 117 项目是中国结构高度第一个超过 590m 的超高层建筑物，也是当时中国结构高度最高的超高层，多边多腔钢管钢筋混凝土巨柱等多项技术为世界之最，在世界和中国工程建设中有着特殊的地位。本章简要介绍了本工程的技术标准、性能指标、结构布置、主要计算结果等，对类似项目可供参考，更多专题研究可参看相关文献，其中“多边多腔钢管钢筋混凝土巨柱力学性能初步探讨”一文可见本书。

[1] 王辉，余地华，汪浩，等. 天津117大厦高承载力超大长径比试验桩施工技术 [J]. 施工技术：下半月，2011 (5)：23-25.
[2] 范道红，何鲁清，严小霞，等. 天津117多腔体组合型巨柱预拼装技术 [J]. 钢结构，2012，1.
[3] 朱邵辉，宫健，胡宜婷. 天津高银117大厦项目地下室剪力墙钢结构施工分段分析 [J]. 中国钢结构协会房屋建筑钢结构分会2013年学术年会论文集，2013.
[4] 孙宏伟. 京津沪超高层超长钻孔灌注桩试验数据对比分析 [J]. 建筑结构，2011，41 (9)：143-146.
[5] 刘鹏，殷超，李旭宇，等. 天津高银117大厦结构体系设计研究 [J]. 建筑结构，2012，42 (3)：1-9.
[6] 宫海，王新娣，胡大柱，等. 巨型屈曲约束支撑在天津高银117大厦中的应用 [J]. 建筑结构，2013 (006)：10032-10032.
[7] 朱邵辉，宫健，吕黄兵，等. 天津高银117大厦超大尺寸屈曲约束支撑施工技术 [J]. 施工技术，2013 (20)：47-49.
[8] 王宏，戴立先，朱邵辉，等. 天津高银117大厦异形多腔体巨型钢柱施工分段研究 [J]. 施工技术：下半月，2012，41 (10)：22-23.
[9] 包联进，汪大绥，周建龙，等. 天津高银117大厦巨型支撑设计与思考 [J]. 建筑钢结构进展，2014，2：008.
[10] 姚攀峰. 多边多腔钢管钢筋混凝土巨柱力学性能初步探讨 [A]. 第二届大型建筑钢与组合结构国际会议论文集 [C]. 2014
[11] 奥雅纳工程顾问. 天津市高新区软件和服务外包基地综合配套区中央商务区一期项目-高银117大厦超限设计专家审查报告 (2010年6月).
[12] 维基百科. 天津滨海高新技术产业开发区. 2015-01-09

3　中国尊项目[1~6]

3.1　项目概况

中国尊项目位于北京市朝阳区光华路CBD核心区，CBD核心区北京商务中心区（北京CBD）是首都六大高端产业功能区之一，位于北京市朝阳区中部，北至朝阳北路，南临通惠河，西至东大桥路，东至东四环，面积7km²，规划建筑总面积近2000万m²，参见图3-1、图3-2。1993年北京市在《北京城市总体规划（1991～2010）》首次提出建设商务中心区的构想，进入21世纪，北京CBD进入了快速发展期。项目建设快速推进，产业形态、空间形态初具规模，现代商务功能日益完备，国际影响力逐年提升，已经成为首都的窗口，高端产业的载体，集约高效的示范，城市形象的名片[7]。

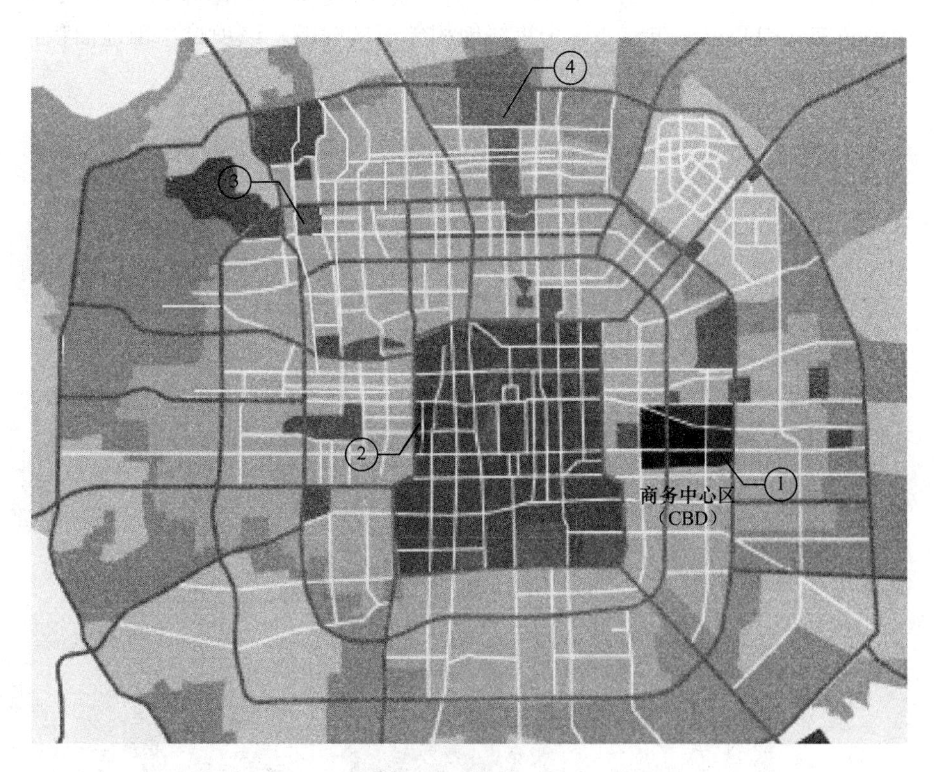

图3-1　项目区位图1

（①商务中心区（CBD）——国际化现代商务区；②金融街——首都金融主中心区；
③中关村科技园区——全球科技创新中心；④奥林匹克中心区——国际文化体育商务园区）

图 3-2　项目区位图 2

中国尊所在的 Z15 地块东至金和东路，西接金和路，北侧隔 12m 公共用地与光华路接邻，南侧隔文化中心用地与核心区中央绿地相邻至景辉街。该项目总用地面积：1.1478 公顷，总建筑面积：43.7 万 m^2，参见图 3-3、图 3-4。

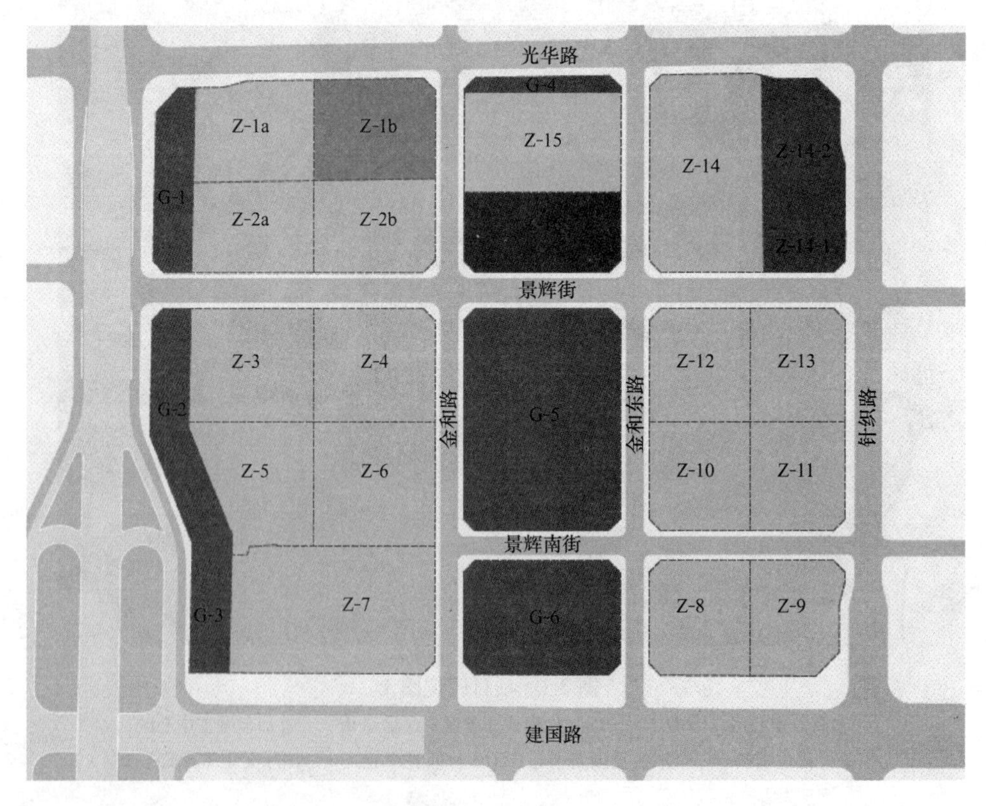

图 3-3　项目位置图 1

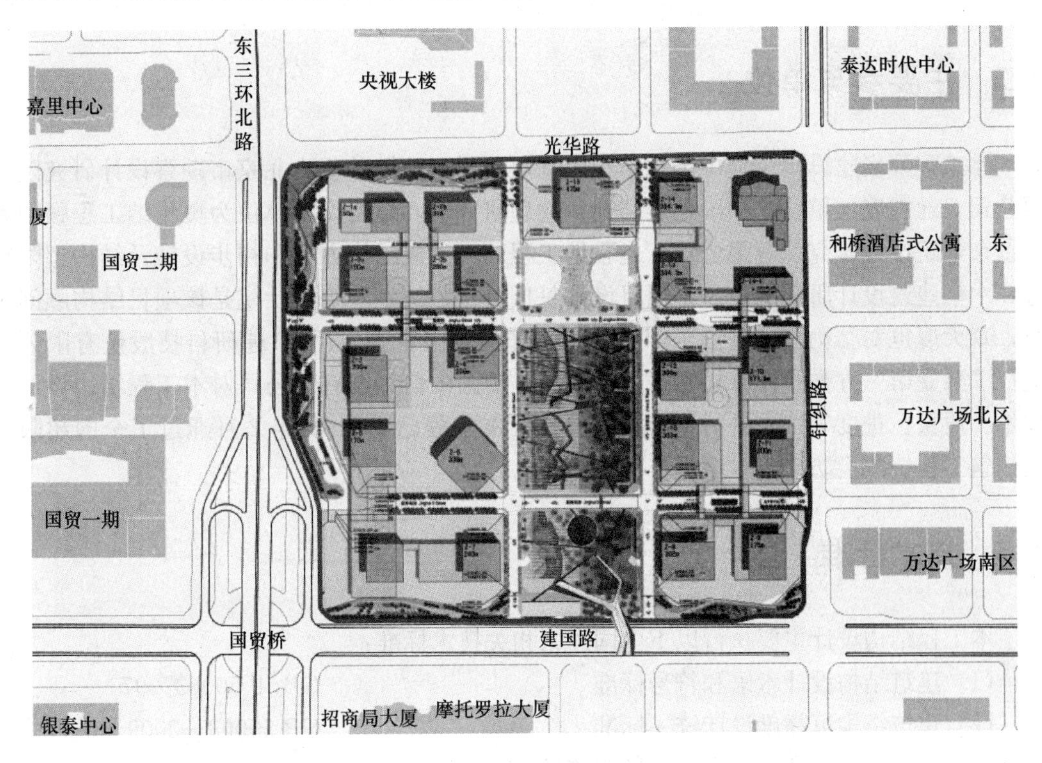

图 3-4 项目位置图 2

中国尊项目是北京市新的地标性建筑物，由中信集团开发的超高层项目，该建筑物总高度为 528m，地上 108 层，地下 7 层，将作为中信集团的总部办公大楼，主要功能为办公、观光等，建成之后将是北京第一高楼，也是中国首个 8 度抗震区超过 500m 的超高层建筑物，参见图 3-5。

图 3-5 效果图

3.2 主要参与单位

本工程开发建设单位为中国中信集团有限公司，地勘单位为北京市勘察设计研究院有限公司，地震安评单位是中国地震局地球物理研究所，结构设计单位为奥雅纳工程顾问和北京市建筑设计研究院有限公司。奥雅纳工程顾问完成结构方案和初步设计及结构超限审查，中信建筑设计研究总院是本项目设计复核单位，华东建筑设计院是该项目结构顾问单位，森大厦也对结构设计进行了部分咨询工作（超限审查之后），建研科技股份有限公司进行了独立第三方弹塑性分析和振动台试验；中国中信集团有限公司对本工程结构设计的技术、质量、进度等工作进行了全方位管控。本工程已于 2013 年 2 月通过了全国超限高层建筑工程抗震设防审查专家委员会的审查。

3.3 技术标准

本工程结构设计主要执行以下中国国家相关技术标准：

(1) 建筑结构设计术语和符号标准 GB/T 50083—97
(2) 建筑结构可靠度设计统一标准 GB 50068—2009
(3) 工程结构设计基本术语和通用符号 GBJ 132—90
(4) 建筑工程抗震设防分类标准 GB 50223—2008
(5) 建筑结构荷载规范 GB 50009—2012
(6) 建筑抗震设计规范 GB 50011—2010
(7) 混凝土结构设计规范 GB 50010—2010
(8) 钢结构设计规范 GB 50017—2003
(9) 建筑地基基础设计规范 GB 50007—2011
(10) 地下工程防水技术规范 GB 50108—2008
(11) 混凝土结构耐久性设计规范 GB/T50476—2008
(12) 建筑设计防火规范 GB 50016—2006
(13) 高层建筑混凝土结构技术规程 JGJ 3—2010
(14) 高层民用建筑钢结构技术规程 JGJ 99—98
(15) 型钢混凝土组合结构技术规程 JGJ 138—2001
(16) 高层建筑箱形与筏形基础技术规范 JGJ 6—2011
(17) 高层建筑岩土工程勘查规范 JGJ 72—2004
(18) 建筑桩基技术规范 JGJ 94—2008
(19) 建筑钢结构防火技术规范 CECS 200：2006
(20) 组合楼板设计与施工规范 CECS 273：2010
(21) 矩形钢管混凝土结构技术规程 CECS 159：2004
(22) 钢管混凝土结构设计与施工规程 CECS 28：2012
(23) 钢管混凝土叠合柱结构技术规程 CECS 188：2005

（24）建筑工程抗震性态设计通则（试用）　　CECS160—2004
（25）高层建筑钢一混凝土混合结构设计规程　　CECS230：2008
（26）北京地区建筑地基基础勘察设计规范　　DBJ11—501—2009
（27）全国民用建筑工程设计技术措施一结构　　2009年版
（28）超限高层建筑工程抗震设防管理规定　　建设部令111号
（29）超限高层建筑工程抗震设防专项审查技术要点　　建质［2010］109号

本工程的地勘报告、风洞试验、地震安评主要依据以下资料：

（1）《北京市CBD核心区Z15地块岩土工程勘查报告》（2012技003）北京市勘察设计研究院有限公司　　2012年3月3日

（2）《北京朝阳区CBD核心区Z15地块发展项目工程场地地震安全性评价报告》中国地震局地球物理研究所　　2012年12月

（3）《北京朝阳区CBD核心区Z15地块超高层风致结构相应研究》RWDI安邸建筑环境工程咨询（上海）有限公司　　2012年11月

（4）多遇和罕遇地震时程波数据及使用说明
北京震泰工程技术有限公司

3.4　性能指标

结构设计基准期：（可靠度）	50年
结构设计使用年限：	50年（耐久性100年）
建筑结构安全等级：	一级
结构重要性系数：	1.1
建筑抗震设防分类：	乙类
建筑高度类别：	超B级
地基基础设计等级：	甲级
基础设计安全等级：	一级
抗震设防烈度：	8度
抗震措施：	9度
设计基本地震加速度峰值：	0.20g
场地类别：	II类
场地特征周期 T_g：	0.40s
弹性分析阻尼比（型钢混凝土结构）：	0.035
弹塑性分析阻尼比：	0.05
钢筋混凝土核心筒抗震等级：	特一级
巨型角柱抗震等级：	特一级
周期折减系数	0.85

3.5 材料

本结构选用混凝土为 C30 等级以上混凝土，主要混凝土强度等级为 C30、C35、C40、C45、C50、C55、C60、C70，相关强度指标等根据《混凝土结构设计规范》(GB 50010—2010) 取值，详见表 3-1。

混凝土材料性能表 **表 3-1**

强度种类	标准值 (N/mm²)		设计值 (N/mm²)		弹性模量 E_c (N/mm²)
	f_{ck}	f_{tk}	f_c	f_t	
C30	20.1	2.01	14.3	1.43	3.00×10^4
C35	23.4	2.20	16.7	1.57	3.15×10^4
C40	26.8	2.39	19.1	1.71	3.25×10^4
C45	29.6	2.51	21.1	1.80	3.35×10^4
C50	32.4	2.64	23.1	1.89	3.45×10^4
C60	38.5	2.85	27.5	2.04	3.60×10^4
C70	44.5	2.99	31.8	2.14	3.70×10^4
C80	50.2	3.11	35.9	2.22	3.80×10^4

本结构选用钢筋为 HPB300、HRB400、HRB500，相关强度指标等根据《混凝土结构设计规范》(GB 50010—2010) 取值，钢筋材料性能见表 3-2。

钢筋材料性能表 **表 3-2**

钢筋种类	符号	直径 D (mm)	标准值 f_{yk} (N/mm²)	设计值 f_y/f_y' (N/mm²)	极限强度标准值 f_{stk} (N/mm²)	弹性模量 E_s (N/mm²)
HPB300	Φ	6～22	300	270/270	420	2.1×10^5
HRB335	Φ	6～50	335	300/300	455	2.0×10^5
HRB400	Φ	6～50	400	360/360	540	2.0×10^5
HRB500	Φ	6～50	500	435/410	630	2.0×10^5

注：钢筋密度－78kN/m³。

本结构选用钢材为 Q235、Q345、Q390，钢材材料性能见表 3-3。

钢材力学性能表 (N/mm²) **表 3-3**

钢材		抗拉、抗压和抗弯 f_y/f	抗剪 f_v	端面承压（刨平顶紧）f_{ce}
牌号	厚度或直径 (mm)			
Q235 钢	≤16	235/215	125	325
	>16～40	225/205	120	325
	>40～60	215/200	115	325
	>60～100	205/190	110	325
Q345 钢	≤16	345/310	180	400
	>16～35	325/295	170	400
	>35～50	295/265	155	400
	>50～100	275/250	145	400

续表

钢材		抗拉、抗压和抗弯 f_y/f	抗剪 f_v	端面承压（刨平顶紧）f_{ce}
牌号	厚度或直径（mm）			
Q345GJ 钢*	≤16	345/315	180	420
	>16～35	345/315	180	420
	>35～50	335/305	175	420
	>50～100	325/295	170	420
Q390 钢	≤16	390/350	205	415
	>16～35	370/335	190	415
	>35～50	350/315	180	415
	>50～100	330/295	170	415
Q390GJ 钢**	≤16	390/350	202	417
	>16～35	390/350	202	417
	>35～50	380/342	197	417
	>50～100	370/333	192	417

* 强度参数按《钢骨混凝土结构技术规程》（YB 9082—2006）
** 抗拉按《建筑结构用钢板》（GB/T 19879—2005）

3.6 荷载

本工程楼面活荷载按照现行国家荷载规范和工程实际情况而确定，详见表 3-4。

荷载表（kN/m²） **表 3-4**

功能分区	活荷载			附加恒荷载		
	活载	规范要求活载	隔墙	吊顶	机电设备	找平层
上人屋面（无设备）	2.0	2.0	—	—	0.5	5.5
办公区/会议室/多功能室	3.0/3.5	2.0	1.0	0.2	0.5	0.8（架空地台）
交易楼层	4.0	—	1.0	0.2	0.5	0.8（架空地台）
茶水间、吸烟室	2.5	—	—	0.2	0.5	1.2
商业楼、宴会厅	3.5	3.5	1.0	0.2	0.5	1.2
储物室、库房、档案库	5.0	5.0	—	—	0.5	1.2
走道	3.5	3.5	—	—	0.5	1.3
避难层	3.5	3.5	—	—	0.5	0
卫生间	2.5	2.5	3.6	0.2	0.5	1.8
观光层、观光大堂	5.0	—	—	0.2	0.5	2.5
餐厅厨房	4.0	4.0	—	—	0.5	5.8
食堂/餐厅	3.0	2.5	—	0.2	1.0	2.5
首层大堂	5.0	2.5	—	0.2	0.5	2.5
电梯大堂、行政楼层核心筒周边走道、电梯转换层	3.0	2.5	—	0.2	0.5	2.3

风荷载：

50 年基本风压为 0.45kN/m^2，100 年基本风压为 0.50kN/m^2，并综合风洞试验结果。仅摘录 50 年最不利风荷载风洞试验结果如表 3-5 所示。

50 年最不利风荷载工况（风洞试验结构，RWDI） **表 3-5**

Floor Lovol	Height Above Grade (m)	F_X (N)	F_Y (N)	M_Z (N·m)
L1	0	378100	378100	3108000
L1	0	324300	333500	3061000
L2	19.95	400800	412300	3585000
L3	25.15	158600	163100	1423000
L4	30.05	287900	295900	2554000
L5	43.65	280500	288400	2090000
L6	48.5	148400	152700	1188000
L7	53.5	151500	155900	1182000
L8	58.65	153700	154500	1150000
L9	63.65	148200	143400	1049000
L10	68.15	144100	134800	977000
L11	72.65	148400	136300	955000
L12	77.15	152600	139900	944000
L13	81.65	157500	143900	937000
L14	86.15	169100	154900	971000
L15	91.1	225000	207700	1335000
L16	99.15	277900	251800	1224000
L17	103.65	174400	159900	943000
L18	106.15	178900	163800	948000
L19	112.65	182800	167100	946000
L20	117.15	185500	169800	943000
L21	121.65	190100	173600	955000
L22	126.15	196000	178600	964000
L23	130.65	202400	183900	977000
L24	135.15	208600	188800	987000
L25	139.65	214800	194100	995000
L26	144.1	282800	258900	1341000
L27	152.15	412900	363000	1369000
L28	157.15	282900	252600	1201000
L29	162.75	294300	262100	1204000
L30	167.75	262200	233500	1041000
L31	172.25	253800	225600	986000
L32	176.75	260600	231400	997000
L33	181.25	268700	237800	1010000
L34	185.75	277000	244500	1022000
L35	190.25	284400	250600	1032000
L36	194.75	291600	256600	1041000
L37	199.25	300200	263800	1051000
L38	203.75	309400	270900	1061000
L39	208.2	400400	353700	1436000
L40	216.25	591100	506100	1361000
L41	220.75	342800	298400	1072000
L42	225.25	347200	302100	1071000

续表

Floor Lovol	Height Above Grade (m)	F_X (N)	F_Y (N)	M_Z (N·m)
L43	229.75	352700	306700	1064000
L44	234.25	355500	309200	1055000
L45	238.75	361900	314600	1064000
L46	243.25	371800	322700	1077000
L47	247.75	381700	330900	1089000
L48	252.25	392200	339500	1104000
L49	256.75	420200	363200	1166000
L50	261.75	446200	386000	1218000
L51	266.75	455100	393300	1231000
L52	271.7	593100	515600	1682000
L53	280.75	926500	783800	1669000
L54	286.35	560100	480000	1370000
L55	291.35	511700	439800	1246000
L56	296.35	496600	426200	1177000
L57	300.85	470400	404000	1102000
L58	306.35	475300	408400	1108000
L59	309.85	486800	417800	1125000
L60	314.35	497800	426900	1141000
L61	318.85	508900	436000	1155000
L62	323.35	520800	445400	1172000
L63	327.85	526700	450500	1181000
L64	332.35	531200	454500	1189000
L65	336.85	564200	482700	1254000
L66	341.85	601000	513900	1322000
L67	346.8	738300	634600	1721000
L68	354.85	1104800	926900	1628000
L69	359.85	632900	539000	1306000
L70	364.35	616800	524700	1257000
L71	368.85	600700	512100	1197000
L72	373.35	576700	493200	1127000
L73	377.85	578600	495200	1131000
L74	382.35	589000	503500	1142000
L75	386.85	590400	504900	1152000
L76	391.35	583800	500100	1155000
L77	395.85	585200	501600	1161000
L78	400.35	612700	525800	1219000
L79	405.36	646500	555000	1282000
L80	410.3	871000	750700	1860000
L81	419.35	1340300	1127800	1901000
L82	424.95	800400	682000	1543000
L83	429.95	693500	592700	1323000
L84	434.45	654800	560400	1226000
L85	438.95	637900	547400	1172000
L86	443.45	650700	558300	1196000
L87	447.95	664400	569300	1222000
L88	452.45	678400	581000	1250000
L89	456.95	692700	593100	1280000

续表

Floor Lovol	Height Above Grade (m)	F_X (N)	F_Y (N)	M_Z (N·m)
L90	461.45	698100	597800	1303000
L91	465.95	727100	624100	1385000
L92	470.95	765800	658100	1472000
L93	475.95	785800	674900	1521000
L94	480.95	805400	691400	1573000
L95	485.9	1124500	961700	2418000
L96	494	1664500	1391200	2569000
L97	498.5	686600	595100	1347000
L98	502.9	1119300	943800	2564000
L99	508	569300	523000	1027000
L100	515	642900	594500	1241000
L101	521.8	1060400	894700	1427000
TOP	523.3	92800	83200	314000
Total		4.92E+07	4.28E+07	1.32E+08

风洞试验做了高频天平试验等，试验照片见图 3-6、图 3-7。

图 3-6 风洞试验照片 1 (RWDI)

图 3-7 风洞试验照片 2 (RWDI)

3.7 建筑条件

塔楼平面为带有圆角处理的正方形，而且上下宽度渐变。Z0 区为首层大堂、会议等功能，Z1～Z7 区为办公，最顶部为观光区。底部大堂为 78m×78m，在 385m 处的腰部收缩为 54m×54m，顶部为 69m×69m，总高 528m。三维示意参见图 3-8。典型的标准层平面参见图 3-9，剖面参见图 3-10。

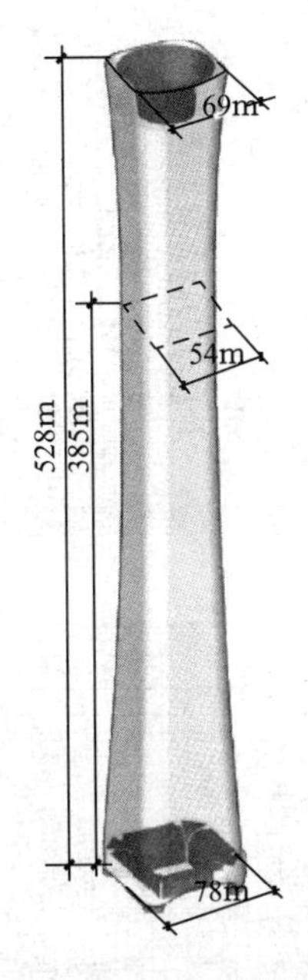

图 3-8 三维示意图

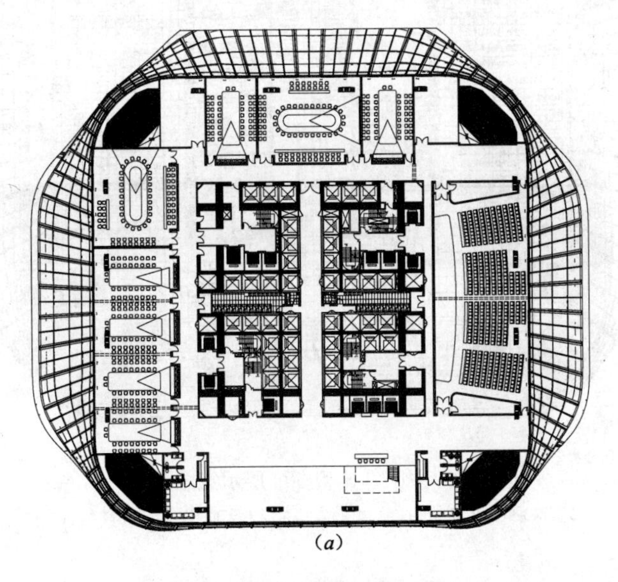

(a)

图 3-9 中国尊典型标准层示意图（一）

(a) Z0 区典型平面示意图（L3）

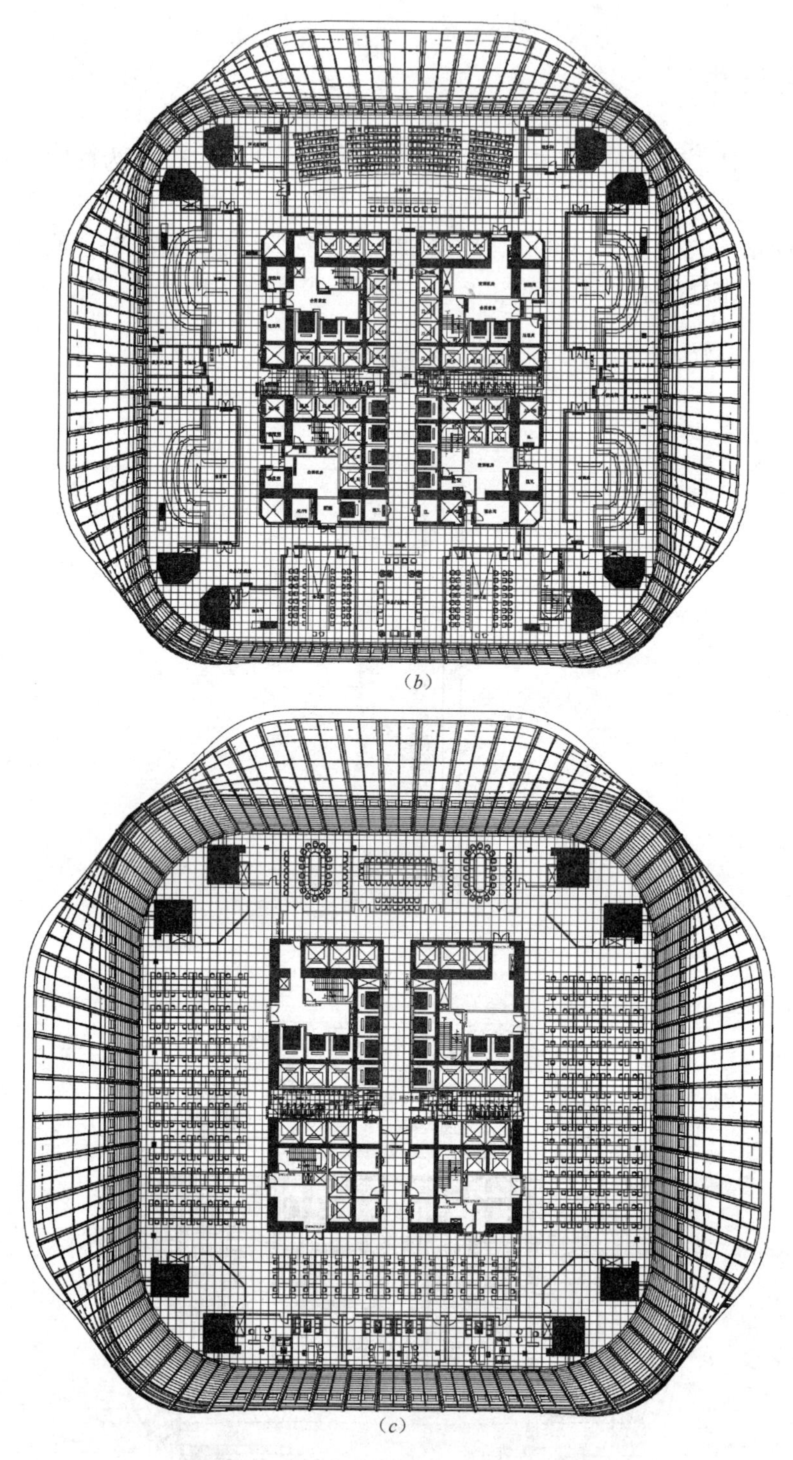

图 3-9　中国尊典型标准层示意图（二）

(*b*) Z1 区典型平面示意图（L8）；(*c*) Z2 区典型平面示意图（L25）

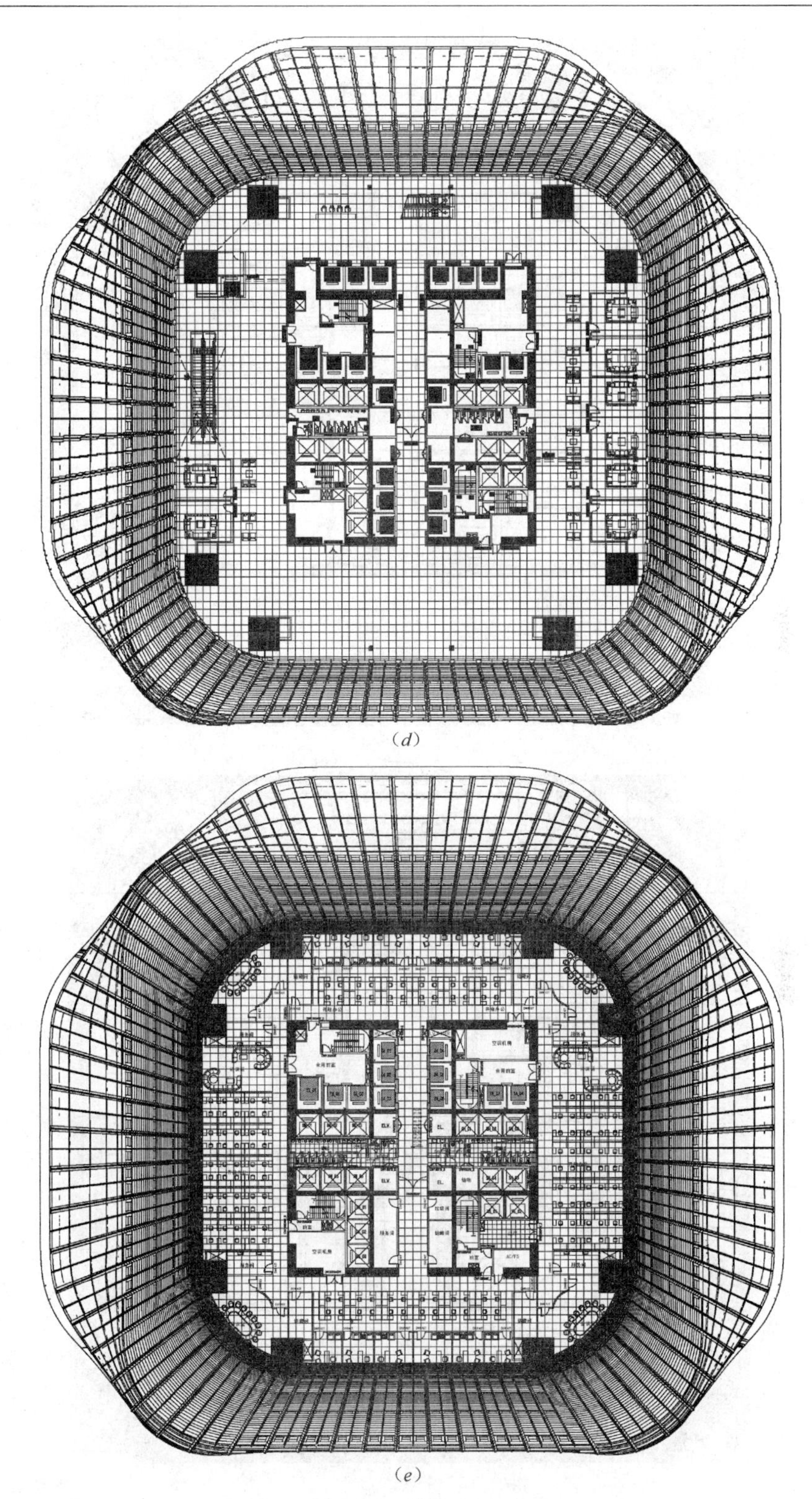

（*d*）

（*e*）

图 3-9 中国尊典型标准层示意图（三）

（*d*）Z3 区典型平面示意图（L32）；（*e*）Z4 区典型平面示意图（L45）

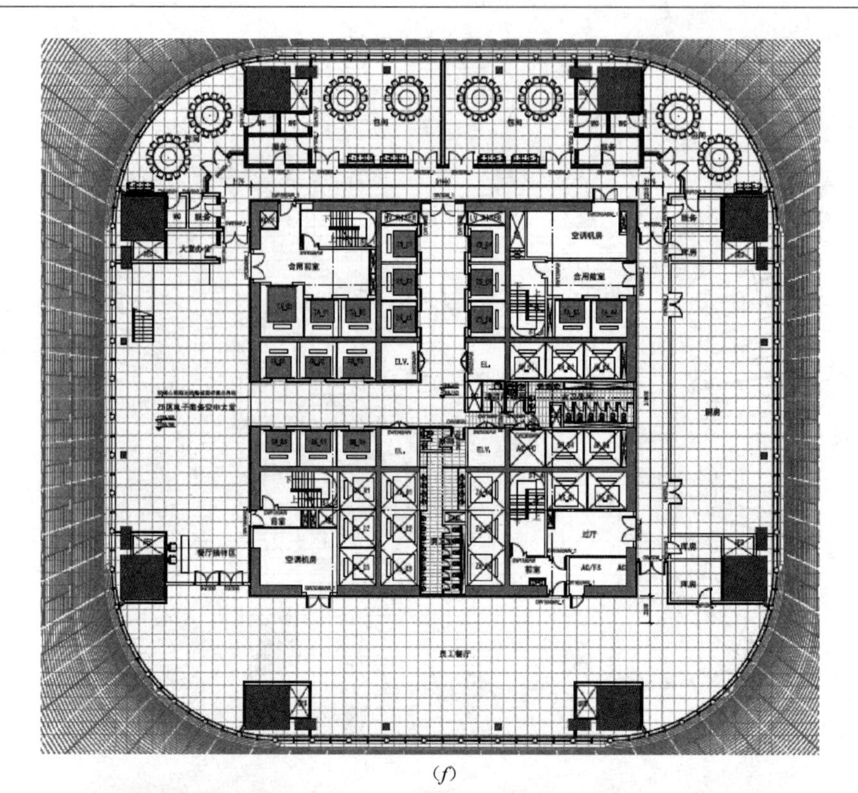

(*f*)

(*g*)

图 3-9　中国尊典型标准层示意图（四）

（*f*）Z5 区典型平面示意图（L60）；（*g*）Z6 区典型平面示意图（L75）

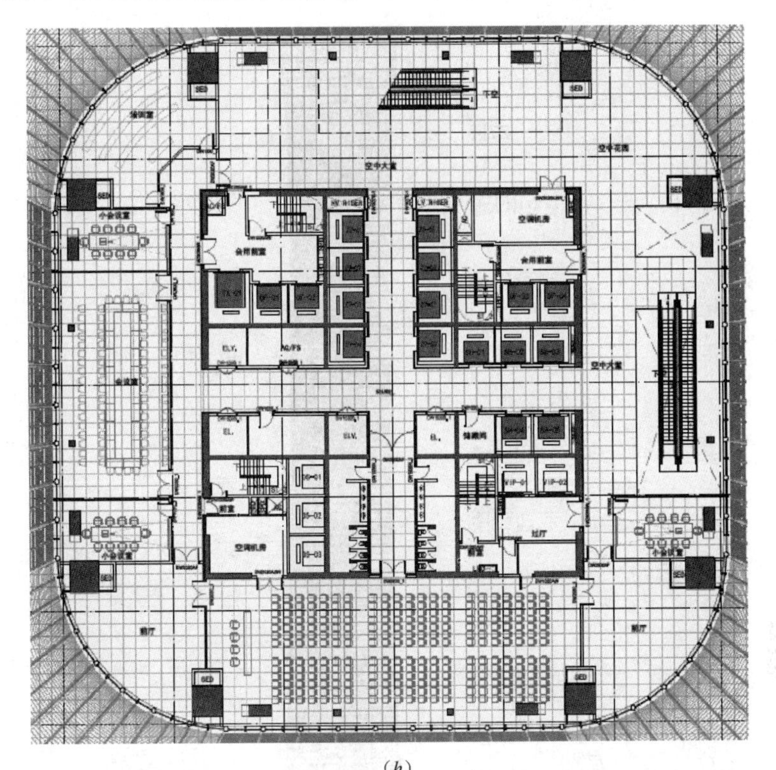

(*h*)

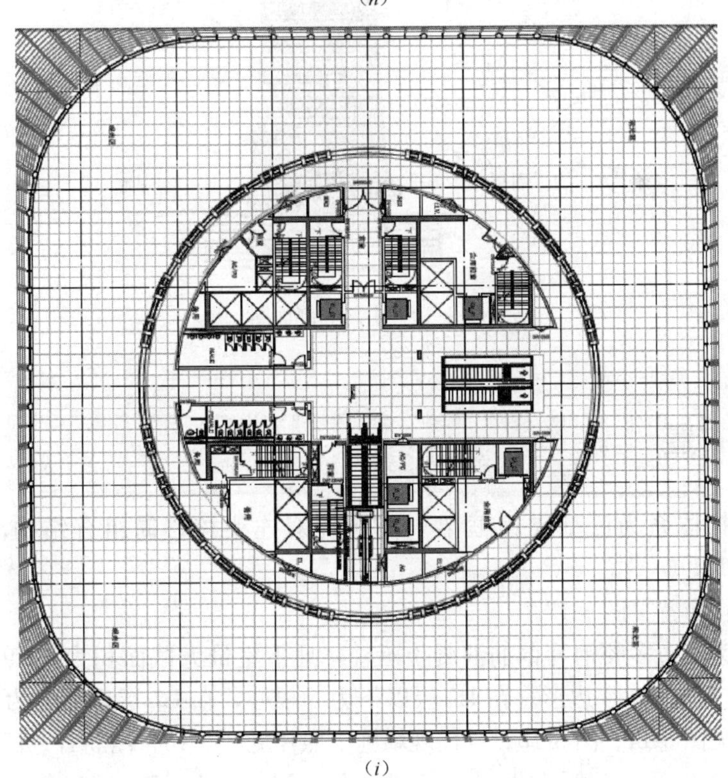

(*i*)

图 3-9 中国尊典型标准层示意图（五）

(*h*) Z7 区典型平面示意图（L90）；(*i*) Z8 区典型平面示意图（L106）

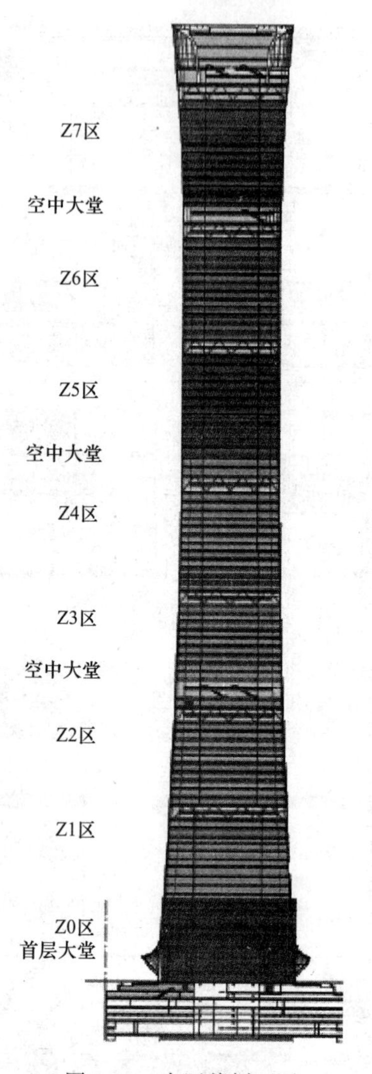

图 3-10　中国尊剖面图

3.8　结构布置

中国尊结构体系为巨型支撑框架＋高延性双连梁核心筒组合结构，三维示意见图 3-11、图 3-12。

典型的结构布置见图 3-13。

外框角柱为多边多腔钢管钢筋混凝土巨柱，地下室最大截面积为 63.9m^2，外边为 8 边形、6 边形、5 边形、4 边形。在 L7 层以下为一根柱，在 L7 层以上分为两根柱子。典型的巨柱截面见图 3-14、图 3-15。巨柱现场施工照片见图 3-16、图 3-17。巨柱的钢板主要为 Q345GJ 和 Q390GJ，板厚为 60mm、50mm 等，混凝土为 C70、C60 等。

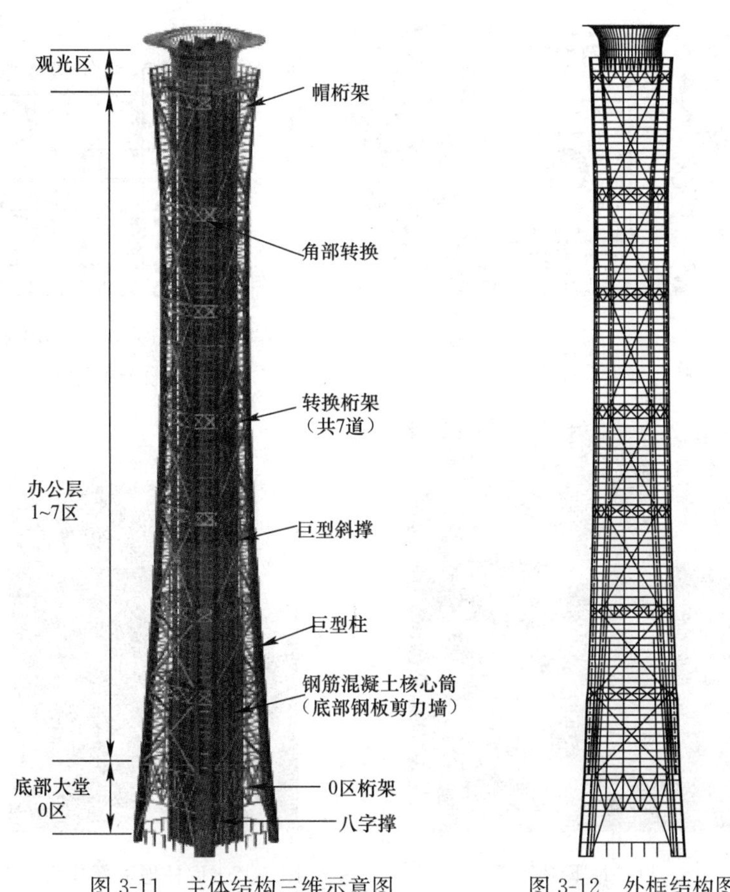

图 3-11　主体结构三维示意图　　图 3-12　外框结构图

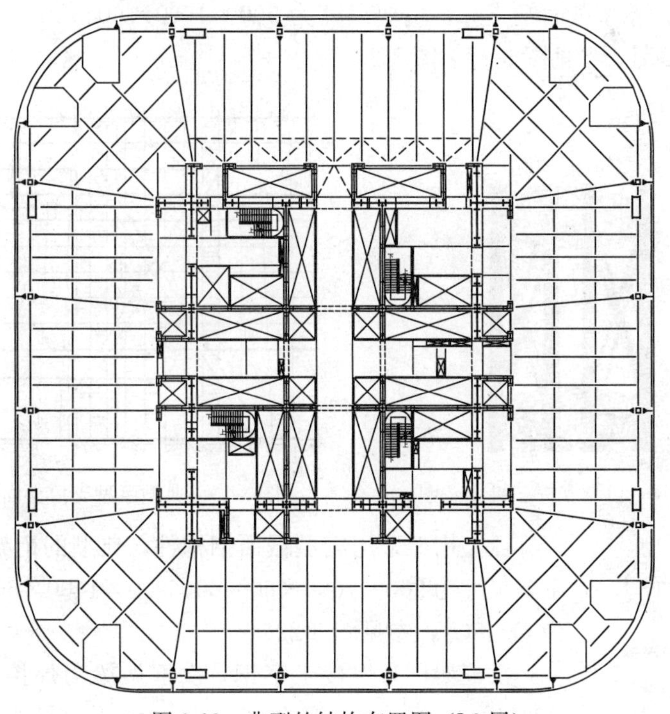

图 3-13　典型的结构布置图（L9 层）

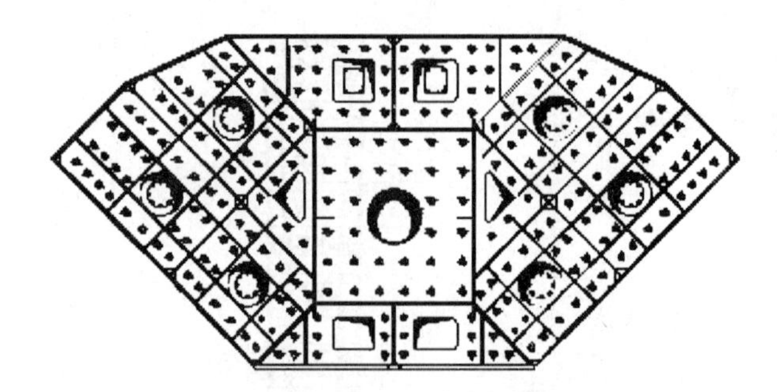

图 3-14　多边多腔钢管钢筋混凝土巨柱 1（底部）

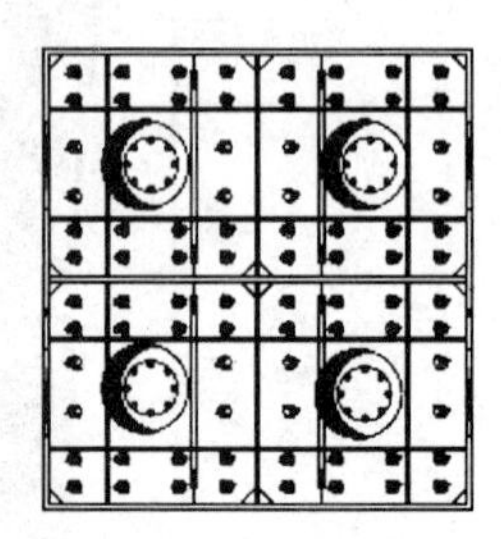

图 3-15　多边多腔钢管钢筋混凝土巨柱 2（中上部）

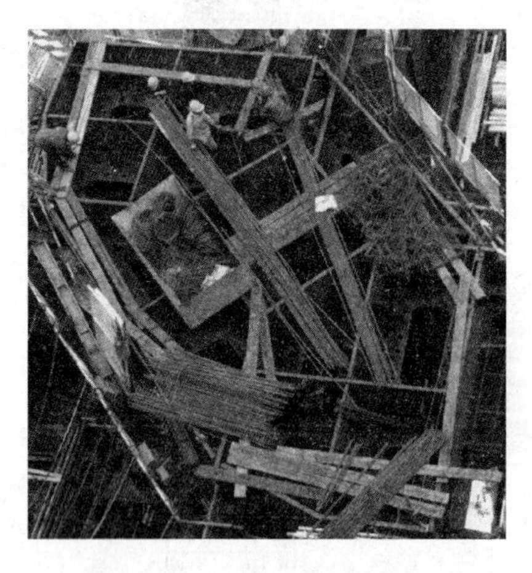

图 3-16　巨柱地下部分照片 1

图 3-17　巨柱地下部分照片 2

巨型支撑采用箱型截面钢支撑，主要尺寸为 900×1600×60×60，900×1400×60×60，钢材为 Q345GJ，参见图 3-18～图 3-20。

图 3-18　巨型支撑三维示意图

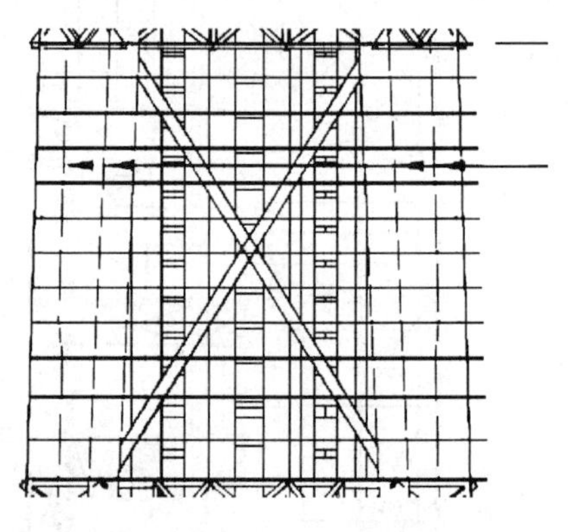

图 3-19　典型巨型支撑立面图

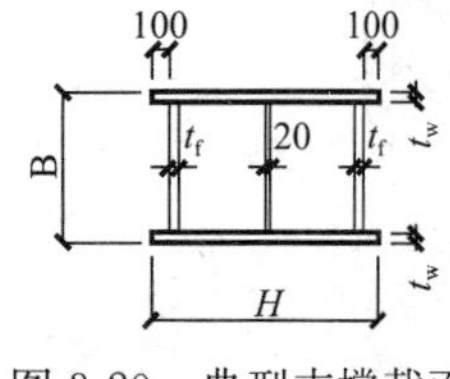

图 3-20　典型支撑截面

巨型桁架采用箱型截面钢构件，典型的桁架布置见图 3-21，主要尺寸为 900×1600×60×60，900×1400×60×60，钢材主要为 Q345GJ，参见图 3-22。

次框架柱为焊接工字钢，次框架梁为焊接工字钢，钢材为 Q345B。

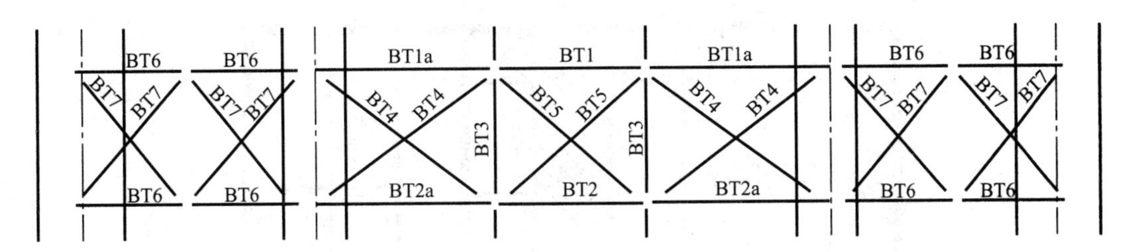

图 3-21　典型的桁架布置图

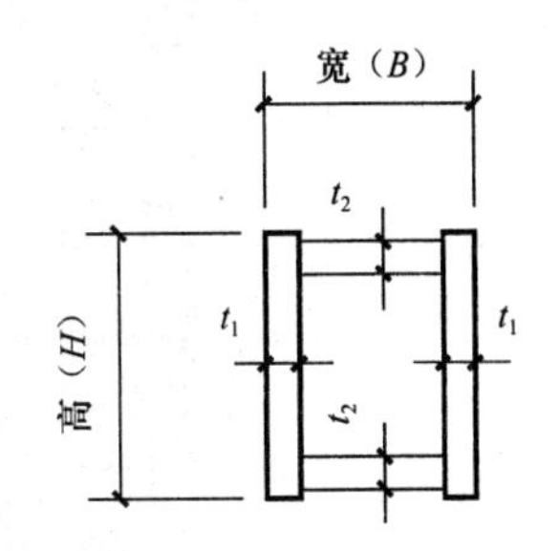

图 3-22　典型的桁架杆件截面

楼板为钢筋桁架混凝土楼板，标准层楼板厚 120mm。

核心筒为高延性双连梁核心筒。核心筒的剪力墙为钢板一钢筋混凝土组合剪力墙，墙厚 1200mm～400mm，底部墙段内嵌钢板，钢板厚度为 30mm～60mm，局部钢板厚度为 8mm，中间和上部墙段主要为暗支撑，暗撑主要为 H200×200×8×12，钢材为 Q345GJ 和 Q345。核心筒布置图可参见图 3-23～图 3-25，地下室现场照片可见图 3-26。核心筒的连梁采用了大量的双连梁，典型的上连梁高 500mm，下连梁高 700mm，部分连梁内嵌钢板，参见图 3-27。

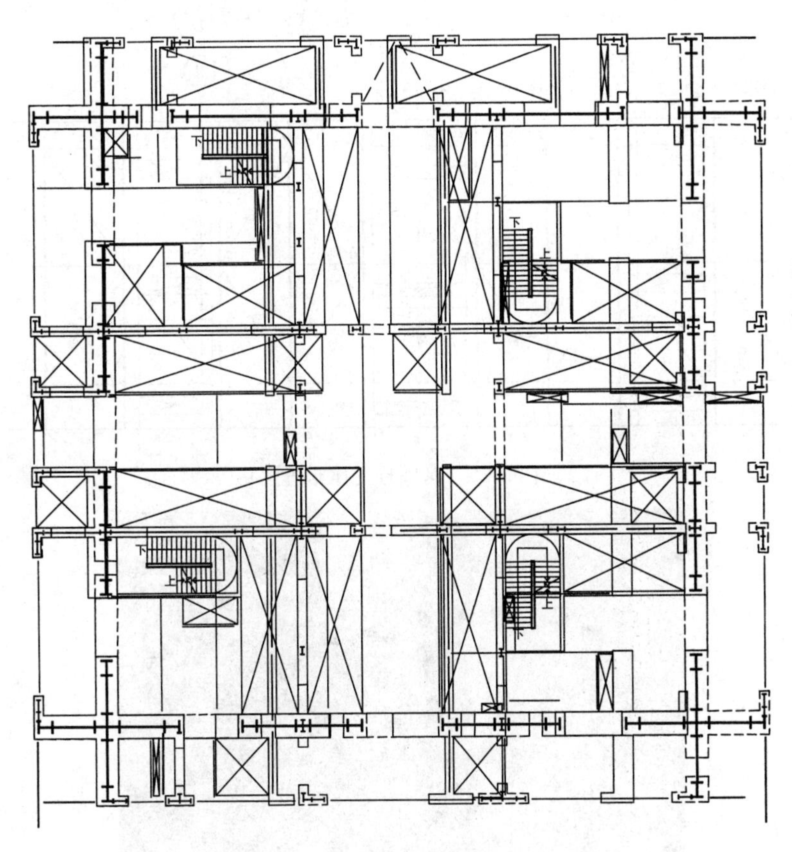

图 3-23　下部核心筒布置图（L9 层）

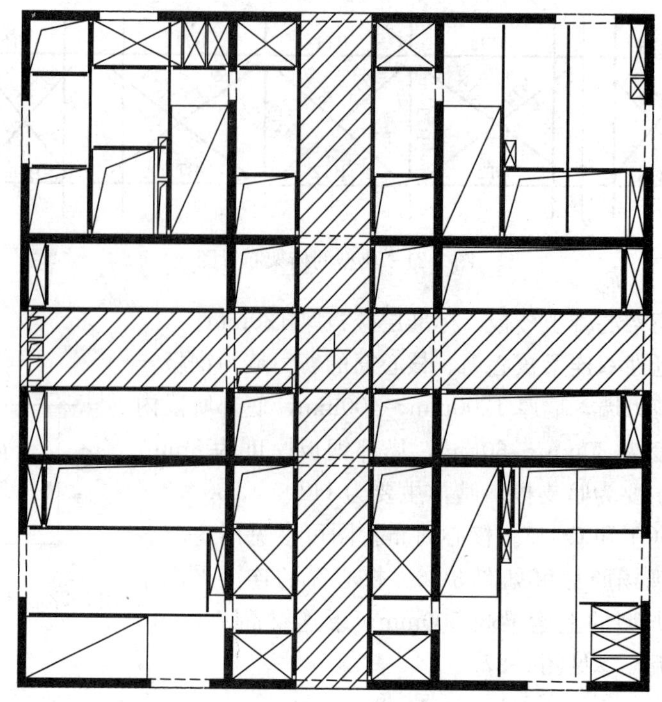

图 3-24　中上部核心筒布置图（L92～93 层）

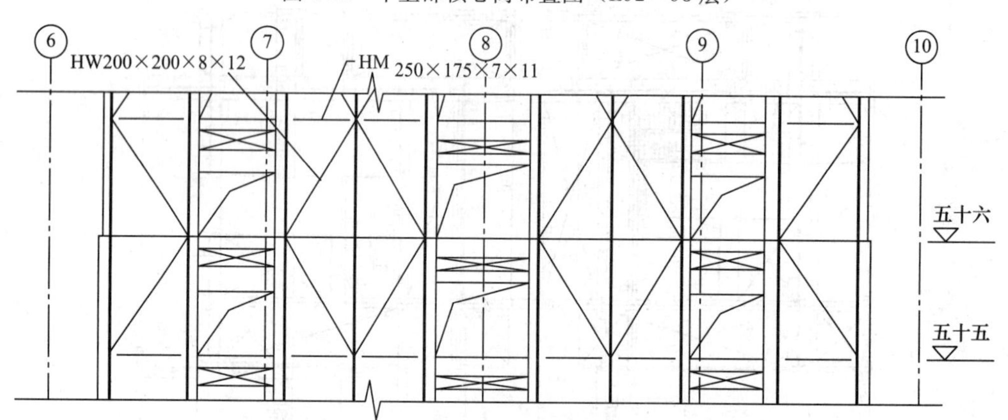

图 3-25　典型暗支撑布置图

图 3-26　钢板钢筋混凝土剪力墙地下部分照片

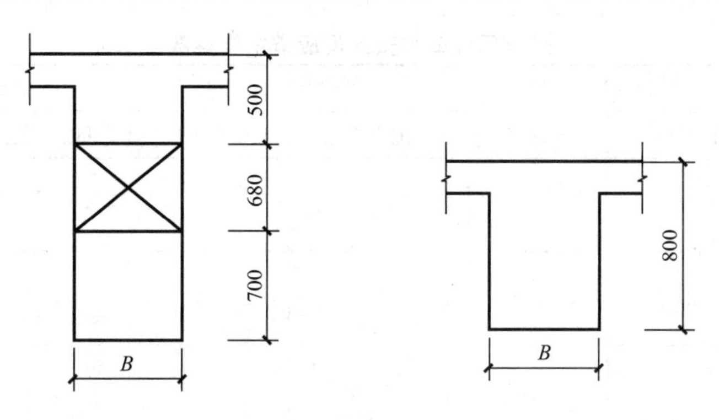

图 3-27　核心筒连梁

巨柱、桁架、支撑的典型节点可参见图 3-28、图 3-29。

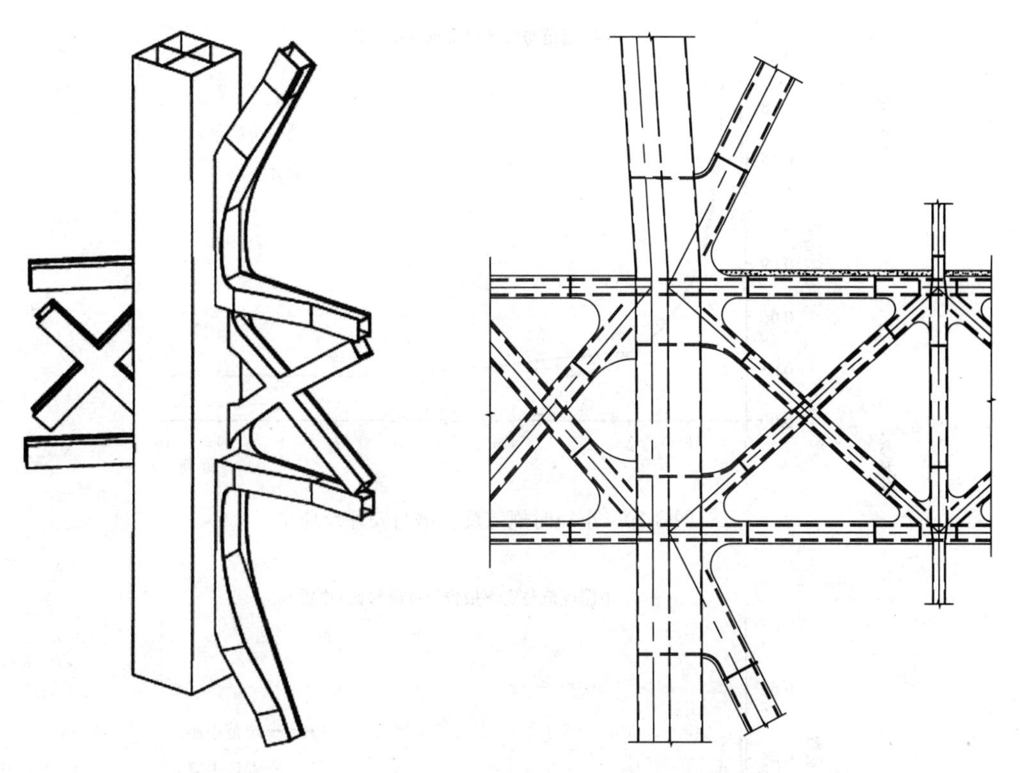

图 3-28　巨柱、支撑、桁架节点三维图　　图 3-29　巨柱、支撑、桁架典型节点

3.9　计算分析

本项目位于 8 度设防区，地震是主要控制因素，特针对该场地做了地震安评，根据抗震规范（2010 版本）得到的反应谱与根据地震安评得到的反应谱主要参数见表 3-6，小震、中震、大震时反应谱可参见图 3-30～图 3-32。

规范反应谱与安评反应谱主要参数 表 3-6

	多遇地震（小震）		设防烈度（中震）		罕遇地震（大震）	
	抗震规范	安评报告	抗震规范	安评报告	抗震规范	安评报告
地震影响系数最大值 α_{max}（g）	0.16（5%）	0.180（5%） 0.200（3.5%）	0.45	0.552（5%） 0.590（4.0%）	0.90	0.975（5%）
场地特征周期 T_g（s）	0.4	0.4	0.4	0.7	0.45	0.95
反应谱衰减指数 γ	0.93	1.03	0.93	0.92	0.90	0.90
阻尼比	0.035	0.035	0.035	0.040	0.05	0.05

注：上表中列出的反应谱衰减指数 γ 已按不同工况的阻尼取值作出相应的调整；数据均取于地表。以下列出了根据以上参数，对反应谱及其结构反应数据的比较结果。

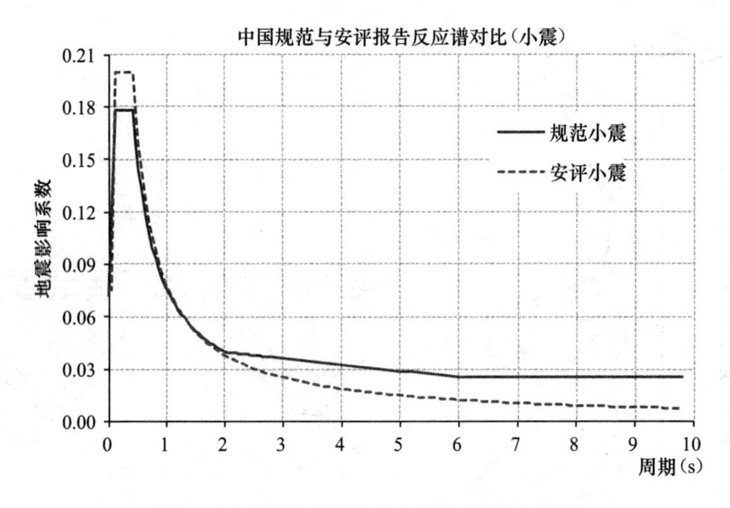

图 3-30 小震时规范反应谱与安评反应谱

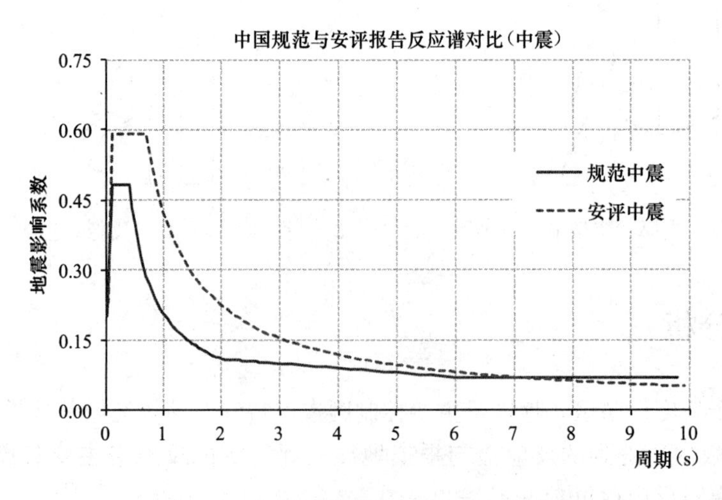

图 3-31 中震时规范反应谱与安评反应谱

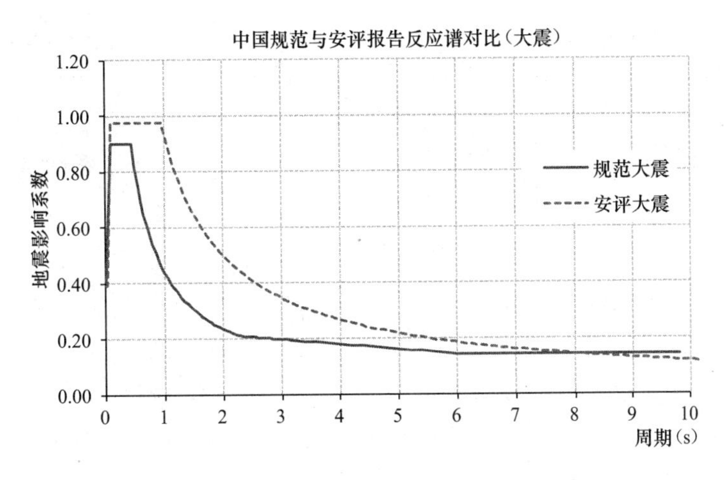

图 3-32 大震时规范反应谱与安评反应谱

采用振型分解法进行小震、中震、大震分析，经过分析，基底剪力与倾覆总弯矩可参见表 3-7，剪力和倾覆弯矩可参见图 3-33～图 3-35。由于本工程在小震时根据抗震规范反应谱得到的基底剪力大于根据安评反应谱得到的基底剪力，本工程计算分析主要采用规范反应谱。

基底剪力与倾覆总弯矩表 **表 3-7**

地震工况		底部剪力*（MN）	比例	总倾覆力距（MN・m）	比例
多遇地震（小震）	规范谱	130.1	100%	30570	100%
	安评谱	116.4	89%	16386	54%
设防烈度（中震）	规范谱	350.4	100%	85201	100%
	安评谱	532.2	152%	94722	111%
罕遇地震（大震）	规范谱	709.9	100%	174013	100%
	安评谱	1076.7	152%	204630	118%

* 该剪力为剪重比调整前数值

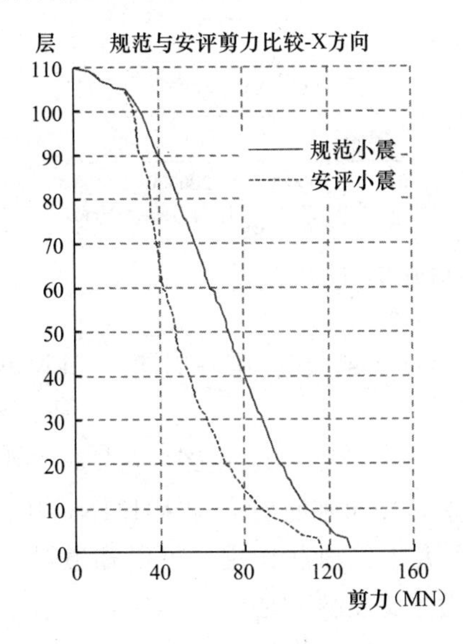

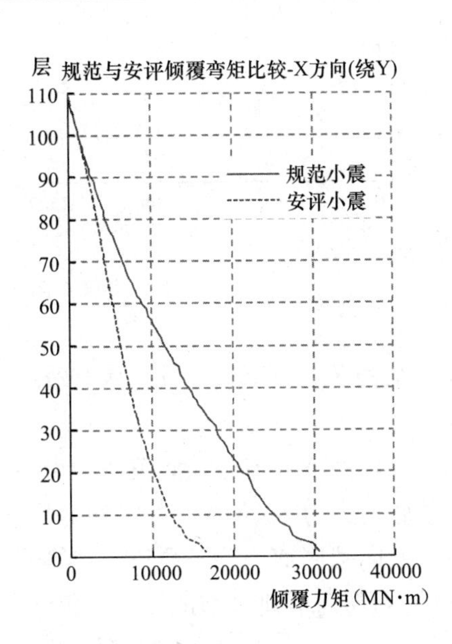

图 3-33 小震作用下规范谱剪力与倾覆弯矩

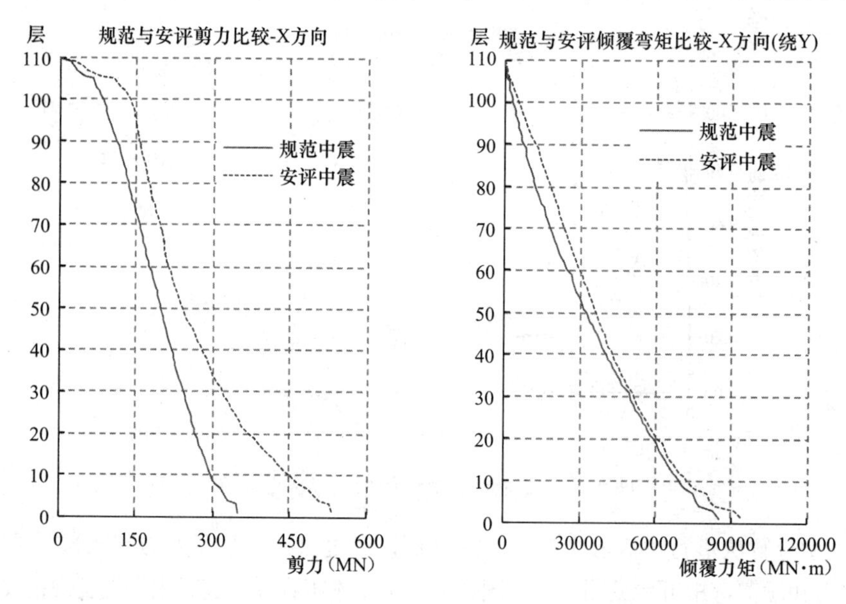

图 3-34 中震作用下规范谱剪力与倾覆弯矩

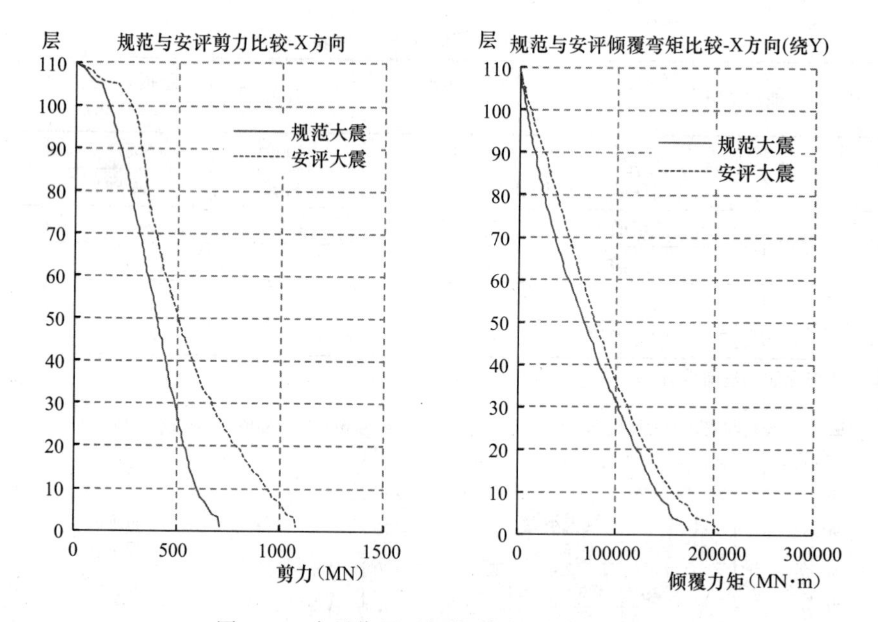

图 3-35 大震作用下规范谱剪力与倾覆弯矩

本项目结构 T_1 为 7.30s，T_2 为 7.27s，T_3 为 2.99s（扭转第一周期），其振型可参见图 3-36。

风和地震作用下的剪力和倾覆弯矩可参见图 3-37、图 3-38，由图中可知，在小震作用下，X 向基底剪力为 130MN，考虑到剪重比调整，X 向基底剪力为 154MN，100 年风荷载作用下，X 向基底剪力为 59MN，地震作用远大于风荷载作用。可以知道对于高烈度区，500m 左右超高层建筑物地震作用仍然可能为主要控制工况。

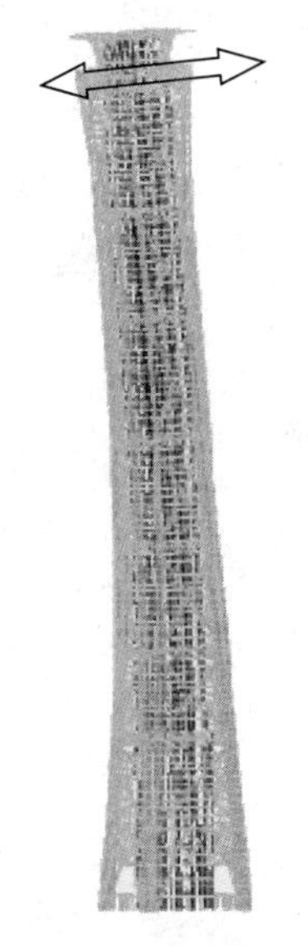

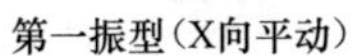

第一振型（X向平动）

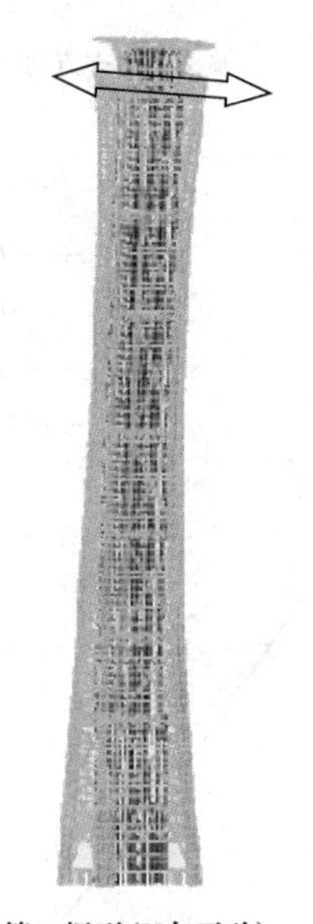

第二振型（Y向平动）

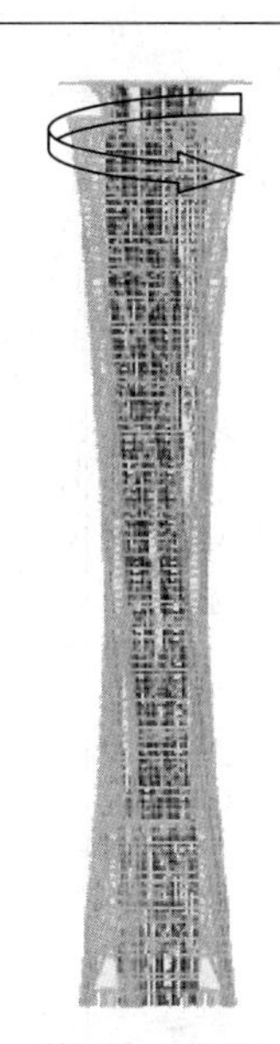

第三振型（扭转）

图 3-36　前三阶振型

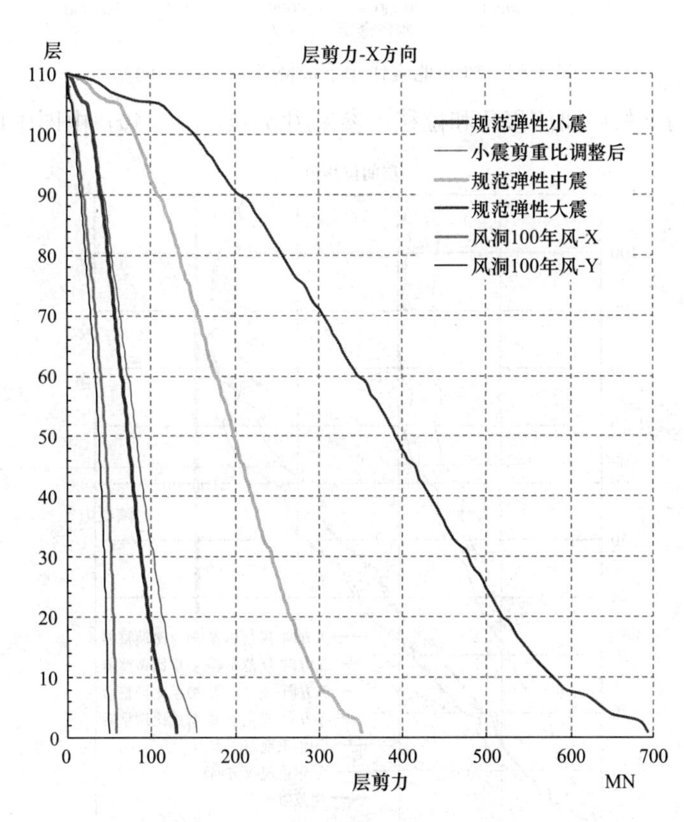

图 3-37　风和地震作用下的剪力

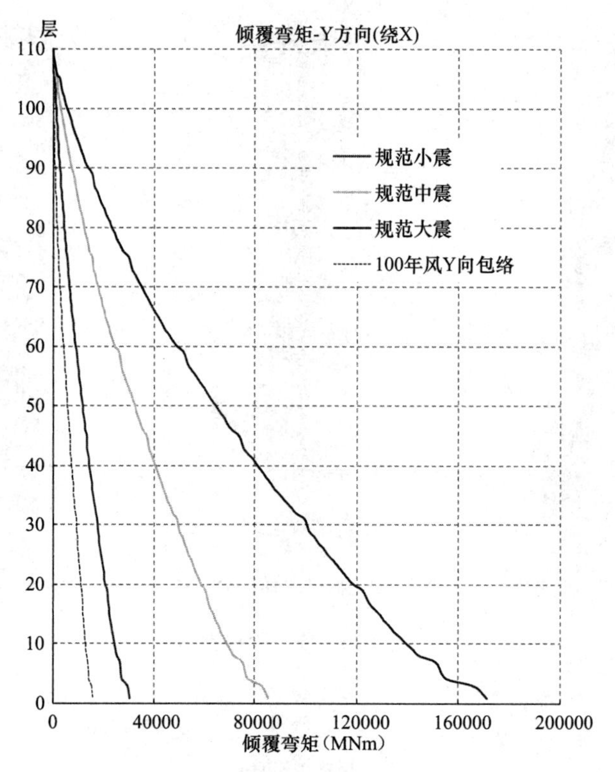

图 3-38 风和地震作用下的倾覆弯矩（Y 向）

风和地震作用下的层间位移角和位移可参见图 3-39、图 3-40，由图中可知，在小震作

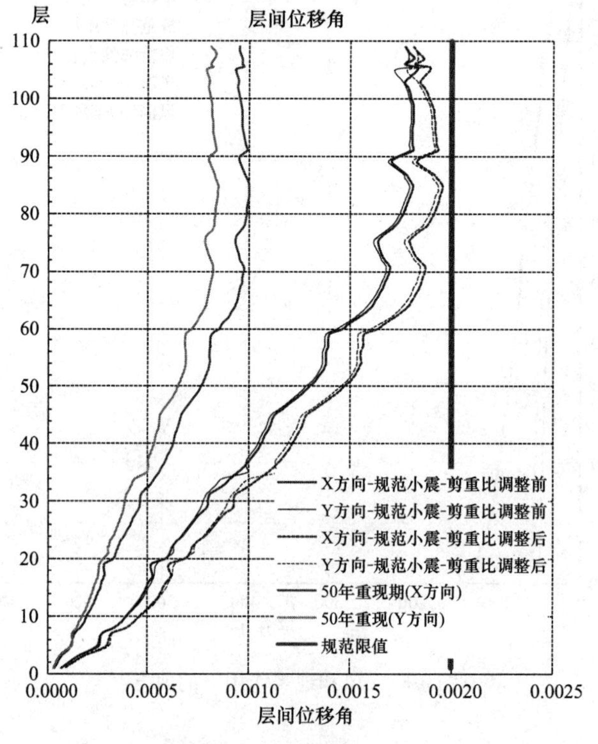

图 3-39 层间位移角

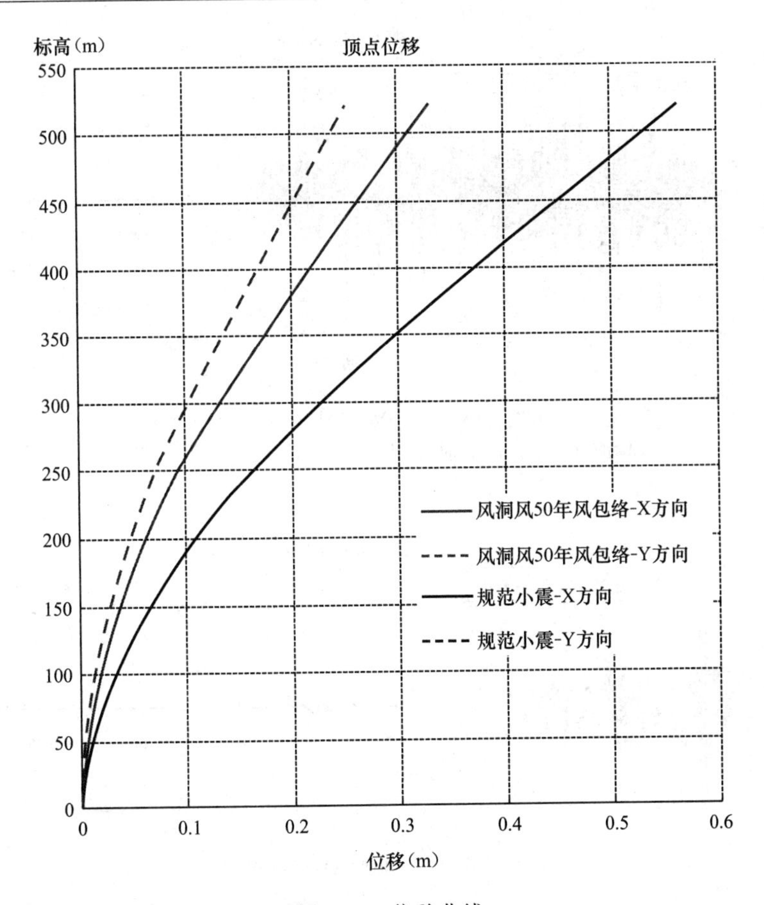

图 3-40 位移曲线

用下，X 向层间位移角最大为 1/548，考虑到剪重比调整，X 向层间位移角最大为 1/513，50 年风荷载作用下，X 向层间位移角最大为 1/999，地震作用下的层间位移角远大于风荷载作用下的层间位移角。风荷载作用下，X 向顶点位移为 331mm，地震作用下，X 向顶点位移为 587mm，地震作用下的位移也远大于风荷载作用下的位移。

本工程进行了小震作用下的时程分析，小震人工波和天然波见图 3-41～图 3-47。

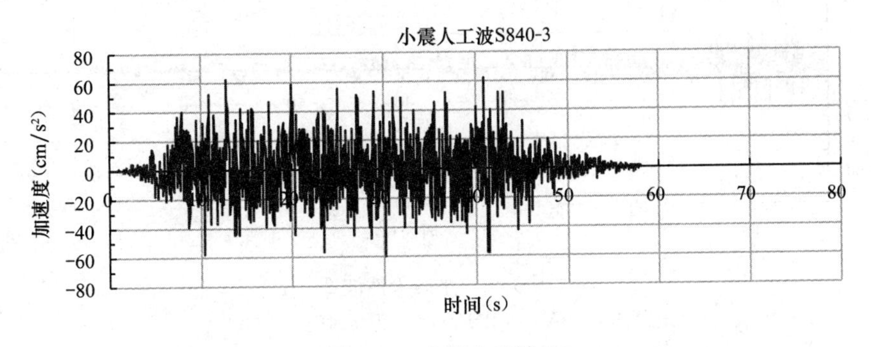

图 3-41 小震人工波 1

原始峰值：62.6gal；时间间隔：0.02s；有效持时：49.58s

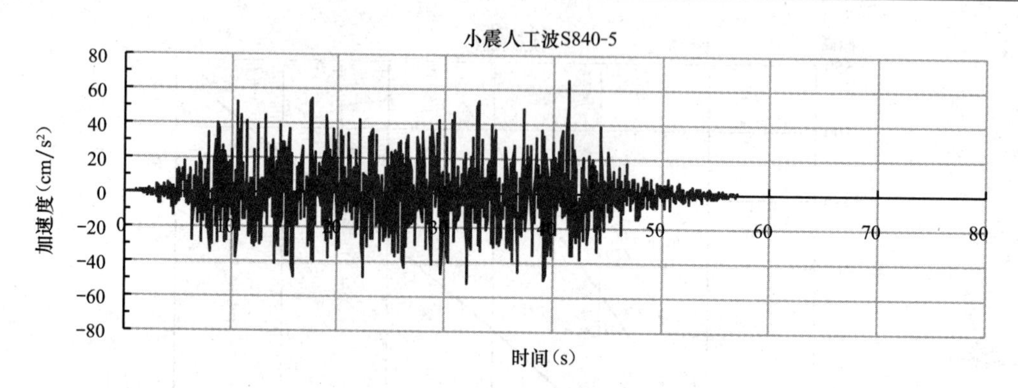

图 3-42　小震人工波 2

原始峰值：65.2gal；时间间隔：0.02s；有效持时：47.60s

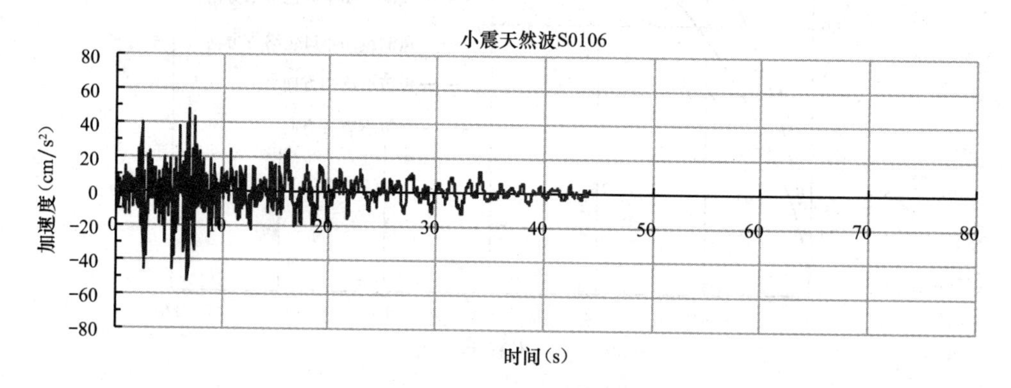

图 3-43　小震天然波 1

地震名称：PARKFIELD CALIFORNIA；发生时间：1966.6.27

记录台站：CHOLAME，SHANDON，CALIFORNIA ARRAY NO.12

原始峰值：52.1gal；时间间隔：0.02s；有效持时：38.56s

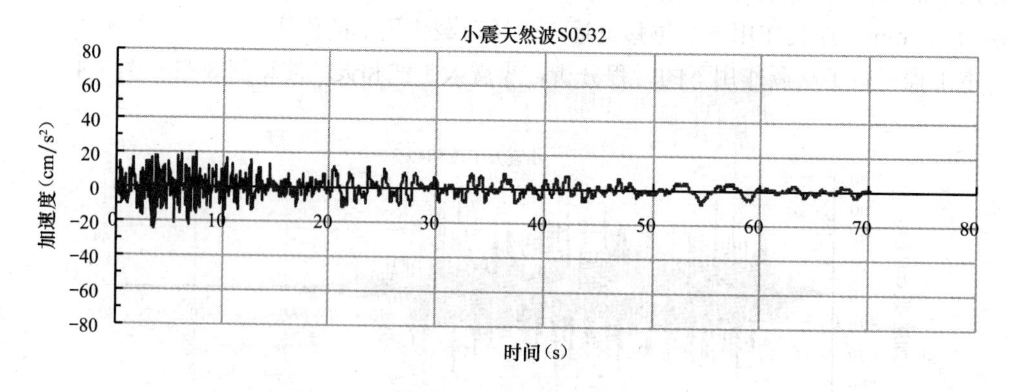

图 3-44　小震天然波 2

地震名称：SAN FERNANDO；发生时间：1971.2.9

记录台站：2516 VIA TEJON，PALOS VERDES ESTATES，CA：GND FL

原始峰值：24.7gal；时间间隔：0.02s；有效持时：69.1s

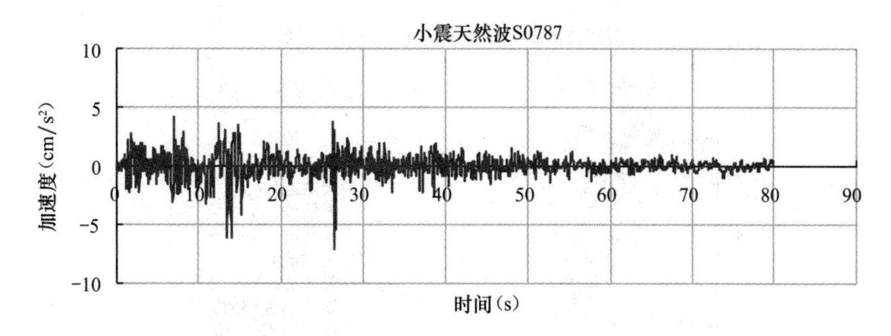

图 3-45　小震天然波 3

地震名称：IMPERIAL VALLEY；发生时间：1953.6.13

记录台站：IMPERIAL VALLEY IRRIG DISTRICT，EL CENTRO，CA

原始峰值：7.2gal；时间间隔：0.02s；有效持时：84.98s

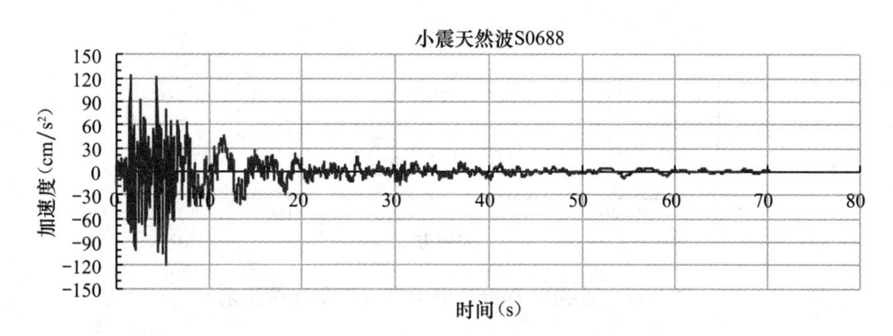

图 3-46　小震天然波 4

地震名称：SAN FERNANDO；发生时间：1971.2.9

记录台站：6200 WILSHIRE BLVD，LOS ANGELES，CA：GND FL

原始峰值：123.8gal；时间间隔：0.02s；有效持时：36.96s

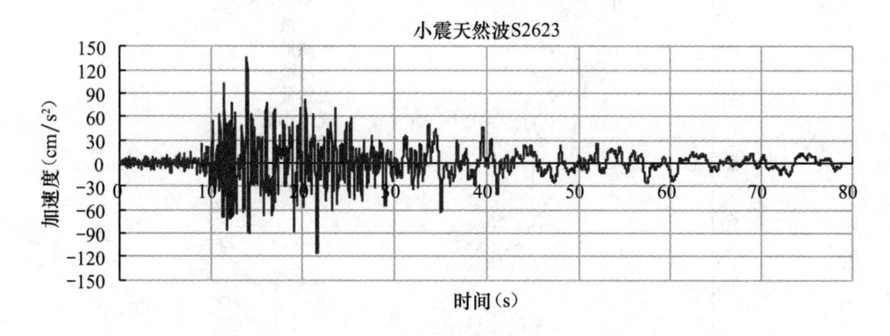

图 3-47　小震天然波 5

地震名称：IMPERIAL VALLEY；发生时间：1979.10.15

记录台站：EL CENTRO ARRAY 13，STROBEL RESIDENCE，EL CENTRO，CA

原始峰值：136.2gal；时间间隔：0.02s；有效持时：65.48s

弹性时程分析剪力结果见图 3-48 和图 3-49，由图可知，天然波 2 的作用下的剪力在中下部较大，天然波 5 的作用下的剪力在中下部较大。层间位移角见图 3-50，与剪力有类似的规律。

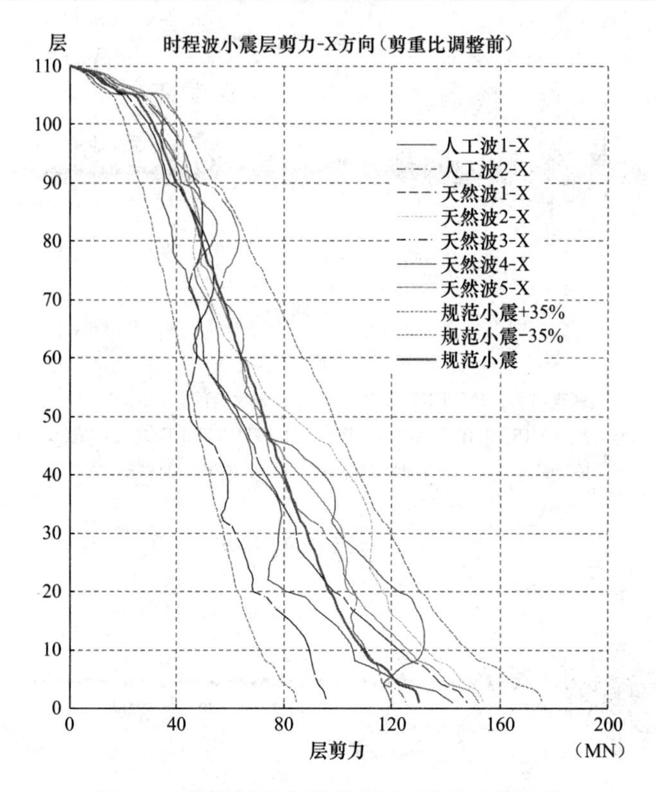

图 3-48　小震时程分析剪力图（剪重比调整前）

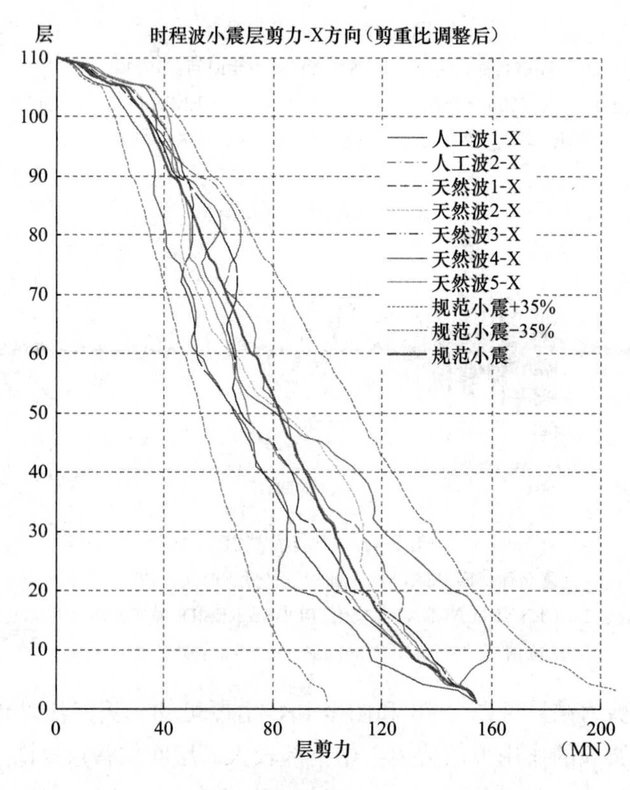

图 3-49　小震时程分析剪力图（剪重比调整后）

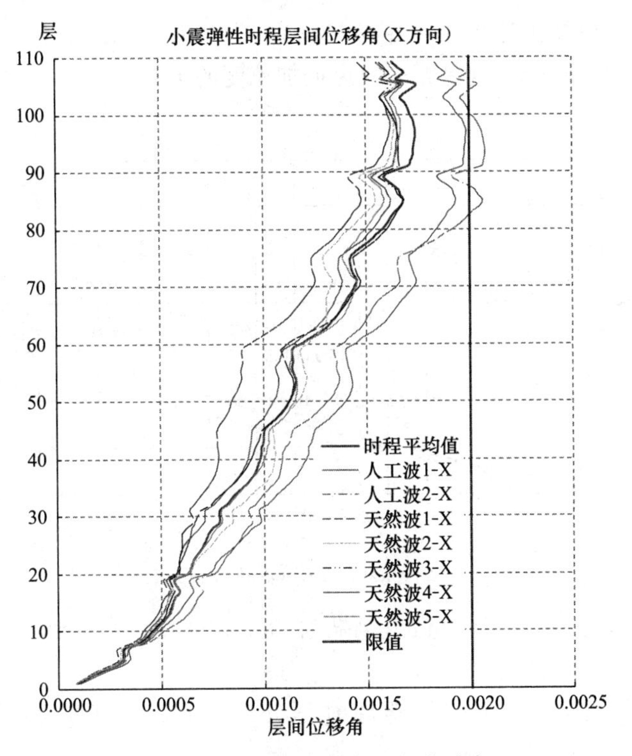

图 3-50　小震时程分析层间位移角

内外筒的剪力分配比可见图 3-51，可以看到本工程外框筒刚度良好，大多数楼层的外框筒承担的剪力超过了底部剪力的 20%，部分楼层达到了 40%以上。

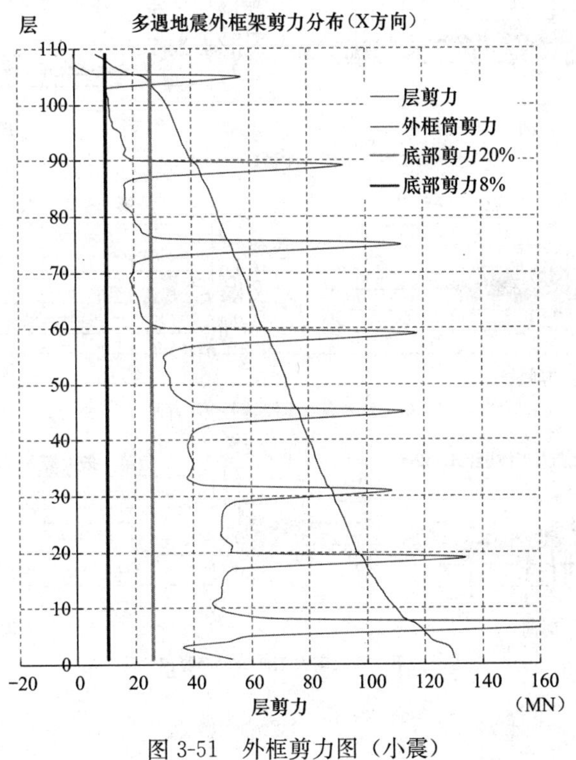

图 3-51　外框剪力图（小震）

结构 L105 层处风振加速度可见图 3-52，在 1.5%阻尼比 10 年风荷载回归期的情况下，结构加速度为 0.1m/s²，满足办公对风振加速度的限制要求。

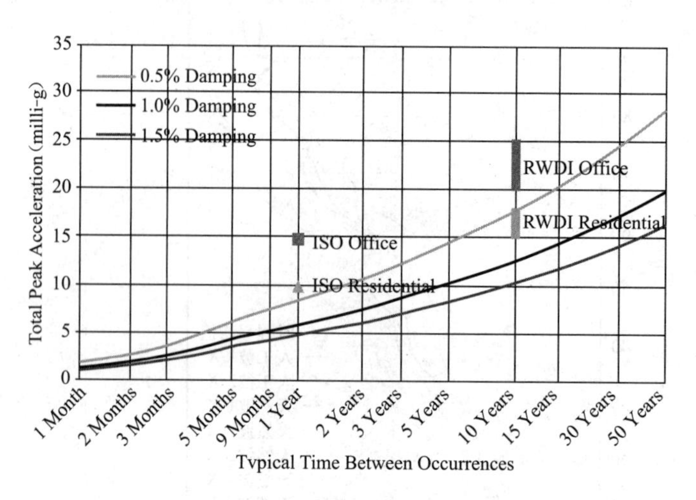

图 3-52　不同阻尼比风荷载作用下 L105 层加速度曲线

本工程进行了大震作用下的弹塑性时程分析，大震人工波和天然波见图 3-53～图 3-59。

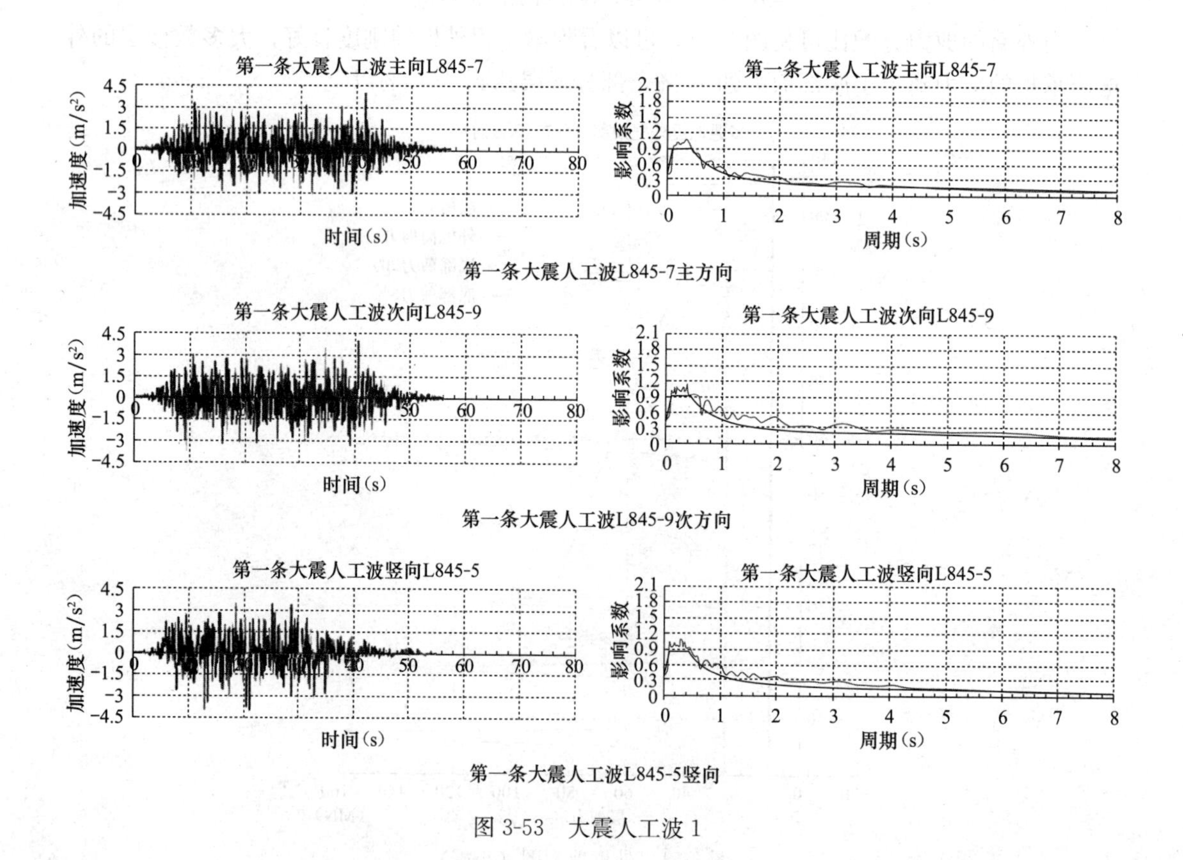

图 3-53　大震人工波 1

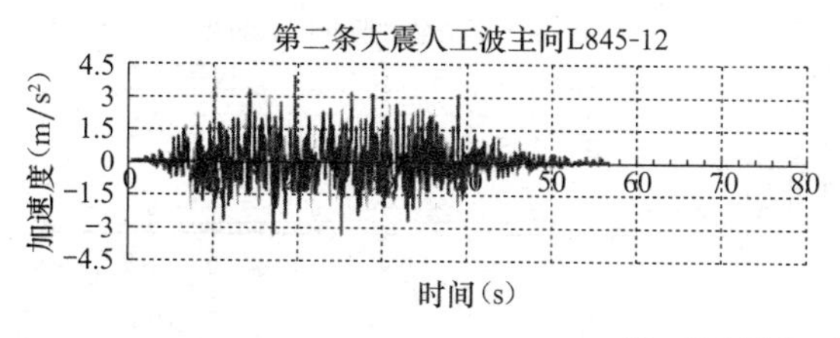

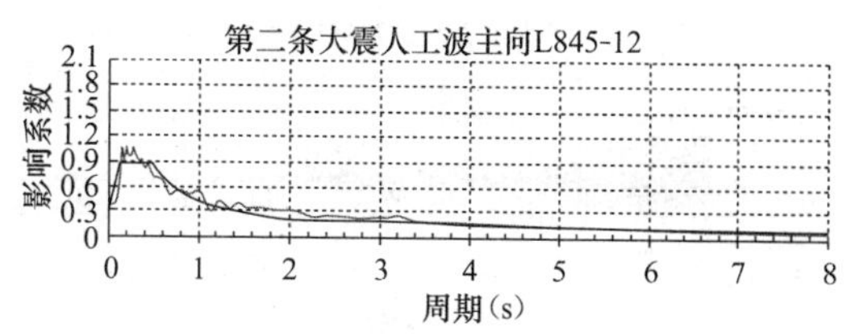

第二条大震人工波L845-12主方向

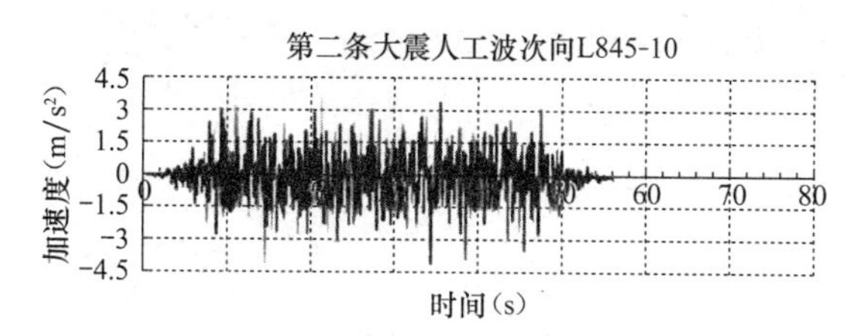

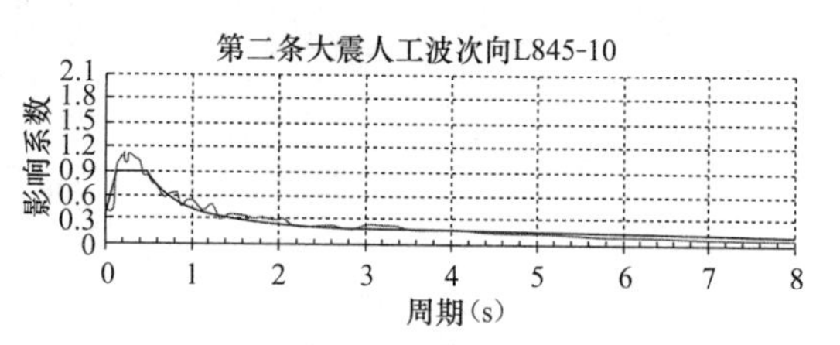

第二条大震人工波L845-10次方向

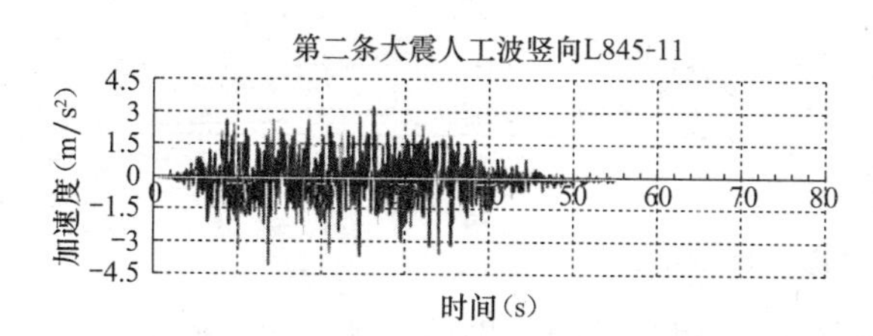

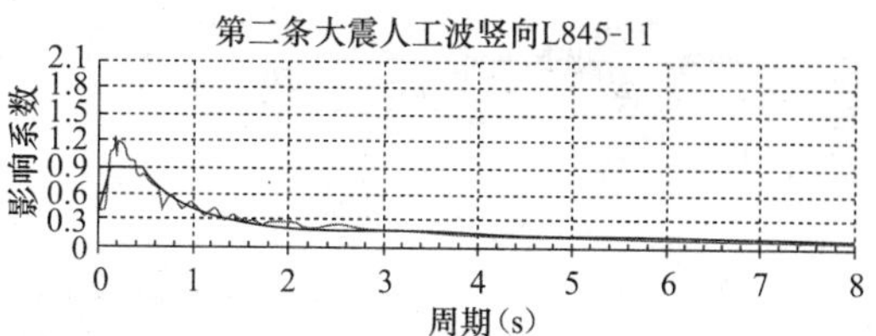

第二条大震人工波L845-11竖向

图 3-54 大震人工波 2

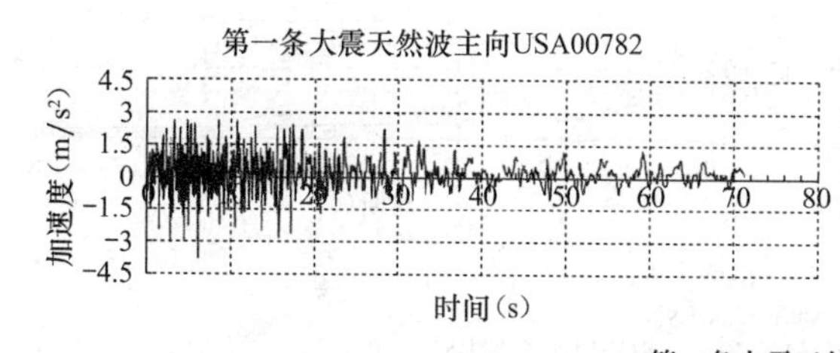

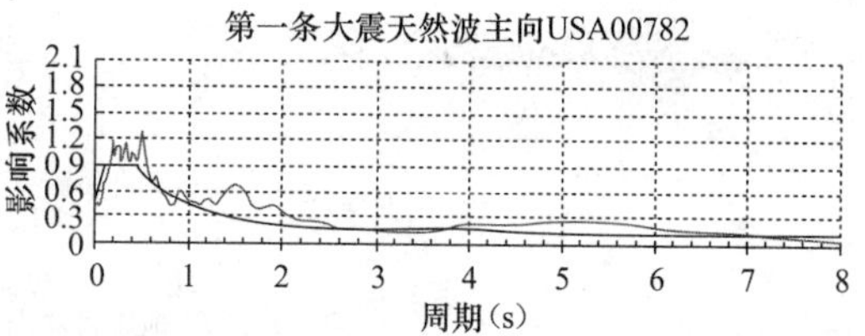

第一条大震天然波USA00782主方向
地震名称：BORREGO VALLEY,CALIFORNIA
台站名称：IMPERIAL VALLEY IRRIG DISTRICT, EL CENTRO, CA
有效持时：69.52s
发震时间：1942年10月21日9:22

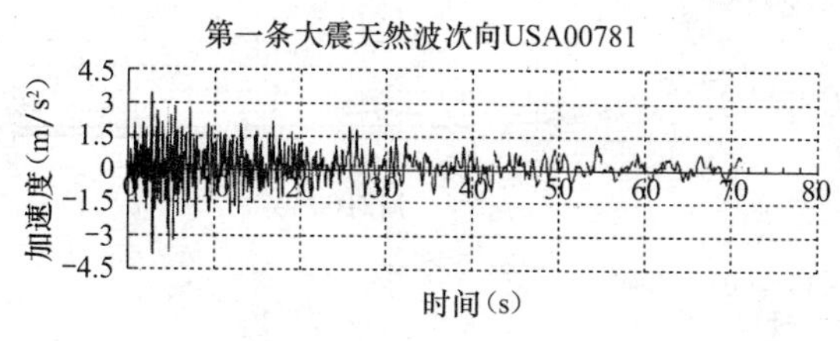

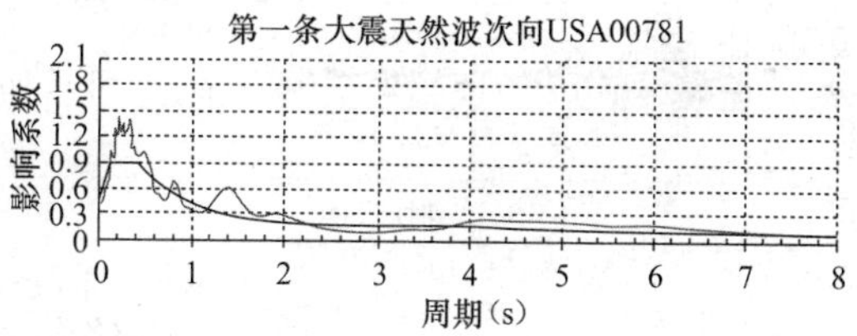

第一条大震天然波USA00781次方向
地震名称：BORREGO VALLEY,CALIFORNIA
台站名称：IMPERIAL VALLEY IRRIG DISTRICT,EL CENTRO, CA
有效持时：71.08s
发震时间：1942年10月21日9:22

图 3-55 大震天然波 1（一）

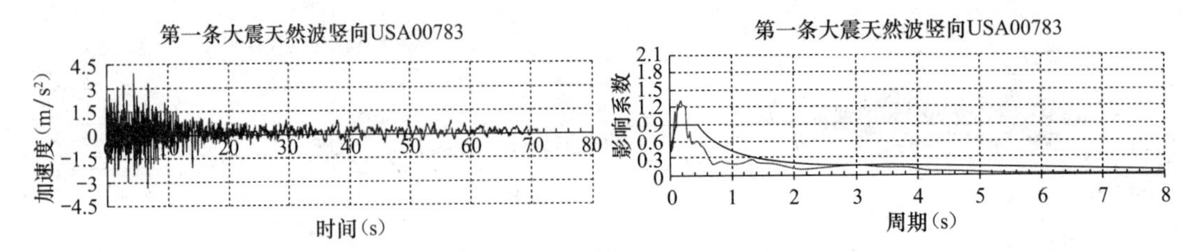

第一条大震天然波USA00783竖向
地震名称：BORREGO VALLEY,CALIFORNIA
台站名称：IMPERIAL VALLEY IRRIG DISTRICT, EL CENTRO, CA
有效持时：62.7s
发震时间：1942年10月21日9:22

图 3-55　大震天然波 1（二）

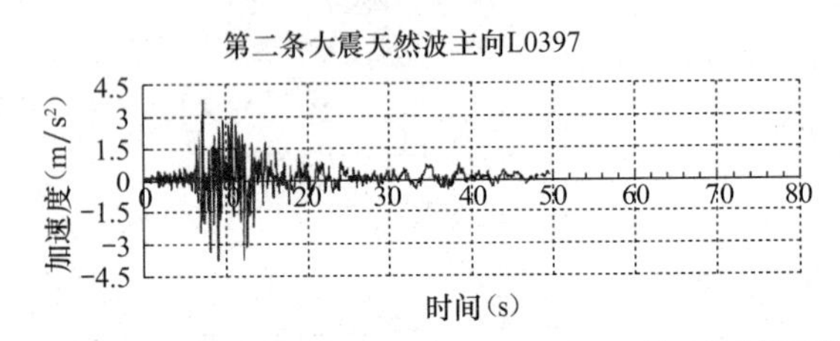

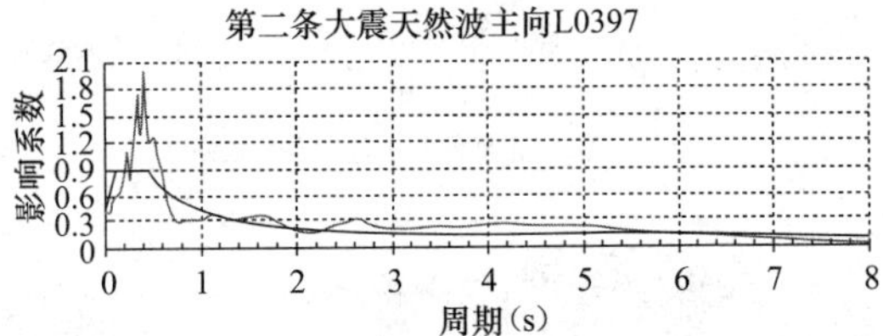

第二条大震天然波L0397主方向
地震名称：SAN FERNANDO
台站名称：1800 CENTURY PARK EAST, LOS ANGELES, CA: BSMT, P-3
有效持时：40.48s
发震时间：1971年02月09日6:00

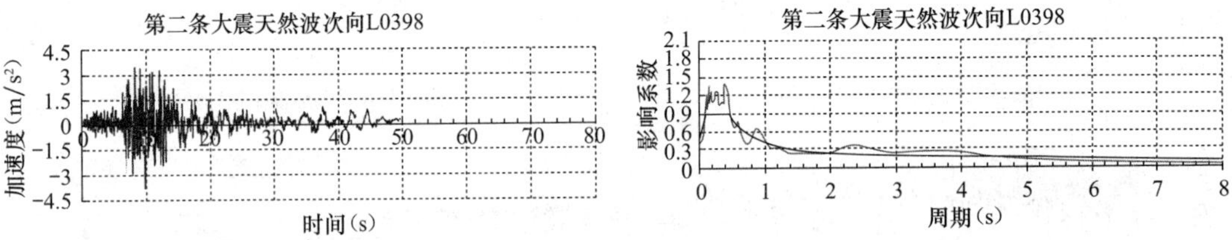

第二条大震天然波次向L0398
加速度（m/s²）
时间（s）

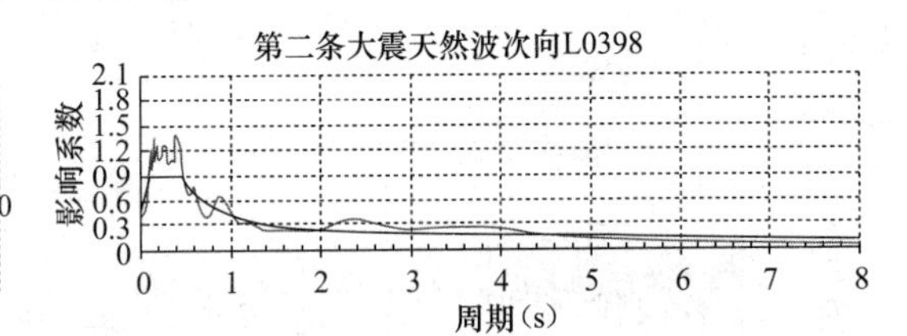

第二条大震天然波L0398次方向
地震名称：SAN FERNANDO
台站名称：1800 CENTURY PARK EAST, LOS ANGELES, CA: BSMT, P-3
有效持时：43.8s
发震时间：1971年02月09日6:00

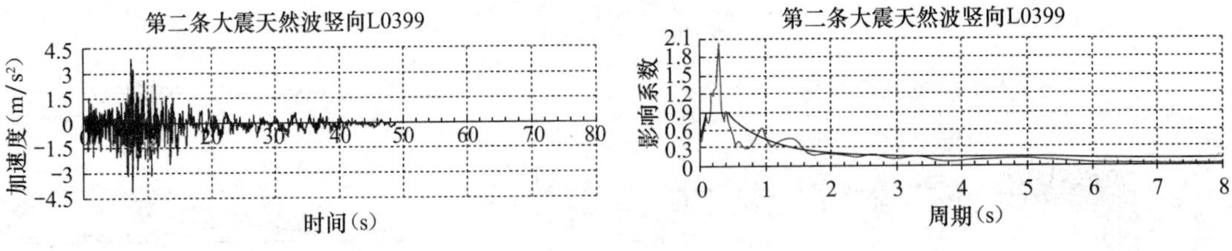

第二条大震天然波竖向L0399
加速度（m/s²）
时间（s）

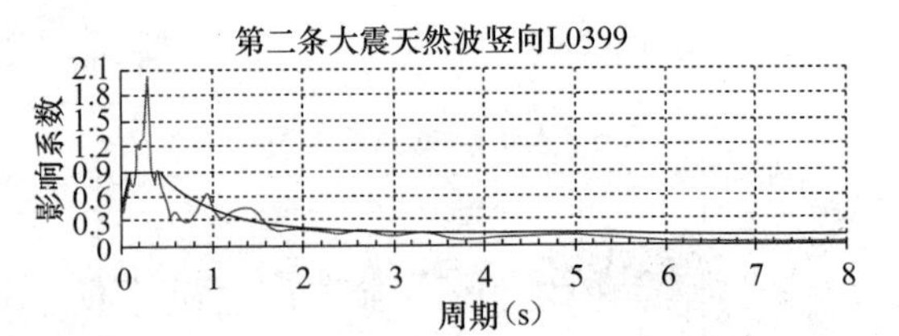

第二条大震天然波L0399竖向
地震名称：SAN FERNANDO
台站名称：1800 CENTURY PARK EAST, LOS ANGELES, CA: BSMT, P-3
有效持时：39.16s
发震时间：1971年02月09日6:00

图 3-56　大震天然波 2

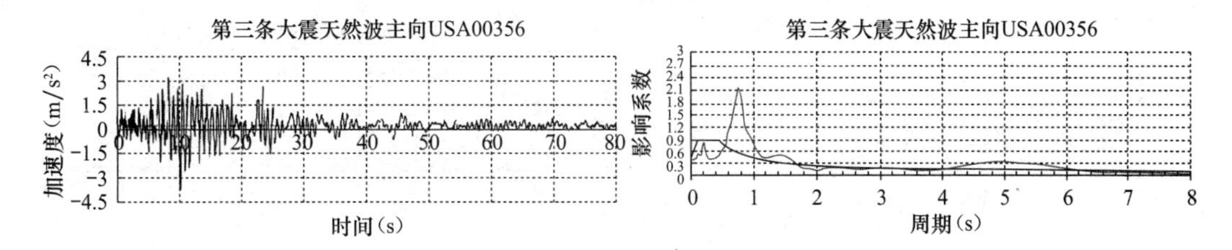

第三条大震天然波USA00356主向
地震名称：SAN FERNANDO
台站名称：8639 LINCOLN AVE, LOS ANGELES, CA: 6 FL
有效持时：69.88s
发震时间：1971年02月09日6:00

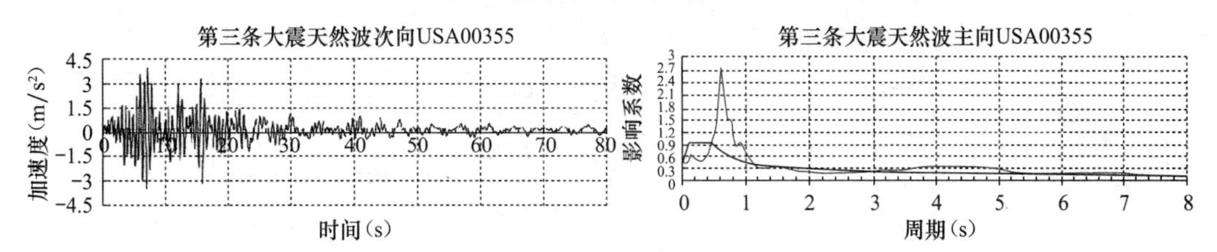

第三条大震天然波USA00355次向
地震名称：SAN FERNANDO
台站名称：8639 LINCOLN AVE, LOS ANGELES, CA: 6 FL
有效持时：66.64s
发震时间：1971年02月09日6:00

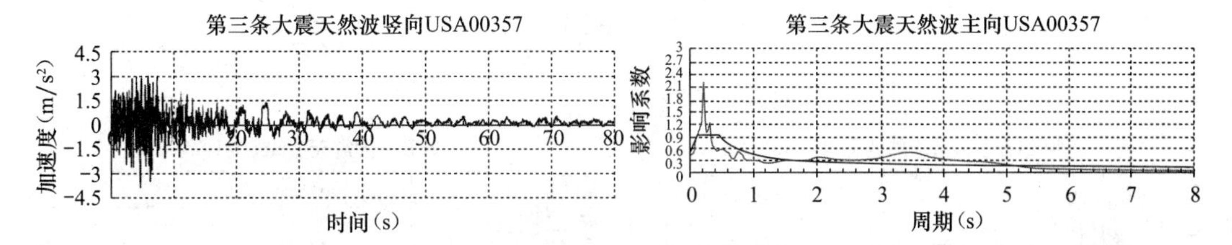

第三条大震天然波USA00357竖向
地震名称：SAN FERNANDO
台站名称：8639 LINCOLN AVE, LOS ANGELES, CA: 6 FL
有效持时：70.96s
发震时间：1971年02月09日6:00

图 3-57　大震天然波 3

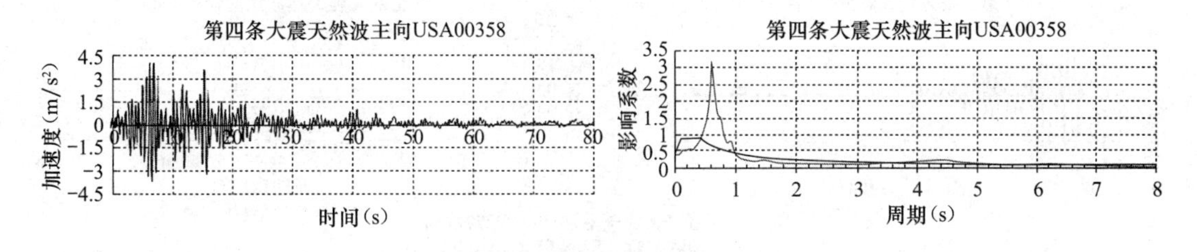

第四条大震天然波USA00358主向
地震名称：SAN FERNANDO
台站名称：8639 LINCOLN AVE, LOS ANGELES, CA:12 FL
有效持时：48.62s
发震时间：1971年02月09日6:00

图 3-58　大震天然波 4（一）

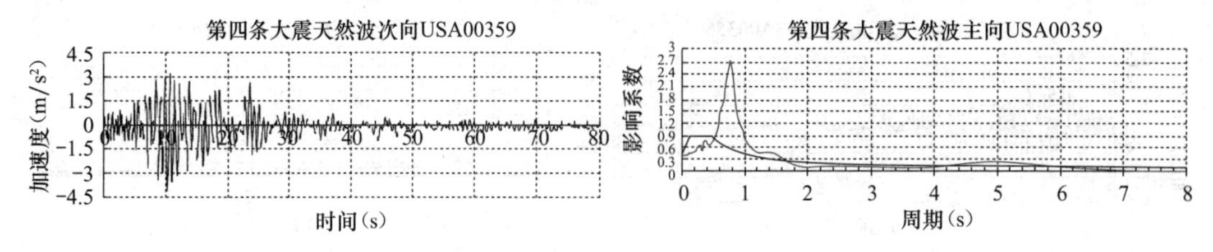

第四条大震天然波USA00359次向
地震名称：SAN FERNANDO
台站名称：8639 LINCOLN AVE, LOS ANGELES, CA:12 FL
有效持时：69.86s
发震时间：1971年02月09日6:00

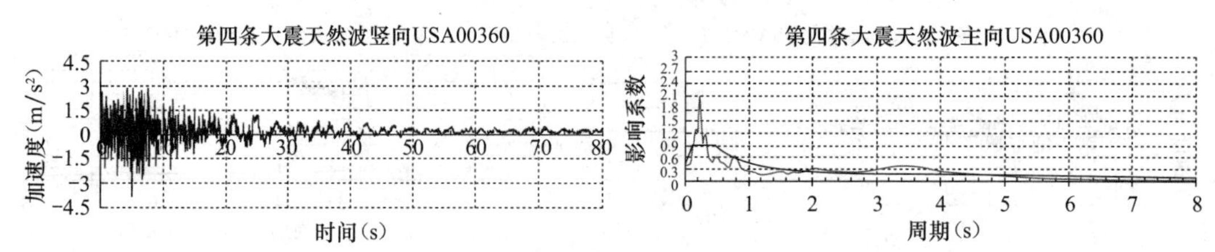

第四条大震天然波USA00360竖向
地震名称：SAN FERNANDO
台站名称：8639 LINCOLN AVE, LOS ANGELES, CA:12 FL
有效持时：48.04s
发震时间：1971年02月09日6:00

图 3-58　大震天然波 4（二）

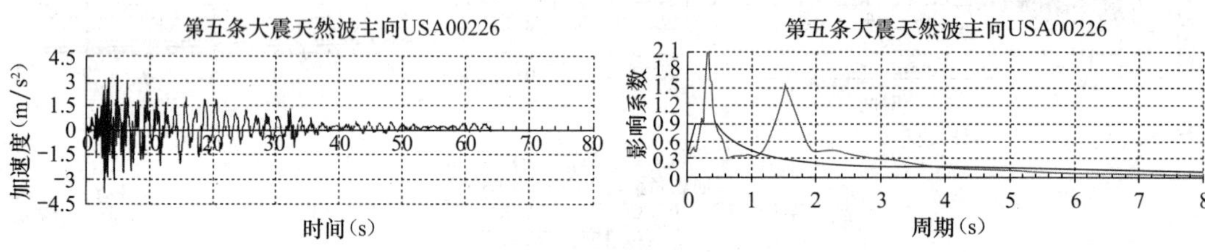

第五条大震天然波USA00226主向
地震名称：SAN FERNANDO
台站名称：3470 WILSHIRE BLVD, LOS ANGELES, CA:5 FL
有效持时：35.64s
发震时间：1971年02月09日6:00

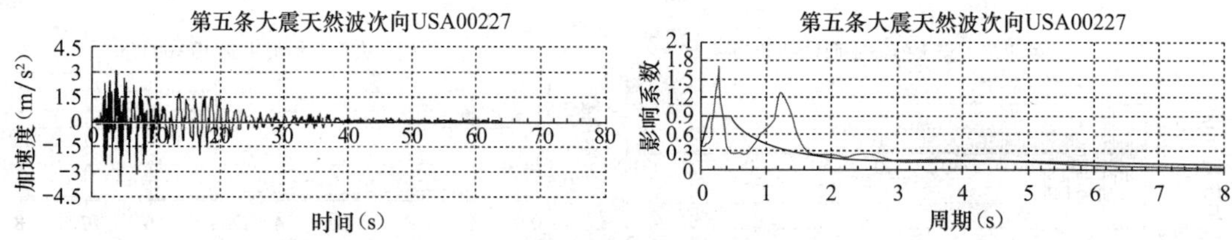

第五条大震天然波USA00227次向
地震名称：SAN FERNANDO
台站名称：3470 WILSHIRE BLVD, LOS ANGELES, CA:5 FL
有效持时：34.84s
发震时间：1971年02月09日6:00

图 3-59　大震天然波 5（一）

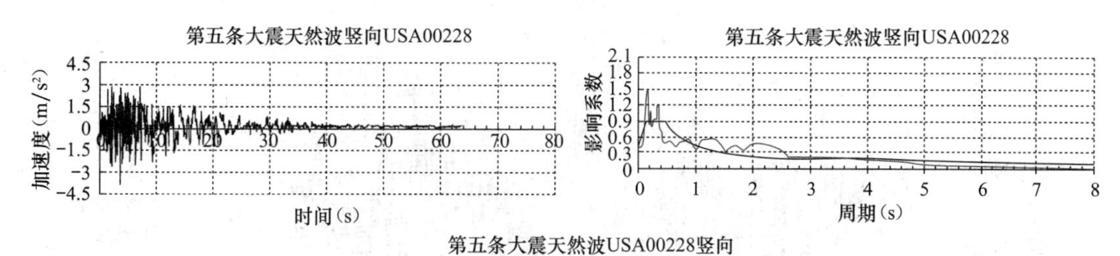

图 3-59　大震天然波 5（二）

大震弹塑性时程分析剪力结果见表 3-8，由该表可知，基底剪力均值为 570MN，天然波 5 的作用下的基底剪力最大，典型的基底剪力时程曲线可参见图 3-60、图 3-61。典型的层间位移角见图 3-62，典型的顶点位移的时程曲线可参见图 3-63、图 3-64。

弹性时程和弹塑性时程基底剪力表　　表 3-8

地震记录	X 向基底剪力（MN）弹性	X 向基底剪力（MN）弹塑性	Y 向基底剪力（MN）弹性	Y 向基底剪力（MN）弹塑性
第一条人工波	695	673	700	659
第二条人工波	828	586	808	602
第一条天然波	706	480	708	489
第二条天然波	689	476	687	479
第三条天然波	1000	507	999	513
第四条天然波	861	520	869	529
第五条天然波	751	746	738	763
均值	790	570	787	576
平均剪重比	12.0%	8.7%	12.0%	8.8%

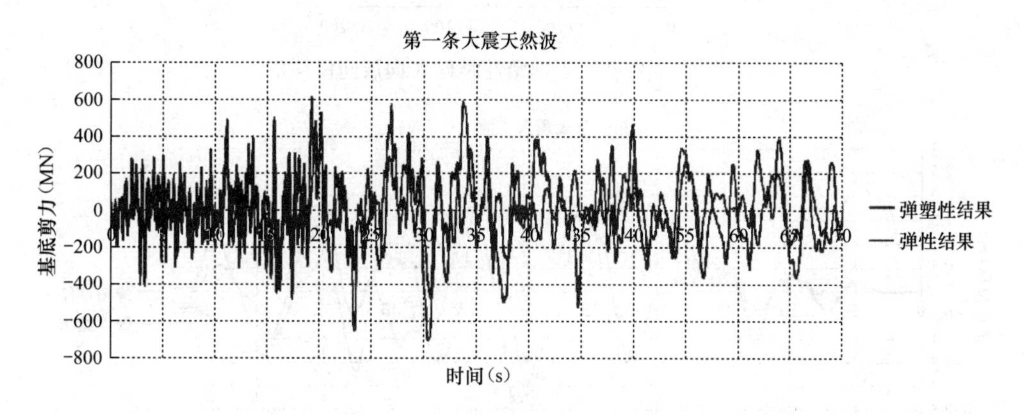

图 3-60　第一条天然波弹性时程和弹塑性时程基底剪力

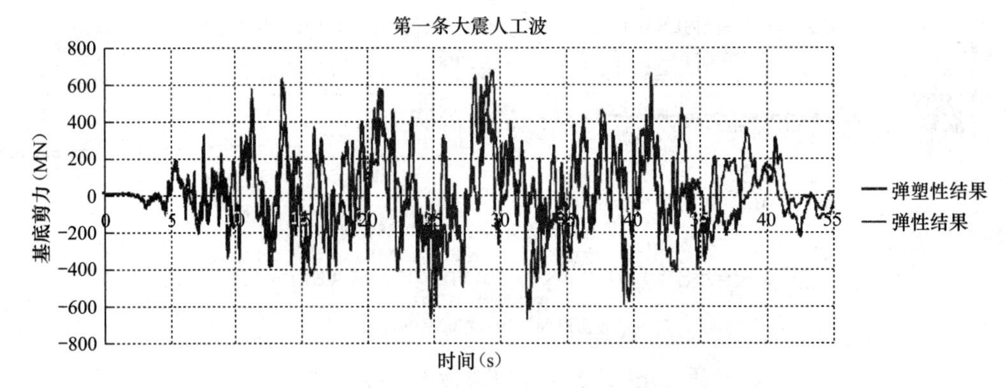

图 3-61　第一条人工波弹性时程和弹塑性时程基底剪力

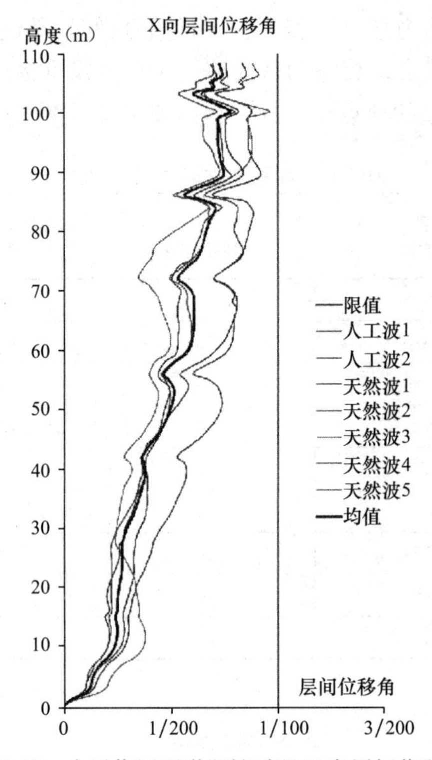

图 3-62　大震作用下弹塑性时程 X 向层间位移角

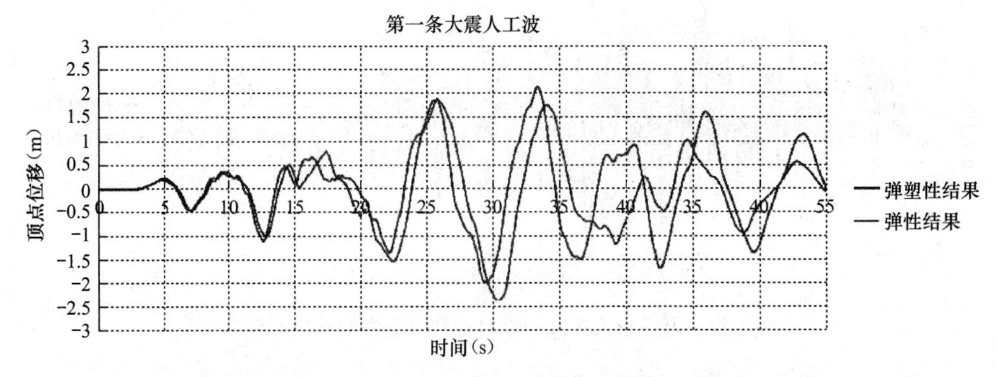

图 3-63　第一条大震人工波作用下弹性和弹塑性时程顶点位移

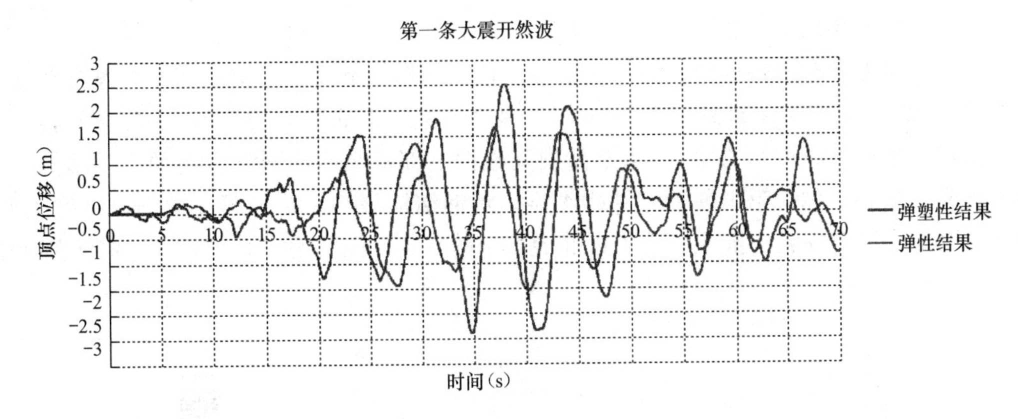

图 3-64 第一条大震天然波作用下弹性和弹塑性时程顶点位移

本工程是一个复杂的超高层建筑物，主体结构施工将近 5 年左右完成，结构竖向构件在施工工程中的受力、变形不可忽略，本工程进行了施工模拟，结果可见图 3-65，由图可知，核心筒处不考虑施工模拟，顶部竖向位移将近 180mm，考虑施工模拟，顶部竖向位移约 20mm，考虑施工模拟和不考虑施工模拟有较大差异。

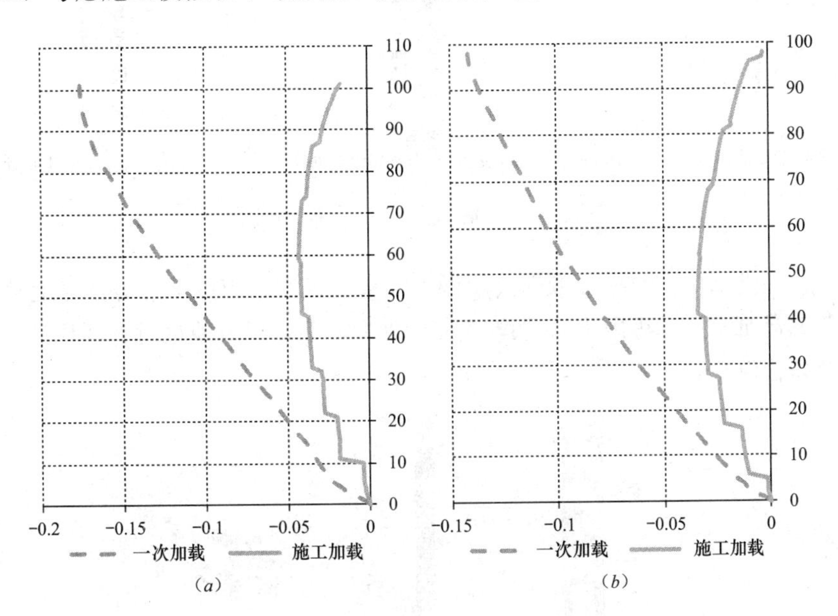

图 3-65 一次加载与施工加载下构件竖向变形

(a) 核心筒；(b) 巨型柱

3.10 关键技术研究

3.10.1 关于北京 CBD 中信 Z15 大厦结构方案的建议

北京 CBD 中信 Z15 大厦高 550m，为 118 层，是北京标志性建筑之一。针对该大厦于 2011 年 6 月 29 日召开了工程会议，结合顾问公司提供的相关资料，初步建议如下：

1）增加D类型结构方案

目前结构方案有三种类型，为了便于表达，本书作如下简化：全高交叉斜撑方案（下简称A方案），下部交叉斜撑＋全高16根巨型柱方案（下简称B方案），下部交叉斜撑＋上部框筒方案（下简称C方案）。每个类型又根据上部核心筒不同分为两种细分结构，对钢筋混凝土核心筒称为第1种细分结构类型，对钢结构核心筒称为第2种细分结构类型。例如：全高交叉斜撑且上部核心筒为钢筋混凝土的方案，简称为A1方案。ABC方案参见图3-66。

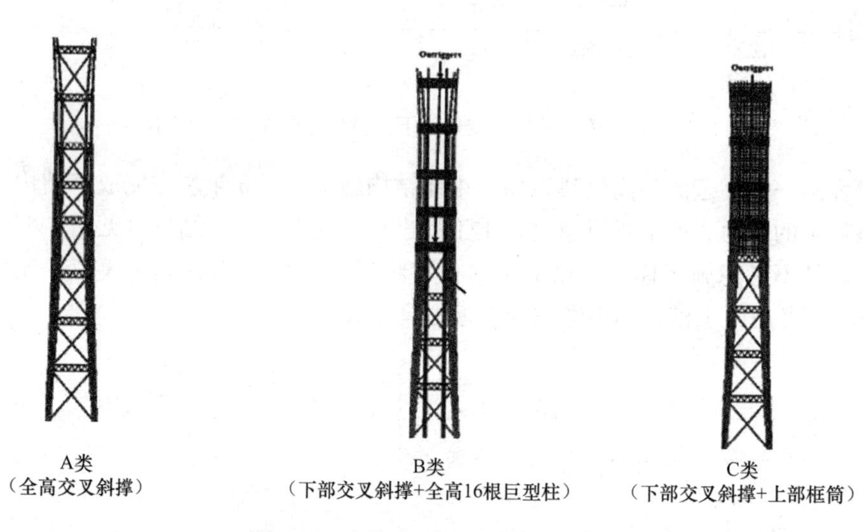

图3-66　方案A、B、C外框示意图

针对上述三类结构方案相关顾问公司做了大量的工作，当然上述方案各有优缺点，为了更好地考虑建筑实用性等因素，建议增加D类型方案，以方便进行方案比选，为本工程取得最佳的综合效益。

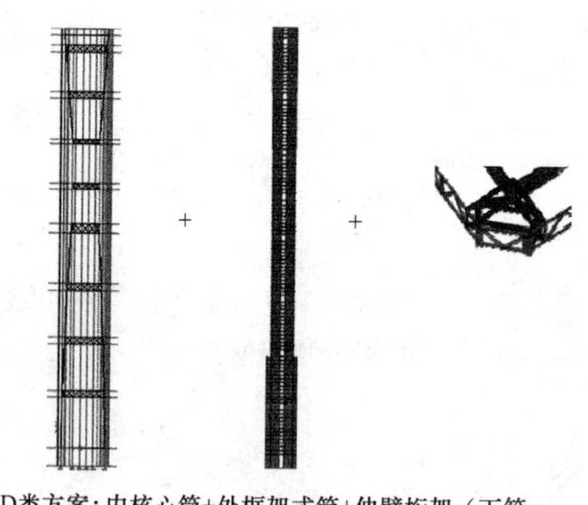

图3-67　方案D示意图

D类型方案是核心筒＋外部框/筒＋腰桁架＋伸臂桁架。外部全高采用框/筒柱，对于底部等特殊功能要求部位，局部可采用斜柱或或者加密柱等方式过渡。

为了减少D方案的位移和造价，并提高抗震性能，对于外框/筒的柱子建议采用钢管混凝土柱。

2）对于C方案的建议

C方案是下部交叉斜撑＋上部框筒方案。

原上部的框筒柱为钢柱，建议改为钢管混凝土柱，以减少用钢量，并进一步提高结构的刚度，减少结构位移。

3）对位移目标的比较

目前的最大层间位移角约为1/450，不满足规范要求（1/500），安全性相对较差，鉴于本建筑物的特殊性，对此问题需进行深化研究。

4）关于简化工作的建议

为了提高工作效率，可考虑简化工作，对于上述A（1，2）、B（1，2）、C（1，2）、D（1，2）四类8种方案，可缩减为4种方案：A1、B1、C1、D1方案，确定大的方案类型之后，再进行细分结构类型的比选。对于A1方案，经过多轮磨合，相对比较成熟，建议本轮的工作重点放在B1，C1，D1方案的确定和优化。

结构方案的确定直接制约土建工作的开展，需要尽快确定下来并推进下一步工作。

3.10.2 关于E方案的探讨

1）方案E简介

中国尊楼高550m，第一次超限预审方案的C方案遭到了审查专家的反对，针对该方案增加了E方案。该方案上部区段采用巨型框架式外筒，中间区段用带人字柱或者八字柱巨型外筒过渡，下部区段用带斜撑的巨型外筒。过渡区段可选择在4，5区的范围具体考虑综合因素确定，可参见图3-68。

2）方案E1主要尺寸

仅以方案E1为例进行分析，其结构布置及主要尺寸参见图3-69、表3-9。

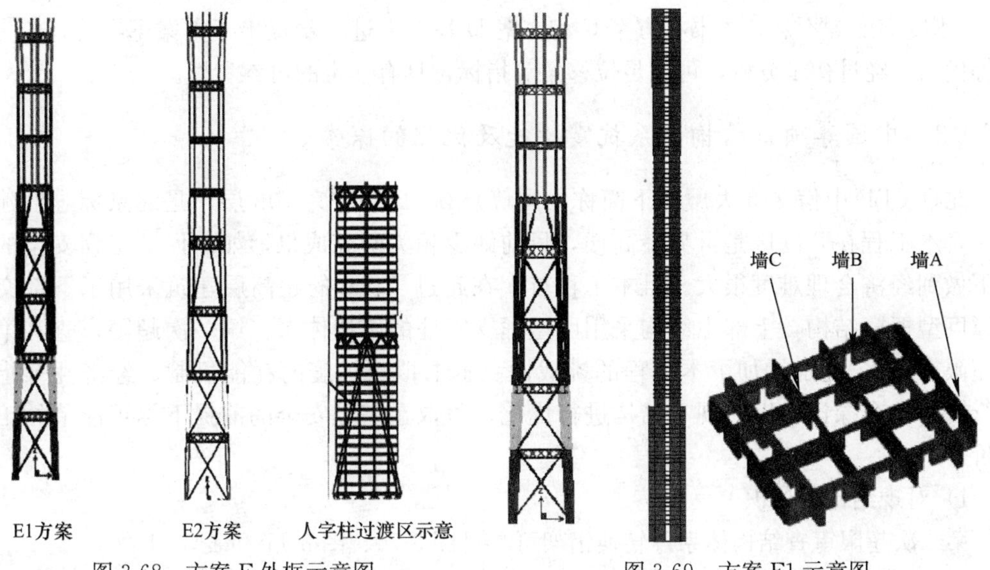

图3-68 方案E外框示意图

图3-69 方案E1示意图

方案 E1 构件尺寸表 **表 3-9**

功能区	巨型柱 A	巨型柱 B 中间	墙 A	墙 B	墙 C
8	1.500	1.500		0.5	0.4
7	2.000	1.500		0.6	0.4
6	2.500	1.500		0.7	0.4
5	3.100	2.000		0.8	0.4
4	3.400			0.9	0.4
3	3.800		0.6-S	1-S	0.4
2	4.200		0.8-S	1.2-S	0.4
1	4.600		1.0-S	1.2-S	0.4

注：1. 单位为 m；
2. 柱按照方柱进行初步计算分析。

3）方案 E1 主要指标

小震作用下，方案 E1 的主要结果参见表 3-10。

主要计算结果 **表 3-10**

	单位		备注
重力荷载代表值	万吨	75.7	
剪重比		0.018	X 向
T_1	s	7.55	
T_3	s	2.39	
T_3/T_1		0.316	<0.85
最大层间位移角		1/620	X 向

4）总结

第一次超限预审方案 C 具有抗侧力体系不连续（两种结构体系）、传力不直接（转换）、刚度突变等不足，本书在方案 C 和方案 D 基础上进一步提出了方案 E，具有传力直接等优点，经过初步分析，可满足位移角等指标，具有一定的可参考性。

3.10.3 中国尊项目结构体系抗震性能及优化的探索

北京 CBD 中信 Z15 大厦（下简称中国尊）高 528m，为 108 层，是北京标志性建筑之一，本工程在 8 度区是世界最高楼，目前缺少相关研究成果，如何保证工程安全的前提下做到经济合理难度很大。且本工程首次在超过 400m 的超高层建筑采用了下部交叉斜撑巨型框筒结构，上部主结构采用巨型框支密柱的结构体系（第一次超限审查和第二次超限审查），更加增加了本工程的挑战性。本书拟从抗震的耗能机制、经济性等指标进行一个综合探讨，以对现有结构进行优化，争取在满足安全的前提下尽可能节约工程造价。

1）对现结构的认识

第二次超限审查结构体系及转换桁架可参见图 3-70、图 3-71 和表 3-11。

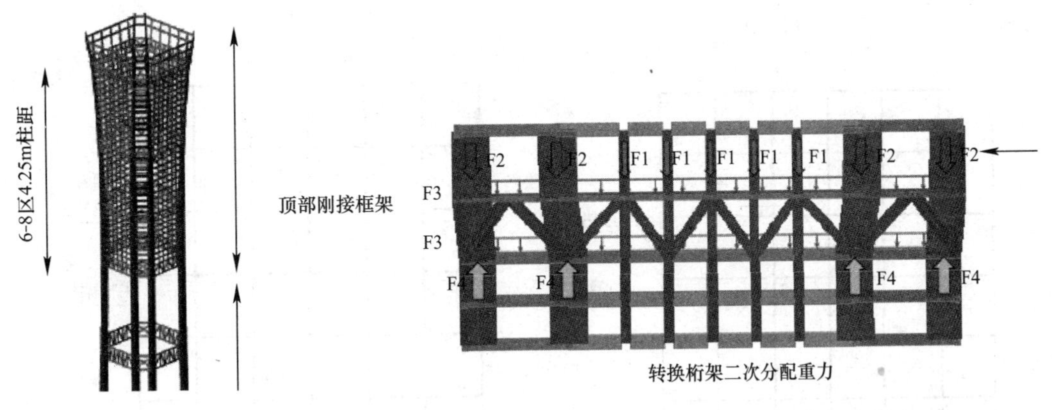

图 3-70　上部结构示意图

图 3-71　转换桁架重力分配示意图

转换桁架处框架柱轴力表　　表 3-11

上部分框柱总轴力 $\sum F_1$（kN）	上部巨型柱总轴力 $\sum F_2$（kN）	腰桁架上下层均布活荷载 $\sum F_3$（kN）	7 区以上总活荷载（kN）	底部巨型柱总轴力 $\sum F_4$（kN）	6 区外框柱分担轴力（kN）	6 区外框柱分担重力比例（%）
−13077.5	−47631	−5469.4	−66177.9	−62265.3	−3912.59	5.91%

可以看出，中部外框柱在桁架处的总荷载（含 F_3）约 18546.9kN，其中约 14600kN 经过腰桁架转换到周边巨型柱，约占 80%的中部外框柱荷载，另外约 20%的中部外框柱荷载传到下一层，由于中部外框柱荷载最终通过水平框架梁或者水平桁架传到巨型柱上，其中腰桁架是主要的转换构件，正如以前“关于中国尊项目外框剪力分配比的探索及建议”中的研究表明，本结构体系不同于传统的巨型结构体系，本工程的结构体系实质上是巨型支撑框筒结构（下部）＋巨型框支密柱结构（上部），不同于上述巨型框架核心筒等结构体系，从抗震安全性上来看，对于 6～8 区的结构，用框剪结构或者筒中筒结构的剪力分配比要求该结构是不合适的，不但不应该提高外框剪力分配比，而且应该适当降低外框剪力分配比的要求。下面将进一步从耗能机制对本结构进行探讨。

2）耗能机制的分析

耗能机制对抗震性能有着特殊的重要性，且影响到结构的经济性，如何既能满足抗震高耗能的安全要求又能实现经济合理是一个挑战。由于不同结构体系的耗能机制在下部相同，本书仅探讨上部的耗能机制，上部结构分别为巨型框支、多跨巨型框架、巨型筒，参见图 3-72～图 3-74。

尽管筒体结构的桁架耗能能力＞框架结构的桁架耗能能力＞框支结构的桁架耗能能力，为了进一步简化，假定桁架部分耗能能力近似相同，且斜腹杆同时耗能完毕并退出工作，简化如下，参见图 3-75～图 3-77。

假如设计在同一水准下，当斜腹杆退出工作之后，从上述各图所示的耗能机制来看，巨型框支的耗能能力最差，巨型框架的耗能能力较好，巨型筒体的耗能能力最好，定量分析可参见表 3-12。

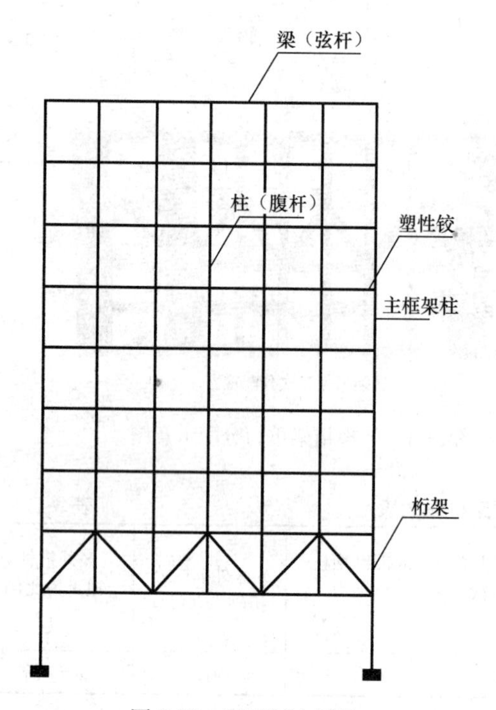

图 3-72　巨型框支结构

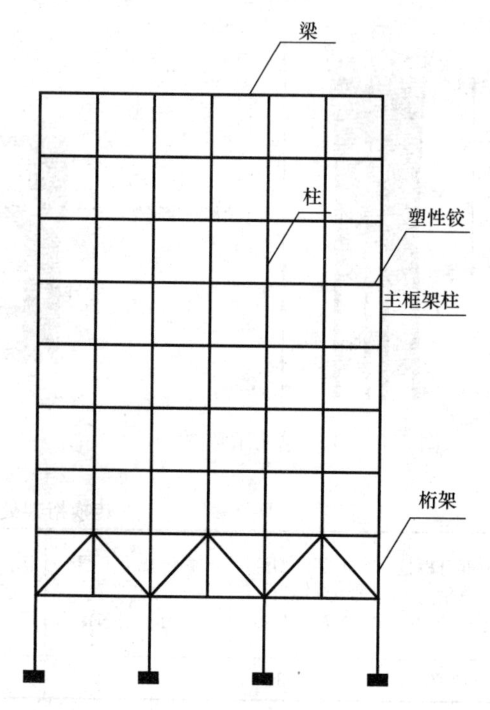

图 3-73　巨型框架结构

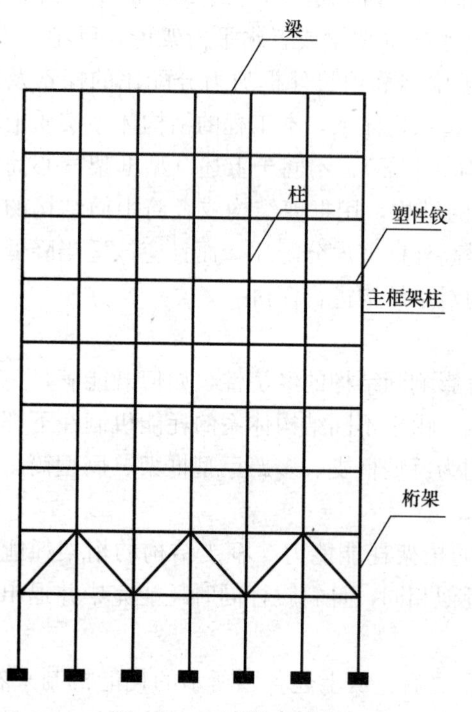

图 3-74　巨型筒体结构

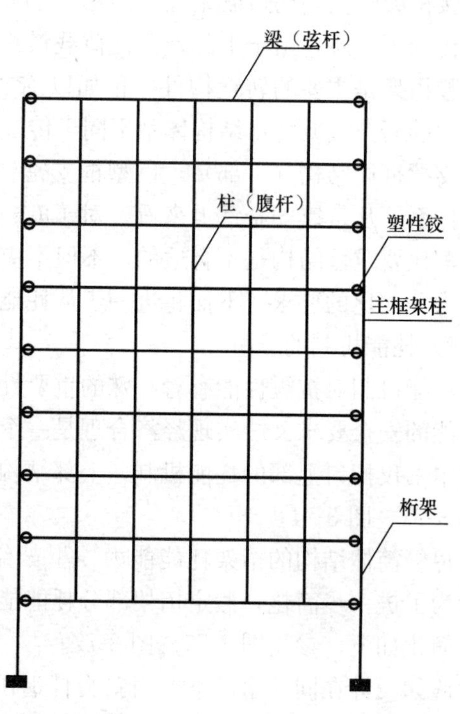

图 3-75　巨型框支耗能机制（斜腹杆退出工作）

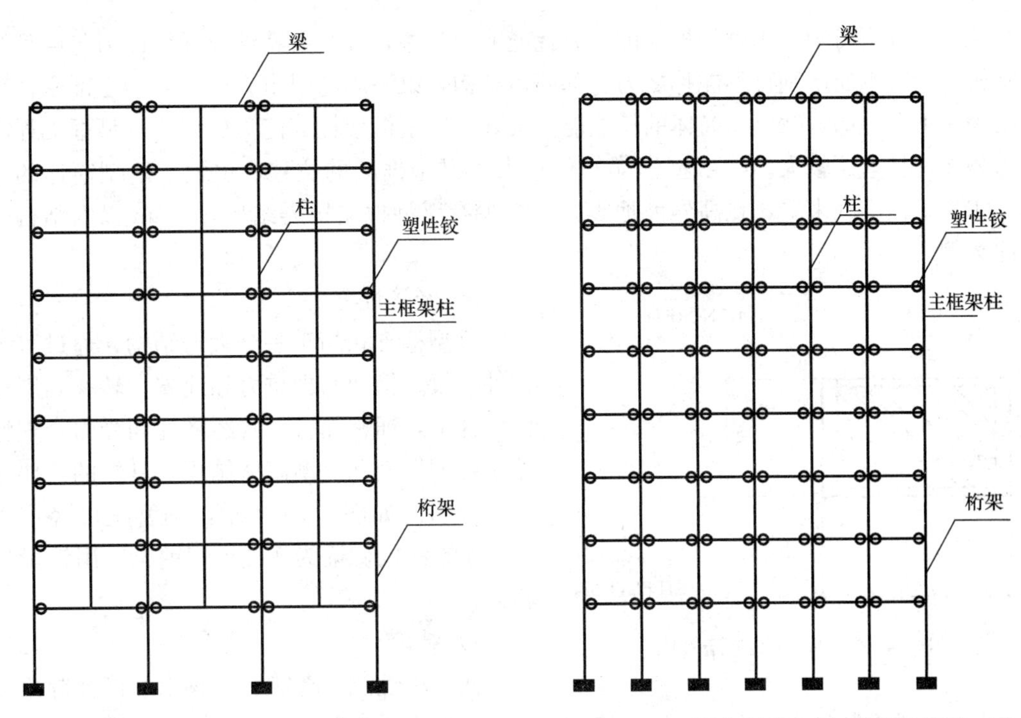

图 3-76 巨型框架耗能机制（斜腹杆退出工作） 图 3-77 巨型框架耗能机制（斜腹杆退出工作）

不同结构耗能能力比较 **表 3-12**

编号		塑性铰	耗能能力
1	巨型框支	$2n$	100%
2	巨型框架	$6n$	300%
3	巨型筒体	$12n$	600%

巨型框支的位移角大于巨型框架的位移角，当然远大于巨型筒体的位移角，可参见图 3-78。

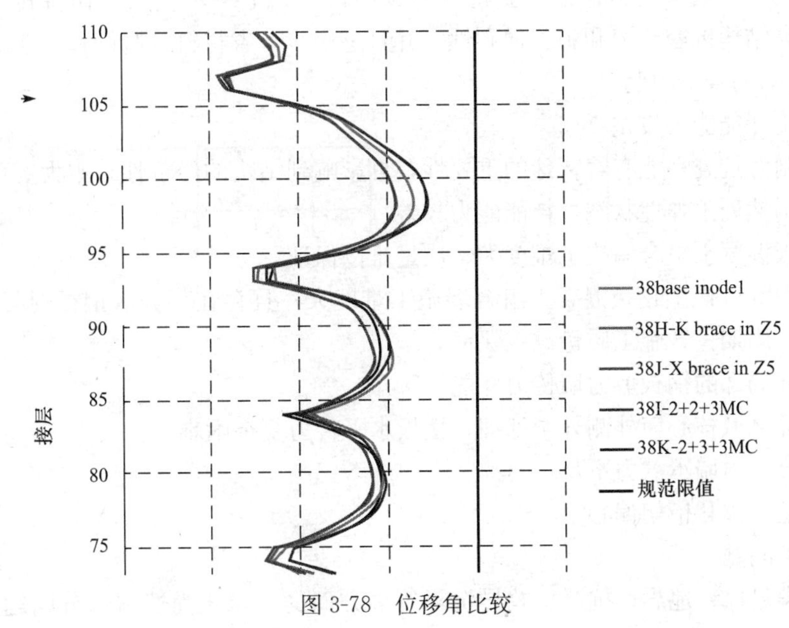

图 3-78 位移角比较

从上述分析可知，①巨型框支的抗震耗能能力较差，其受力特性及耗能能力与巨型筒体结构比较有本质区别，不能称之为上部筒体结构，第一版超限审查中命名为上部密柱筒体结构是不合理的。②巨型筒体的耗能能力最好，巨型框架耗能能力较好，巨型框支耗能能力最差，且差距较大。③巨型框支的位移大于巨型框架的位移，也大于巨型筒体的位移。④从工程实践来看，在高烈度地震区，极少有巨型框支抗震结构，400m 以上结构暂无此案例。

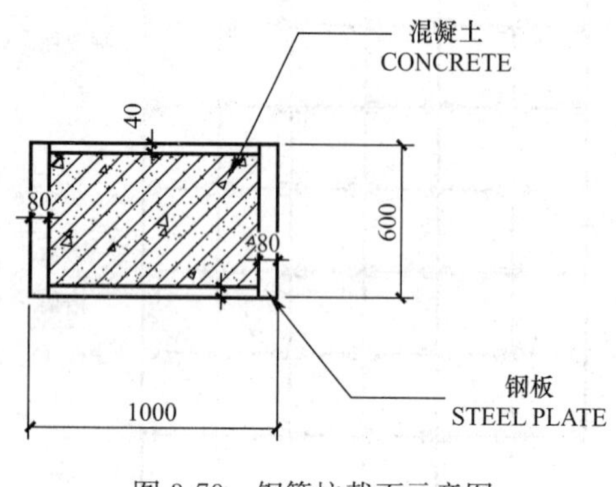

图 3-79　钢管柱截面示意图

3）经济性分析

巨型框支相当于一个大跨结构，通过水平构件（梁、桁架）把重力和地震力转移到周边巨型柱上，通常而言，其经济性和受力合理性差于巨型框架和巨型筒体结构，具体的需要进一步分析。如图 3-79 所示，钢管柱已经用到 80mm 的钢板，梁为 1.4m 的钢梁，用钢量比较大。

4）结论

从抗震性能、耗能、位移、经济性等角度综合考虑，现在的结构还有改进的空间，可进一步探索，对该结构进行优化改进，以得到更加安全、更加经济的结构。

3.10.4　中国尊第三次超限审查结构设计改进建议

北京 CBD 中信 Z15 大厦（下简称中国尊）高 528m，为 108 层，是北京标志性建筑之一，本工程在 8 度区是世界最高楼，目前缺少相关研究成果，如何保证工程安全的前提下做到经济合理难度很大。较第二次超限审查结构，本工程采用了交叉斜撑巨型框筒结构体系，有效地改善了结构受力性能，获得了专家的认可。下一步重点工作将转入深化现设计，力争提高结构抗震能力和施工便利性，并且进一步节省材料、造价和工期。

1）现结构的若干问题

（1）结构耗能能力较差

耗能机制对抗震性能有着特殊的重要性，且影响到结构的经济性。本大震中外框筒等大部分构件仍然处于弹性状态，耗能能力较差。

（2）钢板混凝土组合墙施工难度大、质量难以保证

核心筒 50mm 以上钢板混凝土组合墙施工难度大，且存在部分双钢板混凝土组合墙，施工难度大，周期长，施工质量难以保证。

（3）上部局部的钢板剪力墙传力性能

（4）底部区域核心筒外侧开洞处理，楼板水平传力复杂困难

（5）部分剪力墙承载力不足

（6）巨型支撑和桁架偏心

（7）桩基问题

桩基要满足风、地震、抗浮、差异沉降等多方面的要求，尚遗留部分问题需要解决，

如抗浮与施工降水之间的平衡。需要注意的是超高层建筑物有可能在地震中发生倾斜或者桩基破坏。

2）解决建议

（1）结构耗能能力较差

a）尽可能增加双连梁

双连梁在汶川等地震中抗震性能优异，与建筑等专业协调之后，可考虑尽可能增加双连梁的根数，作为建筑耗能的重要组成部分，而不是局部增加双连梁。

b）采用带缝剪力墙

对于较长的剪力墙，可采用开缝等措施，使得其可能发生的剪切破坏转化为弯曲破坏，且缝隙中可填充一些耗能材料，从而提高耗能能力。

（2）钢板混凝土组合墙施工难度大、质量难以保证

综合各因素，对钢板混凝土组合墙的方式进行研讨。

（3）上部局部的钢板剪力墙传力性能

采用钢斜撑＋混凝土墙的组合墙，或者考虑适当加大墙厚和混凝土端部的钢柱。

（4）底部区域核心筒外侧开洞处理，楼板水平传力复杂困难

对加水平撑方案或加墙的方案进一步研讨。

（5）部分剪力墙承载力不足

参照第3条解决方式。

（6）巨型支撑和桁架偏心

加强巨型柱抗扭承载力，可与建筑进一步协商，尽可能减少偏心值。

（7）桩基问题

综合考虑安全、施工各因素，根据最新成果，局部调整，鉴于桩基可能提前施工，尤其要考虑施工、差异沉降、抗震等不同工况下的安全问题，可适当留有一定安全度。

3）结论

现有结构已经取得多方面的进展，但是仍然需要从抗震性能、耗能、位移、经济性等角度综合考虑，进一步探索，对该结构进行优化改进，以得到更加安全、更加经济，更加便于施工的结构。

3.11 小结

中国尊项目是世界上8度抗震设防区第一个结构高度超过500m的超高层建筑物，采用了巨型支撑框架＋高延性双连梁这种新型组合结构体系，引入了巨震、避难单元等一系列新的设计概念，在世界和中国工程建设中有着特殊的地位。本章简要介绍了本工程的技术标准、性能指标、结构布置、主要计算结果等，对类似项目可供参考，更多专题研究可参看相关文献。

[1] 孙宏伟，常为华，宫贞超，等．中国尊大厦桩筏协同作用计算与设计分析［J］．建筑结构，2014，20：024．

[2] 齐五辉，宫贞超，常为华，等. 中国尊大厦外框筒建筑－结构一体化设计方法［J］. 建筑结构，2014，20：002.

[3] 程金霞，黄鑫峰，郁河坤，等. Z15 地块中国尊超高层建筑试验桩施工技术［J］. 中国建材资讯，2013，6：039.

[4] 刘小刚. 复杂型钢组合结构内浇绿色高性能混凝土关键技术研究［D］. 北京建筑大学，2014.

[5] 姚攀峰. 中国尊抗巨震的探讨及工程实践［A］. 第二届大型建筑钢与组合结构国际会议论文集［C］. 2014.

[6] 奥雅纳工程顾问.《北京朝阳区 CBD 核心区 Z15 地块项目“中国尊”超限高层建筑工程抗震设防审查专项报告最终版》，2013 年 1 月.

[7] 北京商务中心区管理委员会、北京市建筑设计研究院有限公司、北京市弘都城市规划建筑设计院北京. CBD 核心区城市设计导则. 2013. 05.

结构工程篇

4　砌体结构抗高烈度地震的探讨[1]

4.1　引言

地震具有高度不确定性，很多 6 度、7 度地震区发生了较大的地震甚至特大地震[2]，建筑结构有可能遭遇到比规范设定的“大震”等级更高的地震作用，强震区的烈度比设防大震烈度高 1～4 个等级，甚至高达 11 度，参见表 4-1，房屋倒塌、人员伤亡主要发生在这些高烈度区。由于经济、技术等原因，现阶段在这些高烈度区的房屋全部实现不倒塌的性能目标尚有较大的难度，房屋结构如何实现高烈度地震的抗震性能有着重要意义。砌体结构是我国房屋的主要结构形式之一，诸多专家学者对此进行了深入研究[3～6]。在 5.12 汶川地震中，按照抗震规范（89 版本、01 版本）要求设置构造柱和圈梁的砌体结构，该种砌体结构较无构造柱、圈梁的砌体结构延性好，基本实现了三水准抗震设防目标要求(下简称延性砌体结构)，如白鹿镇小学的某砌体结构教学楼，设防烈度 7 度，实际地震烈度为 8 度，墙体出现剪切破坏，但是没有整体倒塌，实现了“大震不倒”的设防目标[7]。但是在北川县城、映秀镇等地区，实际地震烈度高达 11 度，非延性砌体结构绝大部分倒塌，大部分延性砌体结构严重破坏或者倒塌。在高出设防大震烈度的区域，砌体结构如何抗震是一个难题，尚有待进一步深入研究。

中国典型地震烈度表　　**表 4-1**

编号	地震	时间	震级	设防地震烈度	设防大震烈度	实际地震烈度（高烈度地震区）
1	邢台地震	1966	6.8，7.2	7 度	8 度	10 度
2	海城地震	1975	7.3	6 度	7 度	9～11 度
3	唐山地震	1976	7.9	6 度	7 度	11 度
4	汶川地震	2008	8.0	7 度	8 度	9～11 度

注：1966 年 3 月 8 日邢台地区隆尧县发生震级 6.8 级地震，1966 年 3 月 22 日邢台地区宁晋县发生震级 7.2 级地震。

本文首先分析砌体结构在高烈度地震中的震害，然后从逃生人员的安全目标出发，探讨高烈度地震中的抗震策略，最后针对砌体结构提出高烈度地震中的抗震措施。

4.2　高烈度地震中的砌体结构震害

汶川地震中，延性砌体结构在不同等级的高烈度地震区震害不同，详见表 4-2。

汶川地震中砌体结构震害表[8~10] **表 4-2**

<table>
<tr><th>编号</th><th>典型震害地区</th><th>地震设防烈度</th><th>实际地震烈度</th><th>延性砌体结构震害</th></tr>
<tr><td>1</td><td>绵竹市</td><td>7 度</td><td>9 度</td><td>大量的砌体房屋严重破坏，少量倒塌或者局部倒塌</td></tr>
<tr><td>2</td><td>红白镇、汉旺镇</td><td>7 度</td><td>10 度</td><td rowspan="3">经过抗震设计的砌体房屋大部分倒塌、局部坍塌或者严重损毁，经过抗震设计的砌体房屋绝大部分倒塌、局部坍塌或者严重损毁，薄弱层倒塌破坏十分严重，位于断层上的房屋全部倒塌，位于断层两侧的教学楼没有倒塌，甚至只有轻微破坏</td></tr>
<tr><td>3</td><td>北川县城、映秀镇</td><td>7 度</td><td>11 度</td></tr>
<tr><td>4</td><td>彭州市白鹿镇中心小学</td><td>7 度</td><td>9 度，断层区域</td></tr>
</table>

从表 4-2 可知，当砌体结构遭遇到的实际烈度超过设防烈度 2 度以上的高烈度地震或者位于断层区域，延性砌体结构出现严重破坏和倒塌，随着烈度的增加，延性砌体结构破坏的严重程度增加，倒塌房屋的数量增加，高烈度区砌体结构破坏、倒塌的形式多样，在这些地区，砌体结构即使满足抗震规范要求，仍然可能倒塌或者局部倒塌，不能确保实现“不倒”的性能目标，当房屋结构位于断层之上，局部倒塌或者整体倒塌是难以避免的。

4.3 高烈度区房屋结构的抗震策略

目前，房屋结构抗震以三个水准为抗震设防目标，一般情况下，遭遇第一水准烈度（众值烈度，小震）时建筑处于正常使用状态，采用弹性反应谱进行弹性分析；遭遇第二水准烈度（基本烈度，中震）时结构进入非弹性工作阶段，但非弹性变形或结构体系的损坏控制在可修复的范围；遭遇第三水准烈度（预估的罕遇地震，大震）时结构有较大的非弹性变形，但应控制在规定的范围内以免倒塌。各类建筑根据功能的需要，又分为甲乙丙丁四类建筑，抗震设防目标在一定程度上提高或降低，通过提高结构的整体抗震性能来实现“大震不倒”的性能目标。然而正如表 4-1 所示，近数十年来很多 6 度、7 度地震区发生了较大的地震甚至特大地震，部分地区的地震烈度超过预估的大震烈度 1～4 度。在高烈度地震作用下，多数房屋结构已经破坏或者倒塌，这个阶段结构状态和地震作用无法统计或预计，具有很强的随机性。一栋设计完全相同的房屋，在汶川地震中可能破坏而未倒塌，由于地震作用、场地、施工等诸多条件的不同，在另外一场同烈度的地震中该房屋是可能倒塌的。建筑结构从破坏状态到倒塌状态是一个高度非线性的过程，依赖于结构的初始状态、荷载、材料等诸多因素，现有的经验、资料、结构分析能力对其认识还很不足，无法准确判断房屋整体结构在高烈度地震中的状态，不能保证房屋结构倒塌的范围和次序；抗震设防水平和设防标准还依赖于国家的经济条件，把大多数地区的房屋抗震设防烈度从 6 度、7 度提高到 9 度、10 度需要大量的经济投入，目前是有难度的[2]。在中低烈度设防地区，如何在社会条件允许的条件下实现房屋在高烈度的抗震性能是一个难题，需要合适的抗震策略。

房屋抗震主要是为了满足地震中逃生人员的安全需要和减少经济损失，例如：对砌体结构等房屋要求“大震不倒”，然而，对帐篷等微型的膜结构，即使倒塌也是允许的，地震逃生需求和社会经济条件决定了房屋的抗震设防目标和策略。在高烈度地震中，逃生人员的安全目标可划分为 4 个级别[11]。

Ⅰ级安全目标：逃生者生存；

Ⅱ级安全目标：逃生者生理上未受重伤；

Ⅲ级安全目标：逃生者生理上未受轻伤；

Ⅳ级安全目标：逃生者生理上未受伤害，减少心理伤害、财产等其他损失。

安全目标等级越高，逃生人员的伤害越小，地震造成的经济损失也越小，“大震不倒”通常可满足逃生人员的Ⅰ级或者Ⅱ级安全目标，随着社会经济条件的发展，人们对安全目标的要求越来越高。

地震中纵向振动的 P 波速度快于横向振动的 S 波，两者有一定的时间差，通常 P 波能量较小，S 波能量较大，经过抗震设计的房屋在地震 P 波刚到时一般不会整体倒塌，所以逃生人员在察觉地震发生之后，有短暂的时间转移到相对安全的区域，日本的“紧急地震速报”全球地震早期预警系统就是利用这个原理[12]，唐山地震、汶川地震中大量的逃生案例说明即使在震中地区逃生人员有短暂的逃生时间进行转移[13~15]。图 4-1 所示房屋为绵竹市聚源中学的一教学楼，房屋已经整体倒塌，但是钢筋混凝土框架结构的楼梯间仍然不倒，在其中的逃生人员得到了有效的保护。从该教学楼震害可知，即使房屋整体倒塌，仍然可以存在局部结构单元不倒塌。从汶川地震中的房屋震害可知，在高烈度区严重破坏或者倒塌的房屋中有可能存在不倒塌的结构单元，参见图 4-2。如果逃生人员在地震中及时转移到这些不倒塌的单元，就能实现Ⅰ级或Ⅱ级安全目标。因此从抗震减灾角度出发，可把房屋分为地震避难单元和非地震避难单元，地震避难单元在高烈度地震中必须满足预设的抗震性能目标，非地震避难单元在高烈度地震中允许破坏或者局部倒塌。地震来临时，逃生人员转移到地震避难单元，从而实现高烈度地震中Ⅰ级以上的安全目标，减少人员伤亡和经济损失。这种抗震策略主要增加少数重要单元的抗震能力，增加成本较少，对于量大面广的中低烈度区房屋实现高烈度的抗震设防目标在经济上具有可行性。

图 4-1 房屋整体倒塌、框架楼梯间屹立

（绵竹市聚源中学，9 度区）[10]

图 4-2 严重毁坏的多层砖房

（北川县城，11 度）[8]

地震避难单元应根据可能发生的逃生人员数量、安全目标、逃生距离、逃生方式、建筑功能、结构布置等因素综合确定，从建筑上功能应该包括人员避难房间、人员逃生通

道，对于具有特殊价值的功能区也应作为地震避难单元的一部分，如放置高精密仪器、文物等的空间，对于砌体住宅，可把卫生间（或客厅）和楼梯间设计为地震避难单元。地震避难单元不仅仅是结构专业抗震，更是在安全目标下各专业的协同工作，例如，框架结构中的地震避难单元实现 III 级安全目标，建筑专业需要采用抗震性能较好的轻钢龙骨隔墙，尽可能地不使用普通砌体填充墙，避免可能造成的砸伤等伤害，设备等专业也要采用相应的措施。相关规范可给出地震避难单元的抗震最低目标和要求，更高的安全目标和要求由业主、使用者和具体设计单位共同确定，设计中应该明确设防高烈度地震的具体等级和设防安全目标（为方便表达，高出设防烈度 2～5 度的地震烈度称之为设防巨震烈度，简称巨震），不同抗震单元的结构抗震性能目标可初步参见表 4-3。该表可概括为“小震，（整体结构）不坏；中震，（整体结构）可修；大震，（整体结构）不倒；巨震，（避难单元）不倒”

结构抗震设防目标 **表 4-3**

编号	结构单元	设防小震	设防中震	设防大震	设防巨震
1	非地震避难单元结构	不坏	可修	不倒	破坏或局部坍塌
2	地震避难单元结构	不坏	可修	不倒或可修	不倒

注：设防大震烈度，高出设防烈度 1 度；设防巨震烈度，高出设防烈度 2～5 度。

4.4 带地震避难单元的砌体结构抗震

与钢筋混凝土结构、钢结构等体系相比，砌体结构的延性较差，整体抗震性能较差，震害严重，设置能够抵抗高烈度地震的地震避难单元更是有必要的。砌体结构的地震避难单元通常有两种结构形式：（1）加密圈梁构造柱的砌体结构单元；（2）钢筋混凝土筒体单元。

避难单元采用加密圈梁、构造柱的砌体结构与普通的砌体结构无本质性区别，本书不再讨论。避难单元采用钢筋混凝土筒体，非地震避难单元采用砌体，这种组合结构可称之为砌体－钢筋混凝土筒体结构[16]。通过合理的设计，砌体和钢筋混凝土筒体可形成多道地震防线，实现连续稳定的渐进式破坏。在垂直荷载作用下，砌体和钢筋混凝土筒体各自承担荷载，有利于避难单元抵抗高烈度时的竖向地震；在水平地震作用下，当地震烈度较低时，砌体－钢筋混凝土筒体结构共同承担水平荷载；当地震烈度较高时，由于钢筋混凝土的延性远高于砌体的延性，实验[17]和地震震害表明（参见图 4-1），砌体部分将较早破坏，可先消耗一定的地震能量；当地震烈度为巨震烈度时，砌体的局部破坏或者倒塌，钢筋混凝土筒体和砌体部分相对独立地承受地震荷载，钢筋混凝土筒体构成室内避难空间，实现逃生人员的安全目标。

4.5 结　论

1. 对巨震烈度地震中的砌体房屋灾害进行了分析。
2. 从安全目标出发，把房屋分为地震避难单元和非地震避难单元，地震避难单元在高烈度地震中必须满足预设的抗震性能目标，非地震避难单元在高烈度地震中允许破坏或者局部倒塌，地震来临时，逃生人员转移到地震避难单元，从而可在现有的经济条件下实现巨震烈度中减少人员伤亡和经济损失的抗震目标。

3. 初步提出了砌体地震避难单元的实施方式，可采用加密圈梁构造柱的砌体结构单元或者钢筋混凝土筒体。

对巨震烈度中的结构破坏和倒塌的研究还远远不够，需要从各个角度进行更详细深入的探讨，砌体-钢筋混凝土筒体结构尚需要更深入的研究。

[1] 姚攀峰. 砌体结构抗高烈度地震的探讨 [J]. 建筑结构，2009，1.

[2] 徐正忠，王亚勇等. 建筑抗震设计规范（GB 50011—2001). 北京：中国建筑工业出版社 2008.

[3] 苑振芳，施楚贤等. 砌体结构设计规范（GB 50003—2001). 北京：中国建筑工业出版社 2002.

[4] 于德湖，王焕定，张永山，配筋砌体结构抗震设计多道设防方法. 工程力学，2003. 20（4）：p. 141-146，109.

[5] 郭健等，隔震技术在砌体结构抗震加固中的应用研究. 工程抗震与加固改造，2008. 30（1）：p. 43-47，54.

[6] 杨春侠等，混凝土多孔砖砌体模型房屋抗震性能试验研究. 建筑结构学报，2006. 27（3）：p. 84-92.

[7] 王亚勇，汶川地震建筑震害启示——抗震概念设计. 建筑结构学报，2008. 29（4）：p. 20-25.

[8] 孙景江等，汶川地震高烈度区城镇房屋震害简介. 地震工程与工程振动，2008. 28（3）：p. 7-15.

[9] 李宏男等，汶川地震震害调查与启示. 建筑结构学报，2008. 29（4）：p. 10-19.

[10] 肖从真. 汶川地震震害调查与思考. 建筑结构，2008. 38（7）：p. 21-24.

[11] 姚攀峰. 农村单层砌体房屋中的地震逃生方法.

[12] 李洋. 日本气象厅将于下月全面启用地震早期预警系统 [EB/OL]. 2007-09-29 http://www.chinanews.com.cn/gj/sjkj/news/2007/09-29/1039971.shtml.

[13] 新华网. 新华视点：汶川大地震获救者回首惊魂那一刻 [EB/OL]. 2008-05-18 http://news.xinhuanet.com/newscenter/2008-05/18/content_8198390.htm.

[14] 吴琪、李翊、蔡小川. “孤城”映秀的 72 小时 [J]. 三联生活周刊. 2008 年第 18 期抗震救灾专刊.

[15] 朱玉、万一、刘红灿. 新华视点：一个灾区农村中学校长的避险意识 [EB/OL]. 2008-05-24 http://news.xinhuanet.com/newscenter/2008-05/24/content_8242178.htm.

[16] 姚攀峰. 砌体－钢筋混凝土筒体结构：中国，200810303142X.

[17] 王万钊，杨秀凤，周惟等. 砖墙与混凝土剪力墙混合结构八层建筑模型抗震性能试验研究. 建筑科学，1996. 01：10-17.

5 砌体-钢筋混凝土核心筒结构抗震性能的探讨[1]

5.1 引 言

地震具有高度不确定性，很多6度、7度地震区发生了较大的地震甚至特大地震[2]，建筑结构有可能遭遇巨震烈度（高出设防大震烈度的地震烈度称之为设防巨震烈度，简称巨震烈度或者巨震，即50年设计基准期内，超越概率小于2%～3%的地震烈度）[3,5]，参见表5-1。房屋倒塌、人员伤亡主要发生在这些巨震烈度地区，房屋结构如何抗巨震是一个难题。姚攀峰（2009）[4,5]从地震逃生的安全目标出发，把房屋分为地震避难单元和非地震避难单元，对建筑结构提出了“小震，（整体结构）不坏；中震，（整体结构）可修；大震，（整体结构）不倒；巨震，（避难单元）不倒”的抗震设防目标，较好地兼顾了地震逃生目标、经济性、技术可行性等因素。对于砌体结构，尽管诸多专家学者对此进行了深入研究[6,13]，然而由于砌体结构延性差，至今尚未解决砌体在巨震烈度中易倒塌的难题。其中文［12］和文［13］对带混凝土筒大开间砖混结构灵活住宅体系进行了研究，该结构的特点是：每个单元有一个钢筋混凝土楼梯筒，分户横墙及外纵墙均采用组合砖墙砌体。这种结构存在偏心扭转的问题，易导致砌体较普通砌体结构更早地倒塌，更加不利于地震逃生。砌体-钢筋混凝土核心筒结构利用钢筋混凝土核心筒作为地震避难单元，筒体从地震逃生需要出发，对称均匀地布置，能够减少偏心扭转对结构整体的破坏，也能够有效地实现文［5］提出的抗震目标，从而实现逃生人员在巨震中的逃生目标。这种结构在力学性能和倒塌机制上不同于传统的砌体结构，有必要对其抗震性能进行深入研究，本书仅针对无圈梁构造柱并且无配筋的砌体进行探讨。

中国典型地震烈度表 表5-1

编号	地震	时间	震级	设防地震烈度	设防大震烈度	实际地震烈度（高烈度地震区）
1	邢台地震	1966	6.8，7.2	7度	8度	10度
2	海城地震	1975	7.3	6度	7度	9～11度
3	唐山地震	1976	7.9	6度	7度	11度
4	汶川地震	2008	8.0	7度	8度	9～11度

注：1966年3月8日邢台地区隆尧县发生震级6.8级地震，1966年3月22日邢台地区宁晋县发生震级7.2级地震。

本书首先对砌体结构和砌体-钢筋混凝土核心筒结构（简称砌筒结构）在7度小震、中震、大震、巨震（本书取巨震为8度大震）中的反应进行计算分析，其中巨震采用8度大震参数；然后基于砌体结构在地震中破坏实例，对砌体-钢筋混凝土核心筒结构的抗震性能进行概念分析；最后对砌体-钢筋混凝土核心筒结构的抗震性能进行初步评估。

5.2 砌体和砌筒结构抗震性能分析

5.2.1 砌体结构和砌筒结构模型参数

砌体结构和砌筒结构模型是基于北京某实际住宅工程简化后得到的，参数如下。

1）砌体结构住宅（简称模型 1）

砌体住宅的结构平面布置图见图 5-1（a），结构为 5 层，层高为 2.8m，砌体墙厚均为 240mm，楼板为钢筋混凝土现浇楼板，楼板厚度为 120mm。

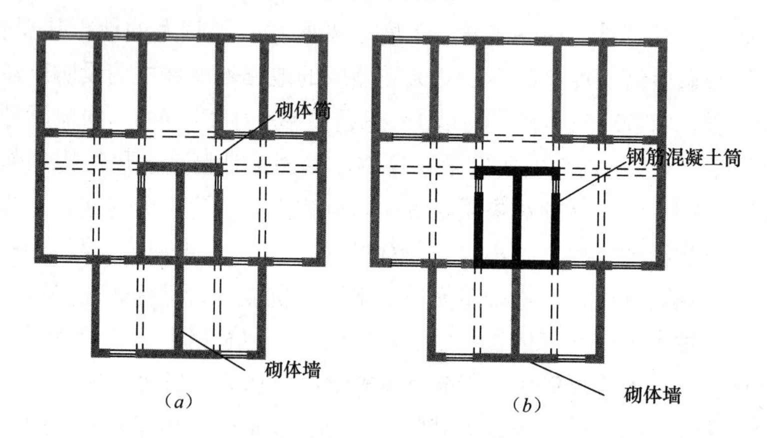

图 5-1 住宅结构平面图

(*a*) 模型 1：砌体结构平面；(*b*) 模型 2：砌-筒结构平面

砌体为烧结普通砖 MU10，砂浆 M5，梁及楼板的混凝土为 C20，楼板的钢筋为 HPB235。

1～5 层的楼面附加恒载为 3.0kN/m^2（不含楼板和梁自重），活载 2.0kN/m^2；屋面为上人屋面，附加恒载为 3.0kN/m^2，活载为 2.0kN/m^2。模型 1 的自重为 14724.6kN。

2）砌筒结构住宅（简称模型 2）

砌筒住宅的结构平面布置图见图 5-1（*b*），利用住宅内部的卫生间作为地震避难单元，避难单元面积比（即避难单元的建筑面积占整个建筑面积的比值）和层避难单元面积比（即每层避难单元的建筑面积占该层建筑面积的比值）均为 9.03%，抗震性能目标为“巨震，避难单元不倒”，采用钢筋混凝土筒体结构，墙厚 200mm，筒体墙钢筋为 ϕ12@200 双层双向配筋；砌体墙等未特殊声明的结构布置及材料均同模型 1；模型 2 的自重为 14717.3kN，与模型 1 相比，重量相差为 0.004%，可以近似认为两者重量相等。

3）抗震设防烈度及参数

结构的抗震设防烈度为 7 度，设计基本地震加速度为 0.10*g*；抗震设防巨震取 8 度大震，设计基本地震加速度为 0.20*g*；水平地震影响系数参数详见表 5-2，设计地震分组为第二组；场地类别二类场地。阻尼比为 0.05。

7 度地震水平地震影响系数表　　表 5-2

编号	地震	水平地震影响系数
1	小震	0.08
2	中震	0.224
3	大震	0.50
4	巨震（8 度大震）	0.90

4）材料本构模型和参数假定

对于砌体材料，在小震作用下，假定处于线弹性状态，$E_m=2.4\times10^3$MPa。

在中震、大震和巨震（8 度大震）作用下，假定处于弹塑性状态，本构采用 TC 模型，该模型是 Turnsek 和 Cacovic 根据实验提出的本构模型[11]，能够较好地模拟砌体非线性行为，这里采用应力应变曲线图 5-2

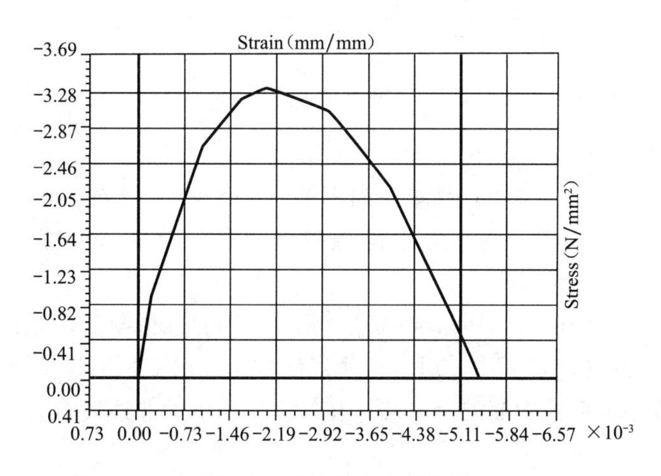

图 5-2　砌体应力应变曲线

对于钢筋混凝土中的混凝土材料，在小震作用下，假定处于线弹性状态，$E_c=2.55\times10^4$MPa。

在中震、大震和巨震（8 度）作用下，假定处于弹塑性状态，采用的混凝土应力应变曲线详见图 5-3。

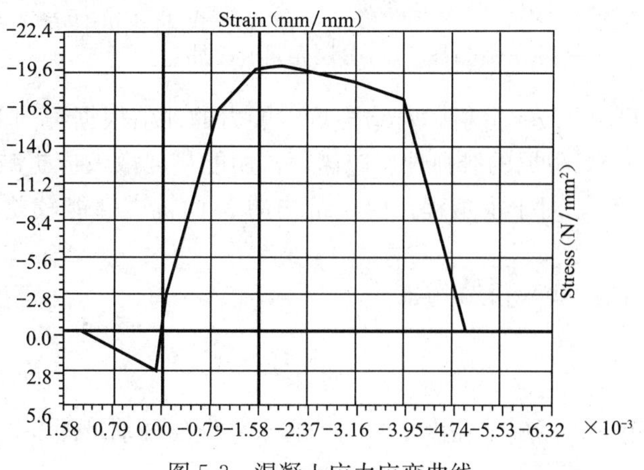

图 5-3　混凝土应力应变曲线

钢筋采用的应力应变曲线详见图 5-4。

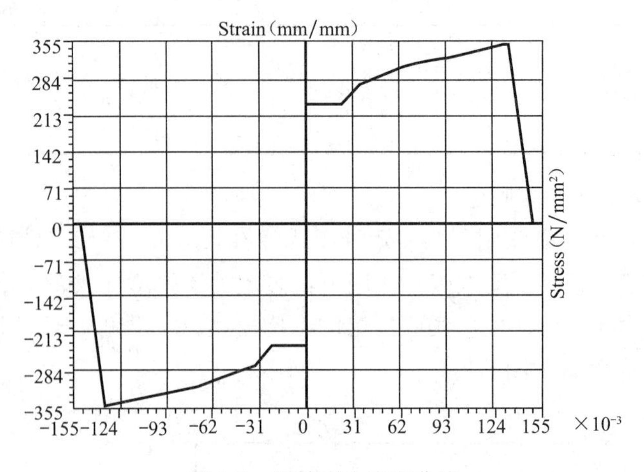

图 5-4　钢筋应力应变曲线

5）计算软件和有限元假定

在线弹性分析阶段（小震），砌体墙和钢筋混凝土墙采用壳元模型模拟，楼板采用壳元模拟。梁用线单元模拟。为了更准确地考虑地震的反应，计算方法采用反应谱法分析。

在进行静力非线性分析时（Push Over），砌体墙和钢筋混凝土墙采用分层壳单元模型模拟，参见图 5-5，在文［15］中，对这种非线性单元进行了算例与实验结果的分析对比，证明这种单元能较好地模拟钢筋混凝土墙体在地震作用下的非线性行为。

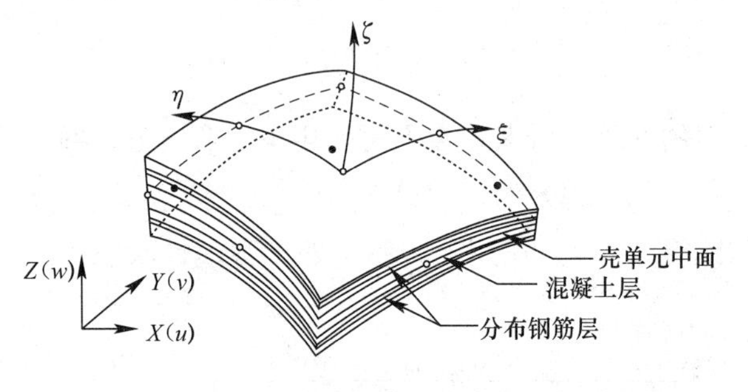

图 5-5　分层壳元示意图

计算方法采用 Push Over 分析，对结构抗震能力的评估根据美国 FEMA—440，采用“能力谱法”，先建立 5%阻尼的线弹性反应谱，再用能量耗散效应折减反应谱值，以此来计算结构的非线性位移。对于本工程，由于结构的 X 向抗震性能较差，这里仅做 X 向的 Push Over 分析。

分析软件采用 SAP2000v14.0 版本。

5.2.2　小震作用

在 7 度小震作用下，模型 1 和模型 2 的地震水平位移分别见图 5-6、图 5-7。

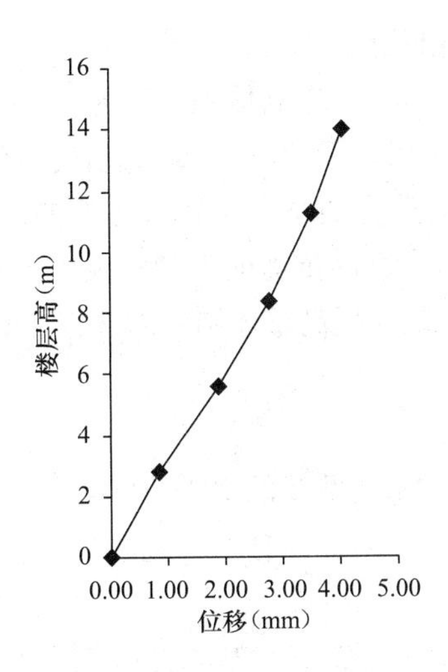

图 5-6 模型 1（砌体结构）侧向位移图

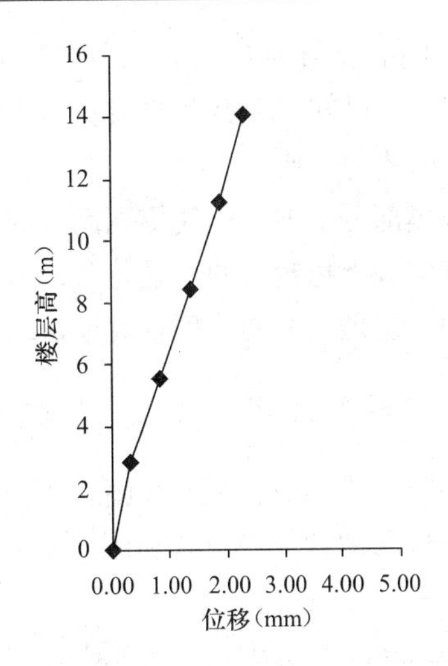

图 5-7 模型 2（砌筒结构）侧向位移图

模型 1 和模型 2 的周期、位移、基底剪力等详见表 5-3～表 5-5。

模型 1 和模型 2 的周期 **表 5-3**

编号 单位	模型	第一周期 (s)	第二周期 (s)	第三周期 (s)
1	模型 1（砌体）	0.279	0.196	0.171（rot）
2	模型 2（砌筒）	0.214	0.157	0.150（rot）

模型 1 和模型 2 的最大层间位移角和顶点位移 **表 5-4**

编号 单位	模型	3 层 X 向层间位移角	3 层 Y 向层间位移角	X 向顶点位移 (mm)	Y 向顶点位移 (mm)
1	模型 1（砌体）	1/5594	1/11890	2.02	1.03
2	模型 2（砌筒）	1/10394	1/18340	1.15	0.66

注：3 层层间位移角最大。

模型 1 和模型 2 的筒体剪力和基底剪力比 **表 5-5**

编号 单位	模型	X 向基底剪力 (kN)	Y 向基底剪力 (kN)	基底 X 向筒体剪力比	基底 Y 向筒体剪力比
1	模型 1（砌体）	896	851	29.3%	17.8%
2	模型 2（砌筒）	801	803	70.0%	58.6%

注：筒体剪力比指筒体部分承担的剪力占总剪力的比值。

从表 5-5 可知，由于高频地震的影响，模型 1 和模型 2 的基底剪力有一定差异，其中模型 2 的 X 向基底剪力为模型 1 的 89.3%，Y 向基底剪力为 94.3%，模型 2 的基底剪力略微有些减少。

从表 5-3 可知，模型 1 的第一周期为 0.279s，模型 2 的第一周期为 0.214s，模型 2 的周期减少到模型 1 周期的 76.7%。

从表 5-4 可知，模型 1 和模型 2 的最大层间位移角均小于 1/2000，说明对于砌体结构和砌筒结构可假定小震下处于弹性阶段；模型 1 的最大层间位移角为 1/5594，模型 2 的最大层间位移角为 1/10394，模型 2 的最大层间位移角是模型 1 的最大层间位移角的 53.8%。这说明，砌筒结构较砌体结构的刚度有明显的改善，抗侧移能力大大提高。从表 5-3可知，砌筒的第一周期和第二周期均为平动周期，第三周期是扭转周期，第三周期和第一周期的比值为 0.701，说明抗扭刚度满足规范相关要求。

从表 5-5 可知，模型 2 的核心筒的抗侧移刚度模型 1 的 X 向筒体剪力比为 29.3%，模型 2 的 X 向筒体剪力比为 70.0%，提高到了模型 1 的 238.9%。这说明，砌筒结构有效地减少了周边砌体部分的剪力，使得钢筋混凝土核心筒部分的剪力墙承受了较大比例的地震剪力，而周边砌体墙承担较少的地震剪力；由于钢筋混凝土剪力墙的抗剪能力和延性优于砌体墙的抗剪能力，这种内力的分配有效地延缓砌体墙的破坏，从而提高整体结构的抗震性能。

5.2.3 中震、大震、巨震（8 度大震）作用

在中震、大震、巨震（8 度大震）作用下，模型 1 和模型 2 的 X 向 Push Over 分析的基底剪力位移曲线见图 5-8 和图 5-9。

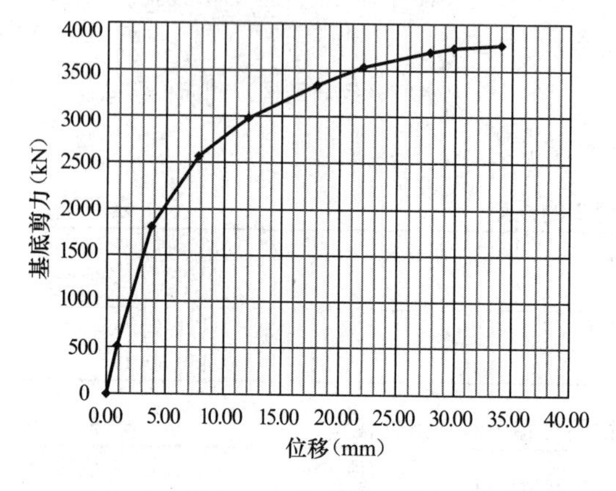

图 5-8 模型 1 的基底剪力和位移曲线

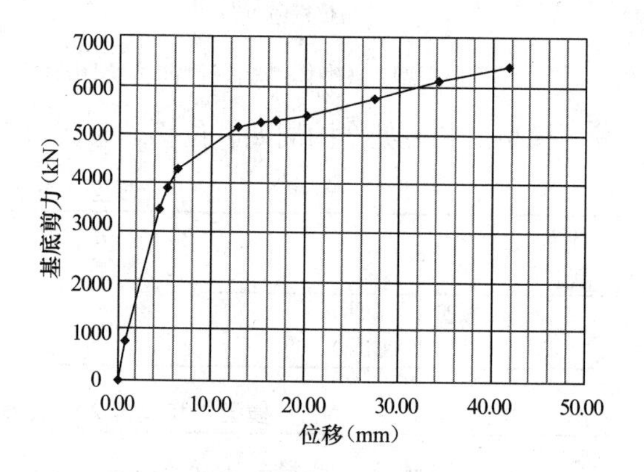

图 5-9 模型 2 的基底剪力和位移曲线

模型 1 和模型 2 的位移角和顶点位移参见表 5-6，基底剪力和筒体剪力比参见表 5-7。

模型 1 和模型 2 的位移 **表 5-6**

编号 单位	模型	1 层 X 向层间位移角	X 向顶点位移 (mm)
1	模型 1（砌体）中震	1/1199	7.89
2	模型 2（砌筒）中震	1/3487	4.74
3	模型 1（砌体）大震	1/474	21.80
4	模型 2（砌筒）大震	1/1048	8.78
5	模型 1（砌体）巨震	—	—
6	模型 2（砌筒）巨震	1/510	24.18

注：1 层层间位移角最大，“—”表示非线性分析计算不收敛。

模型 1 和模型 2 的筒体剪力和基底剪力比 **表 5-7**

编号 单位	模型	X 向基底剪力 (kN)	X 向筒体剪力比
1	模型 1（砌体）中震	2556	31.6%
2	模型 2（砌筒）中震	3671	69.92%
3	模型 1（砌体）大震	3527	33.54%
4	模型 2（砌筒）大震	4522	65.29%
5	模型 1（砌体）巨震	—	—
6	模型 2（砌筒）巨震	5608	62.30%

注：“—”表示非线性分析计算不收敛。

从表 5-6 可以看出，在大震作用下，模型 1 的 1 层 X 向层间位移角为 1/474，砌体部分已经处于严重破坏或者倒塌阶段，而模型 2 的 1 层 X 向层间位移角为 1/1048，砌体部分出现主裂缝，这说明砌筒结构可以有效地提高整体结构的抗震性能。在巨震作用下，对于模型 1，计算已经不再收敛，可粗略判断结构倒塌；模型 2 的 1 层 X 向层间位移角为 1/510,对于无约束砌体，已经处于严重破坏或者倒塌阶段，对于钢筋混凝土筒体部分，规范的大震允许变形值为 1/120，还有较大的抗倒塌变形能力。这说明砌筒结构能够实现“巨震，避难单元不倒”的性能目标，筒体部分可以作为避难单元。

从表 5-7 可以看出，在大震作用下，模型 1 的 X 向筒体剪力比为 33.54％，模型 2 的 X 向筒体剪力比为 65.79％，提高到了模型 1 的 194.7％。这说明，砌筒结构中的钢筋混凝土筒体能够有效地减少周边砌体部分的剪力，进而延缓砌体部分的倒塌。

5.3 基于震害结果的概念分析

地震是检验结构抗震性能最重要的标准，砌体中构造柱和圈梁就是通过唐山地震中的砌体结构震害总结出来的，目前已经成为砌体中的最重要的抗震构造措施之一，并推广到其他国家。5.12 汶川地震也是对目前结构抗震性能的一次重要检验，其中图 5-10 所示砌体结构的抗震破坏模式尤其值得我们重视。该房屋为绵竹市聚源中学的某教学楼，是砌体和钢筋混凝土框架混合结构，砌体部分的房屋已经整体倒塌，但是钢筋混凝土框架结构的楼梯间在巨震中没有倒塌，在其中的逃生人员得到了有效的保护。

图 5-10 房屋整体倒塌、框架楼梯间屹立（绵竹市聚源中学，9 度区）[16]

从该教学楼震害可知：(1) 在巨震作用下，局部存在不倒塌的结构单元，可以作为地震避难单元的一部分，从而实现人员的逃生目标；(2) 对于砌体和钢筋混凝土框架结构而言，由于钢筋混凝土框架部分的延性远远优于砌体部分，砌体将在巨震中成为耗能构件，优先破坏或者倒塌，有利于钢筋混凝土框架部分少耗能，从而实现“巨震，避难单元不倒”的性能目标；(3) 钢筋混凝土框架部分的填充墙遭到严重破坏或者倒塌，对在楼梯间的逃生人员可能造成一定的伤害；钢筋混凝土筒体的抗震性能远远优于钢筋混凝土框架，如果把钢筋混凝土框架更换为钢筋混凝土筒体结构，将能够有效地防止填充墙倒塌造成的生理和心理伤害，从而能够更加有效地保护其中的逃生人员；(4) 地震避难单元的范围应该不仅仅只包括楼梯间，应该根据地震逃生的需要，合理地布置地震避难房间、水平逃生通道、楼梯间等，构成一个相对独立的、完整的地震避难、逃生空间系统。

5.4 结　论

通过对砌体结构和砌体-钢筋混凝土核心筒结构的计算分析和地震震害分析，得到以下主要结论：

1. 结合地震逃生的需要，在砌体中布置钢筋混凝土筒体作为避难单元，是一种有效的巨震应对措施。

2. 砌体-钢筋混凝土核心筒结构能够较大幅度地减小层间位移角，进而有效地提高砌体结构的整体抗震性能。

3. 砌体-钢筋混凝土核心筒结构能够实现“巨震，避难单元不倒塌”的抗震性能目标，可以为地震逃生人员提供一个可靠的地震避难空间。

4. 地震避难单元是由地震避难房间、水平逃生通道、楼梯间等组成的一个相对独立的、完整的逃生空间系统。

对巨震中砌体-钢筋混凝土核心筒结构的研究刚刚开始，我们拟在今后的研究中，从各个角度对这种结构进行更深入的探讨。

致谢：陈肇元院士、周炳章教授级高工、何伟明博士、田淑明博士。

[1] 姚攀峰，石路也，陈之唏，等. 砌体-钢筋混凝土核心筒结构抗震性能的探讨 [J]. 建筑结构学报，2010，31：12-17.

[2] 徐正忠，王亚勇等. 建筑抗震设计规范（GB 50011—2001） [S]. 北京：中国建筑工业出版社 2008.

[3] 姚攀峰. 房屋结构抗巨震烈度地震的探讨及其在砌体结构中的应用（会议报告稿）[C]. 上海：第二届全国建筑结构技术交流，2009.

[4] 姚攀峰. 砌体结构抗高烈度地震的探讨 [J]. 建筑结构，增刊 2009.

[5] 姚攀峰. 砌体-钢筋混凝土筒体结构及其施工方法 [P]：中国，200810303142X，2009.

[6] 苑振芳，施楚贤等. 砌体结构设计规范（GB 50003—2001） [S]. 北京：中国建筑工业出版社，2002.

[7] 王庆霖主编. 砌体结构 [M]. 北京：地震出版社，1993.

[8] 于德湖，王焕定，张永山，配筋砌体结构抗震设计多道设防方法 [J]. 工程力学，2003. 20（4）：p. 141-146，109.

[9] 郭健等，隔震技术在砌体结构抗震加固中的应用研究 [J]. 工程抗震与加固改造，2008. 30（1）：p. 43-47，54.

[10] 王万钊，杨秀凤，周惟等. 砖墙与混凝土剪力墙混合结构八层建筑模型抗震性能试验研究 [J]. 建筑科学，1996. 01：10-17.

[11] 杨春侠等，混凝土多孔砖砌体模型房屋抗震性能试验研究 [J]. 建筑结构学报，2006. 27（3）：p. 84-92.

[12] 王绍豪方鄂华郝锐坤等，带混凝土筒大开间砖混结构灵活住宅结构设计建议 [J]. 建筑技术. 1997. 28（l0）：p715-718.

[13] 方鄂华袁怀李谦. 混凝土筒一组合墙及开洞组舍墙模型试验及承载力 [J]. 建筑技术. 1997. 28（l0）：p709-714.

[14] 施楚贤. 砌体结构理论与设计（第二版）[M]. 北京：中国建筑工业出版社，2003.

[15] 林旭川、陆新征等. 基于分层壳单元的 RC 核心筒结构有限元分析和工程应用 [J]. 土木工程学报，2009，42（3）：49-54.

[16] 肖从真. 汶川地震震害调查与思考 [J]. 建筑结构，2008. 38（7）：p. 21-24.

6 多边多腔钢管钢筋混凝土巨柱力学性能初步探讨

6.1 引 言

天津高银117项目巨型角柱地上部分最大截面面积为$45m^2$，横截面是六边菱形，是世界上第一个截面超过$30m^2$的巨柱，由柱身、节点、柱脚等组成，如何设计该柱是一个世界性难题。姚攀峰首次提出了多边多腔钢管钢筋混凝土巨柱（下简称为多腔钢管柱，2009）[1]并设计了相应的柱身、柱脚、节点，综合考虑了力学性能、节点、制作、吊装、安装、焊接、浇筑等因素，有效解决了相应的工程难题，获得了超限审查专家的高度认可，在工程中得到了实施，参见图6-1和图6-2。多边多腔钢管钢筋混凝土巨柱对天津高银117项目的安全起着决定性作用，有着特殊重要意义。钢管混凝土柱具有承载力大、耗能能力强、便于施工等优点，钟善桐等专家对钢管混凝土柱做了大量的探讨工作[2~6]，但是多边多腔钢管钢筋混凝土巨柱的力学性能如何，现在尚缺少相应的研究成果和工程实践。工程中常用纤维元模型计算其承载力，非常有必要在设计基础上对其力学性能进行更加深入的探讨。

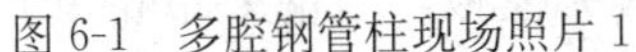
图6-1 多腔钢管柱现场照片1

图6-2 多腔钢管柱现场照片2

本章首先介绍多边多腔钢管钢筋混凝土巨柱的组成，然后利用有限元对多腔钢管柱在不同荷载状态下的性能进行分析，最后提出多边多腔钢管钢筋混凝土巨柱的力学性能特点。

6.2 多边多腔钢管钢筋混凝土巨柱简介

天津117项目中多边多腔钢管钢筋混凝土巨柱位于建筑物平面四角并贯通至结构顶部，在各区段分别与水平杆、转换桁架及巨型斜撑连接，提供结构整体巨大刚度。其平面轮廓结合建筑及结构构造连接要求，呈六边菱形，底部截面约为45m²，沿高度并配合建筑要求分多段内收，外侧平齐，顶部楼层约为5.4m²。

根据工程的实际情况，选取底部的多腔钢管柱截面进行详细的三维有限元分析。该部分多腔钢管柱由各箱体的钢板、加劲肋钢板、钢筋、内灌混凝土组成，多腔钢管柱的断面及组成如图6-3和图6-4所示。多腔钢管柱的箱体钢板和内部钢板厚度为60mm，钢筋按实际位置和实际断面积考虑。混凝土强度等级为C70，型钢为Q390GJ高强钢。

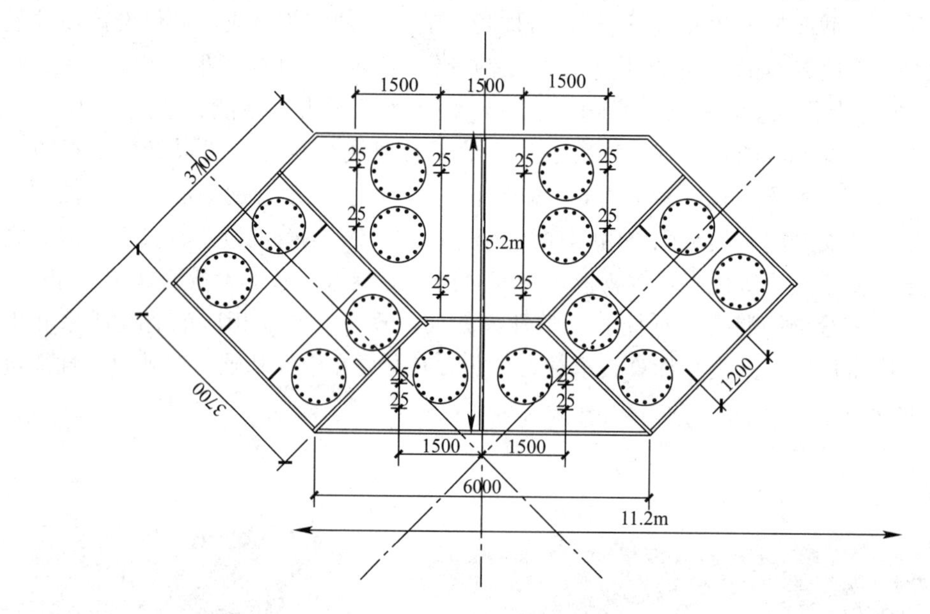

图6-3 多腔钢管柱截面示意图

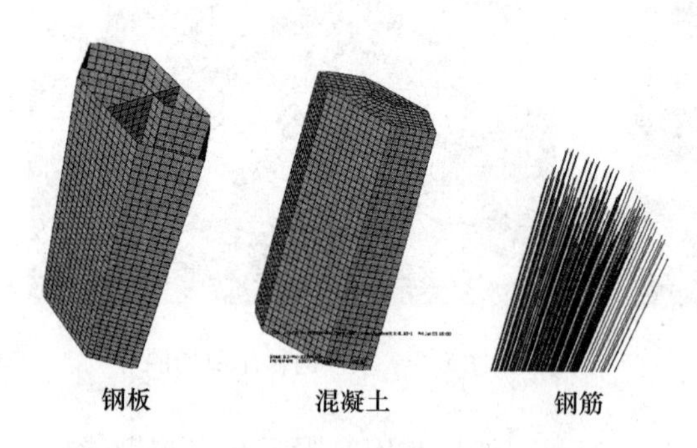

图6-4 多腔钢管柱有限元模型各组成部分图

多腔钢管柱内的钢板和混凝土接触的面满布栓钉，栓钉直径19mm，长100mm，间距500mm，节点区为贯通式节点，故假定钢板和混凝土能协同工作，暂不考虑混凝土和钢板之间的相对滑移。混凝土采用损伤模型实体单元模拟，型钢采用壳单元模拟。材料模型如下：

1）钢筋、钢材模型：采用等向强化二折线模型，材料拉压、滞回曲线如图6-5所示，采用Mises屈服准则，等向强化。

2）混凝土模型：采用弹塑性损伤模型，可考虑材料拉压强度的差异，刚度强度的退化和拉压循环的刚度恢复，参见图 6-5。

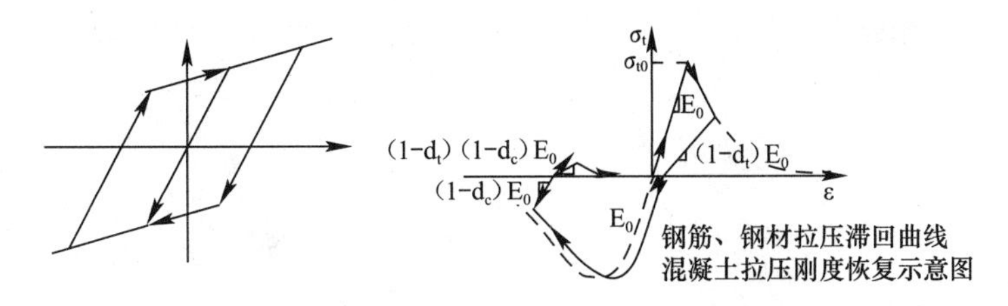

图 6-5 材料模型

荷载的加载方式采用线性比例加载的方式加载。为了考虑加载后一定的稳定阶段，考虑加载后的一定的平直线段，加载曲线参见图 6-6。

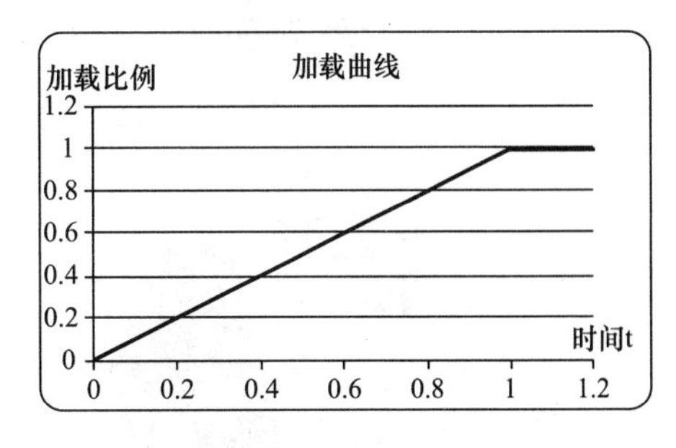

图 6-6 加载曲线示意图

底部边界条件采用约束 6 个自由度的方式，模拟柱下部约束情况，故加载端集中在多腔钢管柱顶部，采用集中荷载的方式加载。

6.3 多腔钢管柱轴向受力性能

1）受拉工况

多腔钢管柱在轴向拉力下，内部的混凝土在拉应力下逐渐开裂，丧失抗拉刚度和抗拉承载力，退出工作，其荷载转由钢板和内部钢筋承担。多腔钢管柱各个组成部分应力及应变参见图 6-7～图 6-9。

从图中可以看出，在加载过程中，随着荷载的增大，混凝土、钢材、钢筋的逐步屈服，多腔钢管柱的中性面沿 X 轴逐渐移动到钢板、钢筋布置少的一侧，受拉的时候出现一侧变形大于另一侧变形，继而由于中性轴的移动在轴向力下产生拉弯弯矩，最后多腔钢管柱受拉侧的钢板达到其极限承载力，率先破坏。受拉侧的钢板拉应力达到极限承载力的时候，其内部的钢筋尚未达到极限承载力，但钢筋的应变趋势基本同钢管的应变趋势。混凝土的角部区域，由于受钢管颈缩的影响而压溃，混凝土整个受拉退出工作。在线性加载过

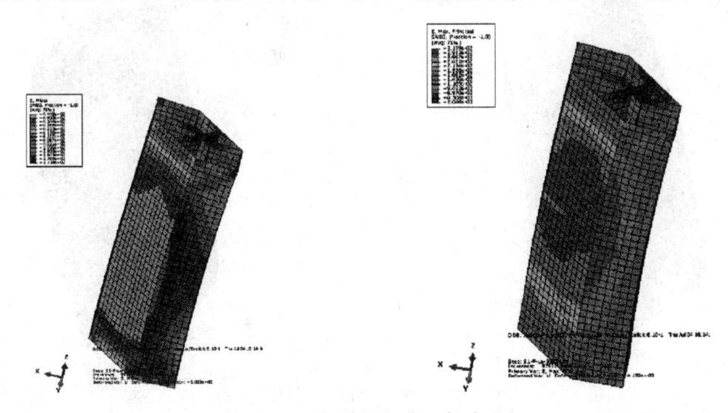

图 6-7 钢板应力-应变图

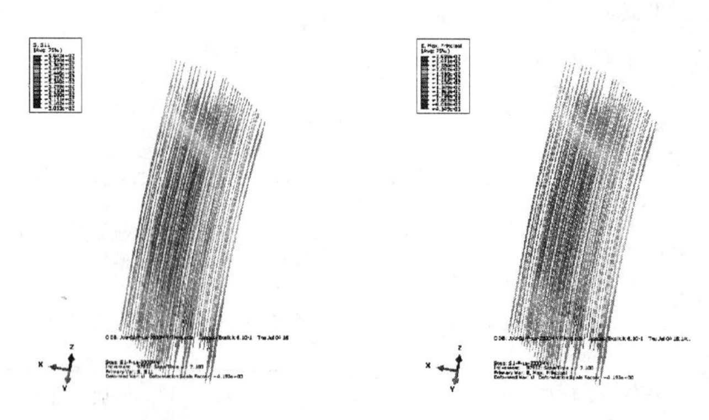

图 6-8　钢筋应力-应变图

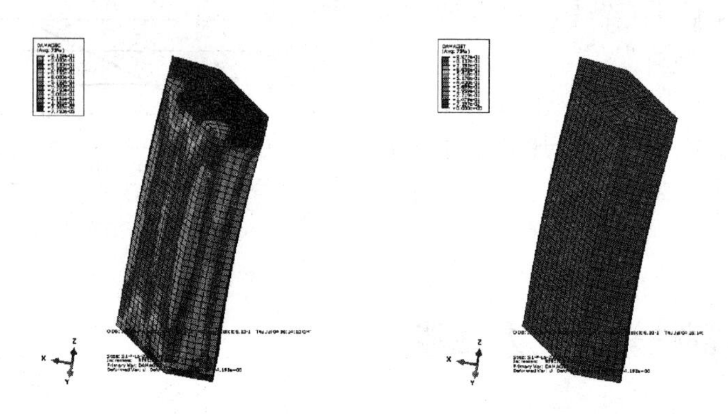

图 6-9　混凝土受压、受拉损伤

程中，当外荷载达到 1420MN 时，多腔钢管柱受拉承载力达到极限。采用纤维元模型计算的极限承载力约为 1200MN。可见考虑三维效应之后，多腔钢管柱承载能力有一定幅度提高。

2）受压工况

多腔钢管柱的外筒和内隔板的钢材一方面承担轴向的压应力，另一方面提供约束内部混凝土的环向压应力，处于复杂受力状态。多腔钢管柱各个组成部分应力及应变参见图 6-10～图 6-12。

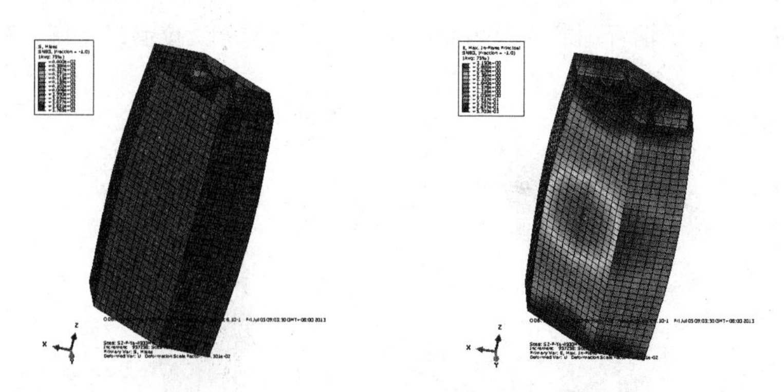

图 6-10　钢板应力-应变图

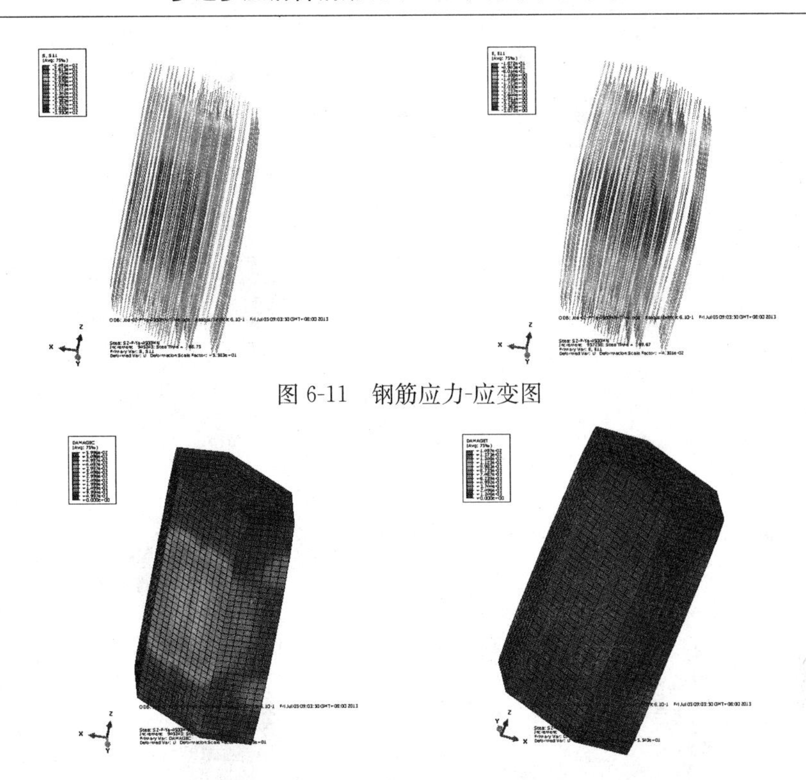

图 6-11　钢筋应力-应变图

图 6-12　混凝土受压、受拉损伤

从图中可以看出，随着不断加载，在轴向受压下，整个多腔钢管柱中部位置向外鼓出。在线性加载过程中，当外荷载达到 3375MN 时，多腔钢管柱中部的钢板外鼓，最终拉应力达到其极限抗拉强度，其内部的钢筋的应变趋势基本同钢管的应变趋势，混凝土外鼓出区域也出现压溃，但钢管壁仍有一定的延性对内部混凝土形成约束。采用纤维元模型计算的极限承载力约为 3000MN。可见考虑三维效应之后，多腔钢管柱承载能力有一定提高。

6.4　多腔钢管柱受弯性能

1）X 向受弯工况

在弯矩 M_x 的加载计算中，多腔钢管柱各个组成部分应力及应变参见图 6-13～图 6-15。

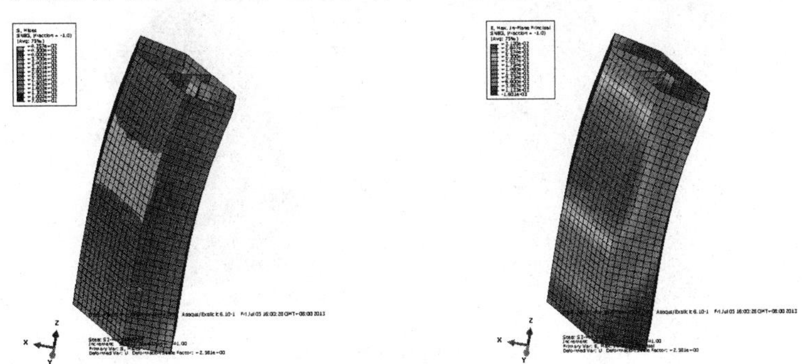

图 6-13　钢板应力-应变图

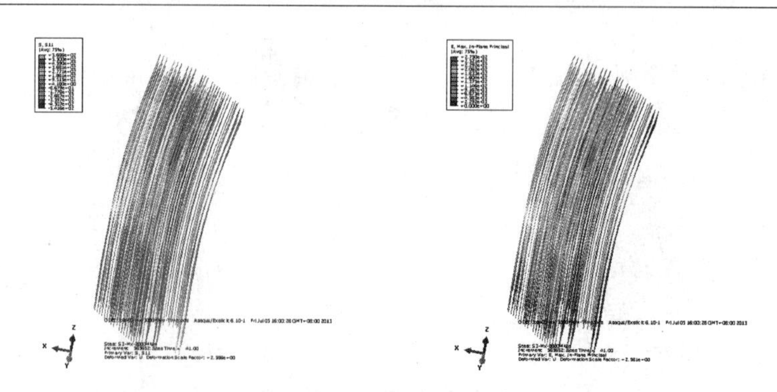

图 6-14　钢筋应力-应变图

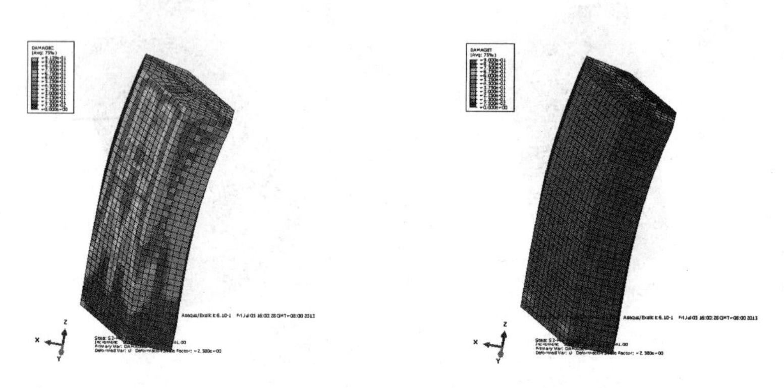

图 6-15　混凝土受压、受拉损伤图

从图中可以看出，随着 M_x 不断加载，钢管壁受拉侧有部分达到极限抗拉强度，混凝土受压区大面积压溃，钢筋单元部分超过其屈服强度，但仍在极限抗拉强度内。综合考虑钢材、钢筋和混凝土的损伤和承载力，得出多腔钢管柱最大 M_x 为 2430MN・m。采用纤维元模型计算的极限承载力约为 2100MN・m。可见考虑三维约束效应之后，多腔钢管柱承载能力有所提高。

2）Y 向受弯工况

在弯矩 M_y 的加载计算中，多腔钢管柱各个组成部分应力及应变参见图 6-16～图 6-18。

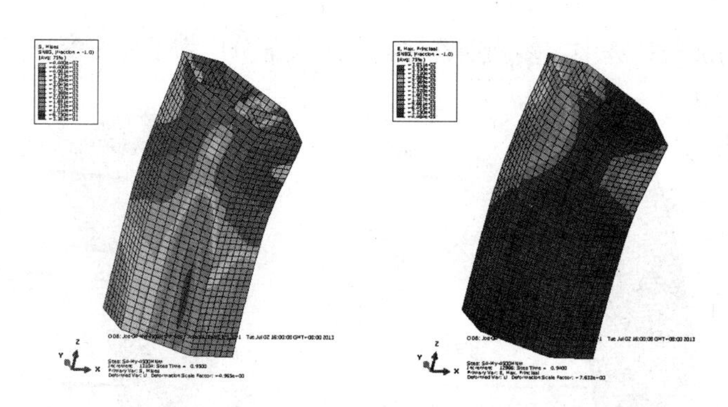

图 6-16　钢板应力-应变图

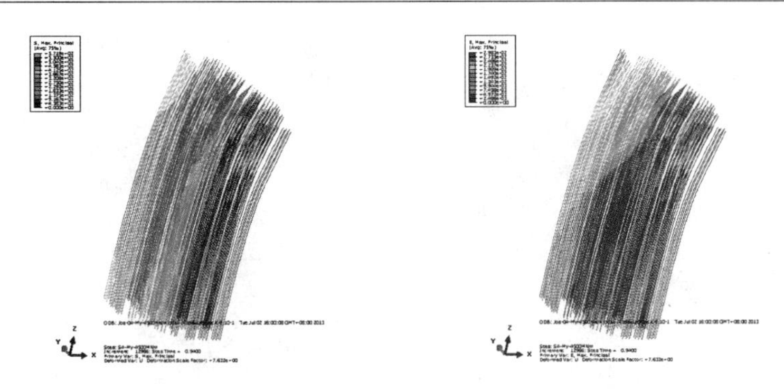

图 6-17　钢筋应力-应变图

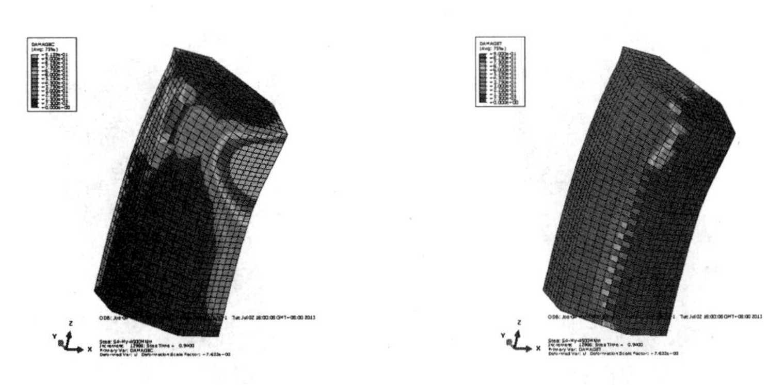

图 6-18　混凝土受压损伤-应变图

从图中可以看出，随着 M_y 不断加载，钢管壁受拉侧有部分达到极限抗拉强度，混凝土受压区大面积压溃，钢筋单元部分超过其屈服强度，但仍在极限抗拉强度内。综合考虑钢材、钢筋和混凝土的损伤和承载力，得出多腔钢管柱最大 M_y 为 4050MN・m。采用纤维元模型计算的极限承载力约为 3200MN・m。可见考虑三维约束效应之后，多腔钢管柱承载能力有较大幅度提高。

6.5　多腔钢管柱受扭性能

在扭矩的加载计算中，多腔钢管柱各个组成部分应力及应变参见图 6-19～图 6-21。

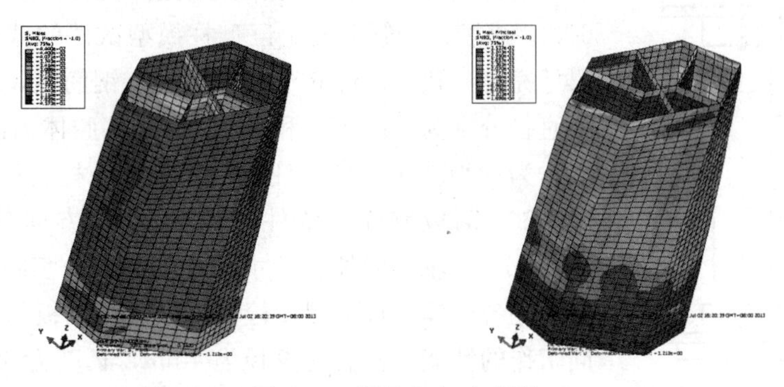

图 6-19　钢板应力-应变图

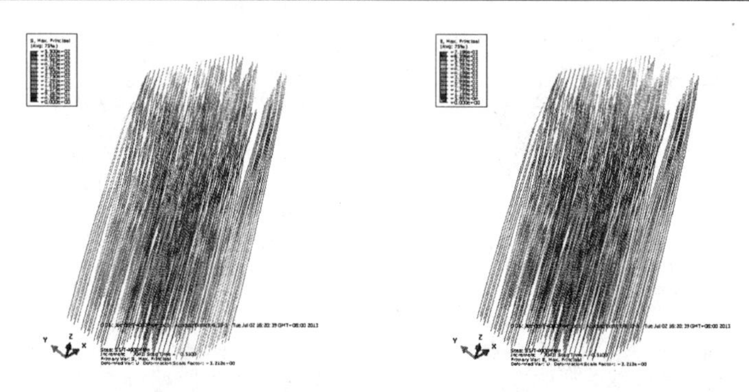

图 6-20　钢筋应力-应变图

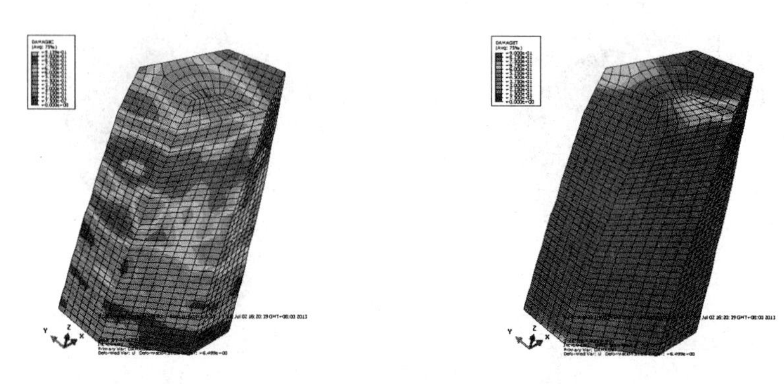

图 6-21　混凝土受压损伤-应变图

从图中可以看出，随着扭矩 T 不断加载，钢管壁有部分达到极限强度，混凝土受压区出现压溃，钢筋单元部分超过其屈服强度，但仍在极限抗拉强度内。综合考虑钢材、钢筋和混凝土的损伤和承载力，多腔钢管柱最大受扭截面承载力为 1880MN・m。纤维元模型无法计算多腔钢管柱受扭承载力。

6.6　巨柱试验[7]

巨柱在本工程中具有特殊的重要性，有必要针对巨柱进行承载力试验，由于目前设备加载方式的限制，做了巨柱轴向受压承载力试验。

试件按 1/12 缩尺，模型柱的总高度为 3000mm，参见图 6-22。多腔体钢管混凝土巨型柱模型试件的截面尺寸和钢板尺寸完全一致，试件 6 个腔体均设有钢筋笼，各钢筋笼的钢筋直径分别为 $\phi8$、$\phi10$ 和 $\phi12$。该试件腔体内灌注 C40 混凝土，为轴心受压试件。柱端的侧板、底板、顶板均用 10mm 厚 Q235 钢板制作。试件截面的 Y 轴方向外廓尺寸均为 936mm，X 轴方向外廓尺寸均为 436mm。多腔体钢管混凝土巨型柱各腔体钢板上焊接栓钉，以加强钢板与混凝土之间共同工作的性能，栓钉的直径为 4mm，长度为 30mm，栓钉间距为 60mm×60mm。

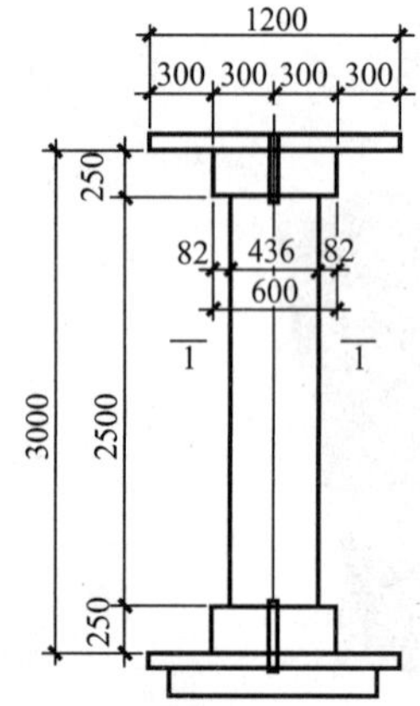

图 6-22　试件受压立面示意图

经过 11 次轴向加载卸载，荷载位移曲线参见图 6-23。

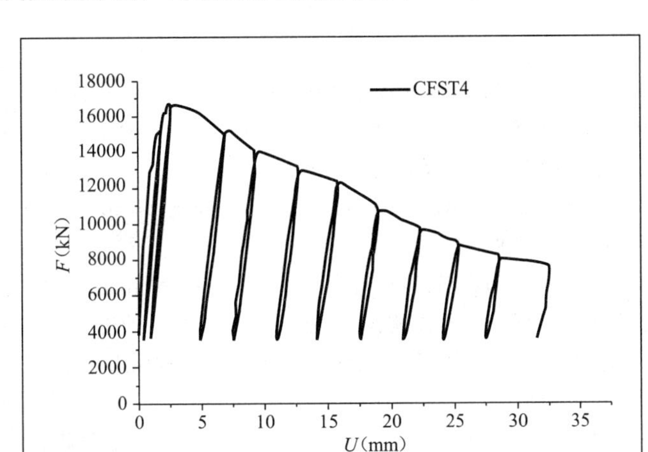

图 6-23　荷载位移曲线

从图 6-23 可知，该试件的极限荷载 F_u 为 16680kN，进而可推算出对应的多腔钢管混凝土柱截面轴心抗压承载力为 4107MN，采用纤维元模型计算的轴心受压承载力约 3000MN，采用三维约束有限元模型计算的承载力为 3375MN，试验值得到的承载力最大，纤维元模型计算的承载力最小。由此可知用纤维元模型得到的承载力是偏于安全的，可用于实际工程。

6.7　结　论

通过对多边多腔钢管钢筋混凝土巨柱的有限元分析，初步得到了不同荷载工况作用下天津 117 项目多边多腔钢管钢筋混凝土巨柱的承载能力和力学规律，有以下结论：

(1) 多边多腔钢管钢筋混凝土巨柱为巨型结构提供了一种新的有效解决方案。

(2) 较工程中常用的纤维元模型，考虑三维约束效应的有限元模型受拉、受压承载力和受弯承载力有一定提高。

(3) 对于受扭承载力，应该采用三维有限元模型进行分析。

(4) 纤维元模型的结果是偏于安全的，受压承载力可用于实际工程。

本章所研讨的多边多腔钢管钢筋混凝土巨柱由姚攀峰首次提出并在天津 117 项目进行了工程实践（也有人称之为姚氏巨柱），目前已经在中国尊项目、大连国贸项目、沈阳宝能等项目中推广实施，有以下特征：(1) 巨柱截面为多边形；(2) 巨柱为钢管柱，外包钢板被内隔钢板分为多个腔体；(3) 腔体内部有纵向钢筋和箍筋，与混凝土构成钢筋混凝土填充物；(4) 在较大荷载作用下，混凝土部分承担的力主要通过节点传递、分配。具有上述特点的巨柱具有承载力大、延性好、耗能好、易于施工、有效减少混凝土收缩和徐变的优点。该巨柱可进一步推广到多腔异形等其他类型的钢管混凝土柱，目前对该巨柱的结构破坏等研究还远远不够，需要从各个角度进行更详细深入的探讨。

张义元、樊科、殷超、Kevin LI 等同志参与了巨柱的部分具体设计工作，何伟明、徐培福、陈富生等同志对多腔钢管混凝土巨柱设计提出了宝贵意见，在此表示衷心的感谢。

[1] 奥雅纳工程顾问.《天津市高新区软件和服务外包基地综合配套区中央商务区一期项目-高银 117 大厦超限设计可行性论证》(第二版，2009 年 12 月).

[2] 钟善桐著. 钢管混凝土结构 [M]. 清华大学出版社，2003.

[3] Elremaily A，Azizinamini A. Behavior and strength of circular concrete-filled tube columns. Journal of Construction Research. 2002.

[4] 蔡绍怀 (CaiShao-huai) 著. 现代钢管混凝土结构 [M]. 人民交通出版社，2003.

[5] 韩林海，杨有福著. 现代钢管混凝土结构技术 [M]. 中国建筑工业出版社，2004.

[6] 聂建国，柏宇，李盛勇，赵洁，Yan Xiao. 钢管混凝土核心柱轴压组合性能分析 [J]. 土木工程学报. 2005 (09).

[7] 曹万林、王智慧、彭斌等. 腔内带钢筋笼多腔钢管混凝土巨型柱轴压性能试验研究 [J]. 结构工程师，2012，28 (3)：135-140.

房屋抗震篇

7 对《抗规》7.3.8条及地震避难单元的设置的探讨[1]

7.1 引 言

地震具有高度不确定性，很多6度、7度地震区发生了较大的地震甚至特大地震[2]，建筑结构有可能遭遇巨震烈度[5]（高出设防大震烈度的地震烈度称之为设防巨震烈度，简称巨震烈度或者巨震，即50年设计基准期内，超越概率小于2%～3%的地震烈度）。为了更好地防震减灾，《建筑抗震设计规范》（GB 50011—2010）[3]（以下简称抗规）针对砌体结构，根据震害情况，在7.3.8条对楼梯间提出了加强要求，作为避难逃生通道，希望能够实现大震下安全避难的目标，这是非常有必要的，然而该条文尚有以下问题值得商榷：

1）地震中，逃生人员到达楼梯间之前的安全怎么保证？

2）只加强楼梯间能否保证地震中特殊逃生人员（如老人和小孩）的安全？

3）只加强楼梯间能否减少特殊功能房间（如：放置化学物品、精密仪器等的房间）的损失？

4）只加强楼梯间的结构，能否避免非结构构件倒塌或者坠落造成逃生人员的伤害？

本章将基于巨震和地震逃生的研究成果对上述问题进行讨论，然后对不同功能砌体房屋的加强区域给出初步解决方案。

7.2 设置地震避难逃生通道的目的是什么

加强楼梯间的目的是通过加强地震避难逃生通道，使得人员在地震时能够逃生到楼梯间，保护逃生人员的生命。满足上述功能必须具备两个条件：1）人员有时间逃到该楼梯间；2）楼梯间在大震或者巨震中不倒塌。

地震逃生所需要的时间是一个高度非线性的问题，与地震的烈度等级、地震时间、逃生人员数量、安全目标、逃生距离、逃生方式、建筑功能、结构布置等有关。姚攀峰（2009）[4]对于农村单层砌体房屋的地震逃生进行了模拟试验，实验表明，当门关闭时，对于中青年组，男子组逃生的时间均值为9.328s，女子组逃生的时间均值为9.778s，老年组逃生的时间均值为14.244s。对于多层砌体住宅房屋中的居民，住宅多安装防盗门，通常处于关闭状态。当地震来临时，这些室内居民的逃生行为有以下过程：感知地震——判定是否需要逃生——室内逃生——开防盗门——走廊逃生——到楼梯间（避难通道，或安全岛）。逃生路径较文献［4］的实验路径复杂，所需要的逃生时间通常长于文献［4］实验中的逃生时间。历次地震表明，对于抗震性能差的房屋，地震P波～S波之间的时间段通常是地震逃生的黄金时段，大约有10s左右。当地震发生时，多层砌体住宅中的居民难以在10s内到达楼梯间，尤其对于60岁以上的老人、幼儿、残疾人更是难以在短时间内到达楼梯间。

目前《抗规》7.3.8条仅仅加强楼梯间，难以满足地震逃生所需要的时间要求。有必要根据地震逃生的需要在合适的部位增加布置避难间（安全岛），对于放置精密仪器等少数特殊房间，也应该进行特殊加强处理。在地震逃生中，“避难间”往往是居民真正躲避地震的空间，特殊房间的损失较大，所以对避难间和特殊房间的抗震性能要求要高于“地震避难逃生通道”。避难间（安全岛）、特殊房间、地震避难逃生通道共同构成一个完整的地震避难系统，称之为地震避难单元（或者称之为地震安全单元）。在抗震性能目标上，要求砌体结构“小震，（整体结构）不坏；中震，（整体结构）可修；大震，（整体结构）不倒；巨震，（避难单元）不倒”[5,6]，从而实现砌体结构避难单元体系的防震减灾的功能。为了避免非结构构件坠落造成逃生人员的伤害，还应该对地震避难间的建筑等相关专业从抗震角度作出更严格的要求。

图7-1和图7-2是汶川地震中的两个砌体结构破坏实例，其中图7-1是底层倒塌，图7-2是局部倒塌。这说明，破坏的砌体结构可以存在部分不倒塌的单元，地震避难单元的防震概念从结构技术上来说是可行的。

图7-1 北川县职教中心学生宿舍楼底层倒塌[7]

图7-2 局部坍塌的砌体结构（绵竹市，9度区）[8]

7.3 不同功能房屋地震避难单元的设置

对于不同功能房屋，地震避难单元的设置需要进一步研究，本文初步建议如下：

1. 多层住宅

多层砌体住宅，人员较少，住宅单元内部移动较为方便，每一住户单元中至少有一个房间作为避难间，可以选择卫生（盥洗）间、客厅、主卧等，选择卫生（盥洗）间作为避难间较符合国内的逃生习惯。

2. 多层教学楼

目前国内仍然存在相当数量的教学楼为砌体结构，对于教学楼，教室中人员众多，逃生困难，办公室人员较少，逃生较为方便，安全等级要求比较高。可以选择每一个教室均作为地震避难间。优先考虑提高整个教学楼抗震安全等级，抗震采用钢筋混凝土框架核心筒等更好的抗震体系。

3. 其他功能房屋

目前对地震逃生研究还较少，对于其他类型的房屋，如商场等，可根据下述原则确定：地震避难单元系统根据可能发生的逃生人员数量、安全目标、逃生距离、逃生方式、建筑功能、结构布置等因素综合确定，宁多勿少，目前避难间的数量可以适当多些，分布密集些，有充足的数据之后再简化避难间的数量。

7.4 结　论

基于地震逃生和巨震抗震的研究成果对《抗规》7.3.8 条进行了讨论，得到以下主要结论：

（1）对于砌体结构，加强地震逃生通道（楼梯间）是有必要的，然而《抗规》7.3.8 条加强的范围太小，孤立的避难间（安全岛）难以满足地震逃生的需要。

（2）一个完整的地震避难逃生系统才能满足地震逃生的需要，地震避难单元是由地震避难房间、水平逃生通道、楼梯间、特殊功能房间等组成的一个相对独立的、完整的地震避难逃生系统，能够满足地震逃生的需要。

（3）初步给出了住宅和教学楼的地震避难单元布置建议，并对其他不同功能的房屋给出了避难单元的设置原则。

对砌体结构中地震避难单元的研究刚刚开始，我们拟在今后的研究中，从各个角度对地震避难单元进行更深入的探讨。

[1] 姚攀峰，王立伟，石路也，等．对抗规 7.3.8 条及地震避难单元的设置的探讨［J］．建筑结构，2011，1.

[2] GB 50011—2001．建筑抗震设计规范［S］．北京：中国建筑工业出版社，2001.

[3] GB 50011—2010．建筑抗震设计规范［S］．北京：中国建筑工业出版社，2010.

[4] 姚攀峰，农村单层砌体房屋中的地震逃生方法［J］．国际地震动态，2009 年第 3 期.

[5] 姚攀峰．砌体结构抗高烈度地震的探讨．建筑结构，增刊.

[6] 姚攀峰，石路也等．砌体-钢筋混凝土核心筒结构抗震性能的探讨．建筑结构学报增刊，卷 2 2010．5.

[7] 李宏男，肖诗云，霍林生，汶川地震震害调查与启示［J］．建筑结构学报 2008 年 04 期.

[8] 孙景江等，汶川地震高烈度区城镇房屋震害简介．地震工程与工程振动，2008．28（3）：p．7-15.

8　农村单层砌体房屋中的地震逃生方法[1]

8.1　引　言

中国因地震造成死亡的人数占国内所有自然灾害总人数的54%[2]，在同样的环境下人员如何逃生决定最终伤亡情况，地震逃生有着重要意义。室内地震逃生方法主要有两种，(1)“本能外逃法”，即发现地震后，不分地震的阶段和所处环境，依靠本能立即从室内向室外出逃；(2)“伏而待定法”，即发现地震后，不立即跑出，就近躲在桌下或床下。早于1556年华县大地震后，我国秦可大已经提出了“伏而待定法”，该法是日本和我国的目前的主流地震逃生方法[3～6]。中国绝大多数农村住宅是没有采取抗震措施的单层砌体房屋，抗震性能差，在地震中易破坏甚至倒塌，生活在其中的居民如何逃生是一个难题。

本章首先引入地震逃生安全函数，建立逃生方法的判定标准；通过若干组单层砌体房屋中的地震逃生模拟试验，得到逃生时间与逃生者个体、逃生者环境的关系；进一步分析地震实际逃生案例，得到不同地震条件下逃生方法的可行性；最后提出了基于目标安全区的地震逃生方法，给出了不同条件下逃生者的地震逃生方法。

8.2　地震逃生安全函数

地震中不同的逃生者所处的环境不同，个体条件不同，逃生者的安全目标不同，所选择的逃生方法也不同。为了更加科学地确定逃生方法，本节首先对安全目标和安全区进行分类，然后定义安全函数。

1. 安全目标

在地震中，逃生者的安全目标不同，采取的逃生方法是不同的。一般而言，首先应该采取一切措施保护生命；其次是尽可能地减少人身生理上的伤害；在生命和健康能够保证的前提下，尽可能地减少心理伤害、保护财产等。安全目标可进一步划分为4个级别。

Ⅰ级安全目标：逃生者生存；

Ⅱ级安全目标：逃生者生理上未受重伤；

Ⅲ级安全目标：逃生者生理上未受轻伤；

Ⅳ级安全目标：逃生者生理上未受伤害，减少心理伤害、财产等其他损失。

在不同的环境下，安全目标是不同的，例如在抗震性能好的房屋中，逃生者可把安全目标定到Ⅳ级，在抗震性能差的房屋中，逃生者可把安全目标定到Ⅰ级、Ⅱ级或者Ⅲ级。

2. 安全区

地震灾害类型多样，地震中没有绝对安全的地方，一般说来，不受滑坡、海啸、倒塌物等威胁的室外空旷地带是最安全的区域，如操场、公园、大面积的草地、农田等；室外和抗震性能为优的房屋是较安全的区域，如现浇钢筋混凝土剪力墙住宅等。按照可能对逃生者造成的伤害程度划分，安全区可以划分为 5 个等级，详见表 8-1。通常情况下，级别较高的安全区对逃生者的伤害较小。

安全区等级表 **表 8-1**

编号	安全等级	可能实现的安全目标	特点描述	典型区域
1	Ⅰ	Ⅳ	不受滑坡、海啸、倒塌物等威胁的室外空旷地带是最安全的区域	如操场、公园、大面积的草地、农田等
2	Ⅱ	Ⅲ	房屋一般不倒塌，可能受到轻型坠物、室内家具倒塌伤害的区域	离房屋、高耸物较远的室外、抗震性能为优的房屋室内
3	Ⅲ	Ⅱ	房屋一般不倒塌，可能受到重型坠物、室内墙倒塌伤害的区域	离房屋、高耸物较近的室外、抗震性能为良的房屋室内
4	Ⅳ	Ⅰ	房屋倒塌，但是通常存在可容纳人生存的空间	砌体房屋的墙角、卫生间等
5	Ⅴ	Ⅰ	房屋倒塌，有一定可能性形成可容纳人生存的空间	砌体房屋的桌下、床下

3. 安全函数

定义式（8-1）为地震逃生的安全函数（简称安全函数）。

$$F(t)=[t_s]-t_s \tag{8-1}$$

式中：t_s 为逃生时间，逃生者按照一定的逃生方法从所在位置到目标安全区的时间；

S 为逃生者所在位置到目标安全区的距离称为逃生距离（下简称逃生距）；

$[t_s]$ 为安全时间，逃生者按照一定的逃生方法从准备逃生到无能力继续逃生的时间。

安全函数可以反映该逃生方法的可行性。

$$\text{当 } F(t)\geqslant 0 \text{ 时，}\quad \text{即}[t_s]\geqslant t_s \tag{8-2}$$

逃生者选择的逃生方法是可行的，在 $[t_s]$ 内，逃生者可以到达目标安全区。

$$F(t)<0 \text{ 时，}\quad \text{即}[t_s]<t_s \tag{8-3}$$

逃生者选择的逃生方法是不可行的，在 $[t_s]$ 内，逃生者不能到达目标安全区。

$[t_s]$ 是一个高度非线性的值，与地震、环境和逃生者个体均有关，范围可以从几秒到若干年，例如，当逃生者位于抗震性能很差的房屋中，$[t_s]$ 往往只有几秒；当逃生者位于安全等级Ⅰ级的室外，$[t_s]$ 可以年为单位计算。

目前国内农村单层砌体房屋较缺乏必要的抗震措施，抗震性能差，在地震中易破坏或者倒塌。大量的地震实践说明房屋通常在地震横波到来时破坏。为了便于讨论问题，针对农村单层砌体房屋作出以下假定：

（1）地震纵波到来时不会导致房屋倒塌，逃生者开始准备逃生；

（2）地震横波到来时房屋倒塌，逃生者无能力继续逃生。

这样对于农村单层砌体房屋可以认为 $[t_s]$ 等于地震纵波到来与地震横波到来之间的时间差，通过一系列不同条件下的逃生试验来确定 t_s，求出不同条件下安全函数的值，进而判定不同逃生方法的可行性。

8.3 地震逃生试验

完全模拟单层砌体房屋地震下的逃生试验是难以实现的，必须进行若干简化后，方可测试出在地震条件下逃生者室内到室外的逃生时间 t_s，农村单层砌体房屋特点是（1）农村单层砌体房屋抗震性能差，在地震中易破坏或者倒塌，室外有较安全的空地；室内通常为Ⅴ级或Ⅳ级安全区，室外通常为Ⅰ级或Ⅱ级安全区；（2）房屋进深小，一般情况下，逃生者到室外的逃生距 $S \leqslant 10m$；（3）室内外高差小，易于逃生；（4）农村居民人口密度低，易于逃生。针对这些特点，逃生试验设计如下：

（1）安全目标为Ⅲ级，目标安全区为室外；（2）被测试人员的逃生距为 10m，听到“地震”口令后，被测试人员从室内迅速逃到室外；（3）逃生之前，被测试人员采取坐姿；（4）房屋门分为关闭和开敞两种状态；（5）假定［t_s］等于地震纵波到来与地震横波到来之间的时间差；（6）每组被测试人员为 5 人，每人测试 5 次；（7）被测试人员分为中青年组和老年组。测试结果见表 8-2～表 8-7。

第 1 组时间测试表（中青年，男，中快跑，门敞开）　　表 8-2

被测试人员编号	t_{s1}（s）	t_{s2}（s）	t_{s3}（s）	t_{s4}（s）	t_{s5}（s）
1	7.32	7.68	7.87	8.01	8.15
2	8.01	8.13	7.98	8.32	7.95
3	8.11	8.23	8.38	8.07	8.24
4	7.88	7.32	7.99	8.01	7.83
5	7.68	7.91	8.11	7.99	7.88

注：t_{si}，第 i 次逃生时间

第 2 组时间测试表（中青年，女，中快跑，门开敞）　　表 8-3

被测试人员编号	t_{s1}（s）	t_{s2}（s）	t_{s3}（s）	t_{s4}（s）	t_{s5}（s）
1	8.23	8.24	8.11	8.78	8.69
2	8.53	8.49	8.37	8.42	8.39
3	8.18	8.01	8.23	8.17	8.11
4	8.10	8.03	8.07	8.23	8.37
5	8.42	8.17	8.39	8.49	8.69

第 3 组时间测试表（中青年，男，中快跑，门关闭）　　表 8-4

被测试人员编号	t_{s1}（s）	t_{s2}（s）	t_{s3}（s）	t_{s4}（s）	t_{s5}（s）
1	8.82	9.01	9.02	9.13	9.3
2	9.51	9.53	9.46	9.48	9.36
3	9.51	9.98	9.65	9.37	9.78
4	9.40	8.99	9.43	9.39	9.21
5	8.93	9.11	9.50	9.21	9.13

第 4 组时间测试表（中青年，女，中快跑，门关闭）　　表 8-5

被测试人员编号	t_{s1}（s）	t_{s2}（s）	t_{s3}（s）	t_{s4}（s）	t_{s5}（s）
1	10.01	9.99	10.12	10.32	10.13
2	10.01	9.99	10.12	10.32	10.13
3	9.76	9.53	9.67	9.59	9.63
4	10.03	9.53	9.49	9.28	9.40
5	9.39	9.29	9.35	10.14	10.50

第 5 组时间测试表（老年，男女混，门开敞，快步走）　　表 8-6

被测试人员编号	t_{s1}（s）	t_{s2}（s）	t_{s3}（s）	t_{s4}（s）	t_{s5}（s）
1	12.41	12.70	12.30	12.78	12.65
2	12.39	12.72	12.32	12.68	12.55
3	12.35	12.70	12.30	12.65	12.40
4	12.05	12.13	12.20	12.01	12.07
5	11.98	11.85	12.08	12.13	12.20

第 6 组时间测试表（老年，男女混，门关闭，快步走）　　表 8-7

被测试人员编号	t_{s1}（s）	t_{s2}（s）	t_{s3}（s）	t_{s4}（s）	t_{s5}（s）
1	14.50	14.80	15.00	14.78	14.50
2	14.48	14.82	14.85	14.53	14.29
3	14.55	14.75	14.80	14.38	14.08
4	13.98	14.00	14.05	13.98	13.99
5	13.05	13.12	13.58	13.55	13.70

当 $S=10\text{m}$，$[t_s]=10\text{s}$ 时，可求出各组的安全函数，以第一组为例，结果见表 8-8。

第 1 组安全函数表（中青年，男，中快跑，门敞开）　　表 8-8

被测试人员编号	F_{s1}（s）	F_{s2}（s）	F_{s3}（s）	F_{s4}（s）	F_{s5}（s）
1	2.68	2.32	2.13	1.99	1.85
2	1.99	1.87	2.02	1.68	2.05
3	1.89	1.77	1.62	1.93	1.76
4	2.12	2.68	2.01	1.99	2.17
5	2.32	2.09	1.89	2.01	2.12

注：F_{si}，第 i 次的安全函数值。

$F_{si}>0$，说明用该种逃生方法是可行的，同理可求出其他组的安全函数值，进而判断该组逃生方法的可行性。

对上述各组试验数据可求出其逃生试验的平均值和标准差，可得表 8-9、表 8-10。

试验结果统计表（门开敞）　　表 8-9

被测试组编号	$\overline{t_s}$（s）	S_{t_s}	$t_{s_i\max}$（s）	$t_{s_i\min}$（s）
第 1 组	7.962	0.2586	8.38	7.32
第 2 组	8.316	0.2137	8.78	8.01
第 5 组	12.344	0.2734	12.78	11.85

注：$\overline{t_s}$每组逃生时间的平均值，S_{t_s}为每组逃生时间的标准差，$t_{s_i\max}$该组最长逃生时间，$t_{s_i\min}$该组最短逃生时间。

从表 8-9 可知，当门开敞时，对于中青年组，女子组较男子组的$\overline{t_s}$多 0.354s，增加了 4.4%；老年组较男子中青年组的$\overline{t_s}$多 4.382s，增加了 55.0%；男女中青年组的 t_{s_i} 均小于 8.80s。

试验结果统计表（门关闭）　　表 8-10

被测试组编号	$\overline{t_s}$（s）	S_{t_s}	$t_{s_i\max}$（s）	$t_{s_i\min}$（s）
第 1 组	9.328	0.2749	9.98	8.93
第 2 组	9.778	0.3508	10.50	9.28
第 6 组	14.244	0.5420	15.00	13.05

从表 8-10 可知，当门关闭时，对于中青年组，女子组较男子组的$\overline{t_s}$多 0.45s，增加了 4.8%；老年组较男子中青年组的$\overline{t_s}$多 4.916s，增加了 52.7%；男女中青年组的 t_{s_i} 均小于 10.50s。

房屋门的开关状态对逃生时间的影响显著，对于中青年（男）组，$\overline{t_s}$增加了 1.366s，增加了 17.2%；对于中青年（女）组，$\overline{t_s}$增加了 1.462s，增加了 17.6%；对于老年组，$\overline{t_s}$增加了 1.90s，增加了 15.4%。

可以看出地震逃生方法与地震的安全目标、逃生距、地震、逃生个体的状态均有关系，尽管上述实验仍然无法直接用于确定逃生方法，但是各因素对逃生时间的影响大小是有价值的，可以初步得出以下结论：

（1）男女性别差异对 t_s 的影响不大；

（2）不同年龄段对 t_s 影响较大；

（3）房屋门的关闭状态对 t_s 影响较大；

（4）$[t_s]$ 对 F_{si}的值影响很大，它综合反映了地震和逃生者所在环境的抗震性能。

还有一些其他的因素对 t_s 有较大的影响，如逃生者的初始状态时的姿势等，由于条件限制暂时未进行相关试验。

8.4 地震逃生案例

地震灾害是不可再现的，严格的说地震逃生是无法准确模拟的，所以地震逃生案例有着重要的作用，具体逃生案例参见表 8-11。

地震逃生案例 表 8-11

逃生案例编号	地震简况	逃生简况	逃生描述
1	唐山地震 时 间：1976.7.28 在 3：42； 震级：M7.8 级； 震中：唐山市	逃生地点：唐山市区 环境：多层单层砌体房屋、工厂等人员众多 逃生方法：伏而待定法或者本能出逃法 逃生效果：约 65（60～70）万被压埋，生存约 35（30～40）万人，约 53.8%（42.8%～66.6%）的人生存	地震是凌晨发生，约 60 万～70 万人被压埋，占唐山市区总人口的 80%左右，经过自救和互救，约 30 万～40 万人生存，其中解放军救出 16400 人。地震共造成 24.2 万人死亡，16.4 万人受重伤，唐山市区终生残疾的就达 1700 多人[7]
2	汶川地震 时间：2008.5.1214：28； 震级：M8.0 级； 震中：四川汶川、北川	逃生地点：汶川县映秀镇 环境：电力公司一楼理发店 其他特点：门开敞，人员较少 逃生方法：本能出逃法 逃生效果：两人均存活	53 岁的何某某在电力公司一层的理发店修面，地面刚开始震了两下时，何某某跳出来，同时将理发师推出。楼层倒塌，理发师的命保住了[8]
3	汶川地震 时间：2008.5.1214：28； 震级：M8.0 级； 震中：四川汶川、北川	逃生地点：北川县曲山小学 环境：3 楼教室 其他特点：门开敞，人员众多 逃生方法：本能出逃法 逃生效果：80%以上的孩子存活	突然只听到脚下轰的一声，房子轻微地摇晃了一下，不到一秒钟，该老师就反应过来地震来了，立即大喝一声，“地震了，快往操场跑。”由于教学楼依山而建，三楼和后面的操场正好是平的，教室未关门，约 5～6 秒钟，班上已经有 80%的孩子冲到了操场上[9]

续表

逃生案例编号	地震简况	逃生简况	逃生描述
4	汶川地震 时间：2008.5.1214：28； 震级：M8.0级； 震中：四川汶川、北川	逃生地点：北川县北川中学 环境：2楼多媒体教室门开敞，人员众多 逃生方法：伏而待定法逃生效果：完整出来33人，比例为50.7%	有人喊一声，地震了，快趴下，就趴在桌子下面了，同学们用手机照明，发现三楼的楼板已经塌下来，压在教室的桌子上，有些没有来得及趴下的同学，已经被压在天花板和桌子中间……他们把墙壁弄出一人宽的缝隙，全班33个同学陆续爬了出去。该班65个孩子，完整出来的33个，目前已经确认死亡了8个

唐山地震发生在凌晨3：42分，人员多在睡眠状态，被压埋人员约占唐山市人口的80%。被压埋人员的生存率为53.8%左右，重伤人员为16.4万人，约占生存人员的46.8%，轻伤人员更多。从逃生案例1可知：(1) 逃生者初始状态处于睡眠时，采用“本能外逃法”成功率是较低的；(2) 经过及时的自救和互救，被压埋人员的生存概率是较大的，可实现Ⅰ级以上的安全目标；(3) 生存的压埋人员多数有重伤或轻伤。农村单层砌体房屋抗震性能差，Ⅰ级和Ⅱ级安全目标均可能造成较大的死亡和伤亡，因此不宜把目标安全区简单地确定为室内。

从逃生案例2和3可知：(1) 对地震的认识是很重要的，有助于在第一时间选择科学的逃生方法；(2) 科学逃生方法的生存率可高达80%以上；(3) 即使在震中地区、人员密集的教室、逃生者初始状态为坐姿，逃生者仍然能够在安全时间内到达室外。对于农村单层砌体房屋中的逃生者，从所在位置到室外的逃生距较小，在安全时间内是完全可能逃出的，因此，一般情况下，逃生者的安全目标应该为Ⅲ级，目标安全区为室外。

从逃生案例4可知，采用“伏而待定法”对于留在室内的人员仍然是有效的措施，可以减少死亡和重伤，在及时得到援助的前提下，“伏而待定法”生存率高于50.7%。对于农村单层砌体房屋中留在室内的逃生者，“伏而待定法”是一个重要的逃生方法。

从逃生案例1～4可知，不同的地震逃生方法适用于不同的地震、环境和个体需要。

8.5 单层砌体房屋地震逃生方法

单层砌体房屋中的地震逃生方法是高度非线性的，与地震、安全目标、环境、个体条件均有关系。对于单层砌体房屋，根据目标安全区的不同，地震逃生方法可细分为4种，详见表8-12。

单层砌体房屋地震逃生方法表 **表8-12**

编号	逃生方法名称	目标安全区	逃生行为	逃生原理	优点	缺点
M1	室内伏而待定法	室内Ⅴ级安全区	立即蹲下，低于临近的桌椅等，保护头部，身体尽可能地缩小，减少水平面积	利用较高的桌椅等承受坠物的冲击力；降低重心，减少地震水平振动的影响；减少坠物的打击面	逃生时间最短	逃生者可能实现Ⅰ级或Ⅱ级安全目标

续表

编号	逃生方法名称	目标安全区	逃生行为	逃生原理	优点	缺点
M2	室内三角区逃生法	室内Ⅳ级安全区	迅速跑到距离最近的三角区，到达后行为同“室内伏而待定法”	建筑物在墙角、卫生间处支撑构件较多，倒塌后易形成可容纳人的三角区，被坠物击中的概率较低	逃生时间较短	逃生者通常可实现Ⅰ级或Ⅱ级安全目标
M3	室外安全岛逃生法	较小面积、不受空中坠物打击的室外Ⅱ级和Ⅲ级安全区	以最快速度迅速跑到室外，然后双手保护头部，跑到距离最近的室外安全岛	从室内到室外是最危险的阶段，越快越好，到室外后，空中坠物击中是主要伤害，所以双手保护头部，快速转移到室外安全岛	逃生时间较长，在安全岛逃生者通常可实现Ⅲ级安全目标	到安全岛的过程中可能被坠物击中，可能条件限制无法实现
M4	室外安全带逃生法	室外Ⅰ级安全区	以最快速度迅速跑到室外，然后双手保护头部，跑到距离最近的室外安全带；或者在地震间隔期间，从安全岛转移到安全带	室外安全带是安全等级最高的区域，从室内到室外是最危险的阶段，越快越好，到室外后，空中坠物击中是主要伤害，所以双手保护头部	逃生时间较长，在安全带逃生者通常可实现Ⅲ级以上的安全目标	到安全带的过程中可能被坠物击中，可能条件限制无法实现，当地根本无安全带

当地震发生时，逃生者可采取以下的逃生流程：

（1）发生地震时首先应该根据自己所处环境、个体条件，选择合理的安全目标和逃生方法。

（2）以最快的速度跑到目标安全区。

（3）转移到安全等级更高的安全区。

一般地震持续时间在 3 分钟内，但是地震往往有一系列的余震，1988 年丽江地震，在 13 分钟内先后发生了里氏 7.6 级和 7.2 级强烈地震，在以后的两个多月强余震不断。所以通常 3 分钟后应立即向更安全的区域转移。

（4）判断次生灾害，选择下一步行动，及时展开自救和互救。

对于农村单层砌体房屋中的居民，逃生方法可参见表 8-13～表 8-15。

单层砌体房屋地震逃生表（儿童、少年、中青年、行动迅速老人和幼儿）　表 8-13

编号	人员性别	人员状态	距室外距离（m）	门状态	逃生方法
1	男（女）	坐姿、站姿	短、较短	开敞	M3
2	男（女）	坐姿、站姿	短、较短	关闭	M3
3	男（女）	睡眠	短、较短	开敞	M1
4	男（女）	睡眠	短、较短	关闭	M1
5	男（女）	躺姿	长、较长	开敞	M1、M2
6	男（女）	躺姿	长、较长	关闭	M1、M2

注：短通常指 5m 之内，较短通常指 5～10m，较长通常指 10m 以上，长通常指 20m 以上，下同。

单层砌体房屋地震逃生表（婴幼儿、行动迟缓老人）　　表 8-14

编号	人员	人员状态	距室外距离（m）	门状态	逃生方式
1	男（女）	坐姿、站姿	长、较长	开敞	M1、M2
2	男（女）	坐姿、站姿	长、较长	关闭	M1、M2
3	男（女）	睡眠	长、较长	开敞	M1
4	男（女）	睡眠	长、较长	关闭	M1
5	男（女）	躺姿	长、较长	开敞	M1
6	男（女）	躺姿	长、较长	关闭	M1

单层砌体房屋地震逃生表（婴幼儿、行动迟缓老人）　　表 8-15

编号	人员	人员状态	距室外距离（m）	门状态	逃生方式
1	男（女）	坐姿、站姿	短、较短	开敞	M1、M2、M3
2	男（女）	坐姿、站姿	短、较短	关闭	M1、M2、M3
3	男（女）	睡眠	短、较短	开敞	M1
4	男（女）	睡眠	短、较短	关闭	M1
5	男（女）	躺姿	短、较短	开敞	M1、M2
6	男（女）	躺姿	短、较短	关闭	M1、M2

对于农村单层砌体房屋中的居民，室外安全岛逃生法具有较高的可行性，所以逃生者宜优先选择室外安全岛逃生法，其次选择室内三角区逃生法和室内伏而待定法。

8.6 结　论

通过对农村单层砌体房屋地震逃生的研究，得出以下结论：

（1）对地震逃生提出了安全函数、安全目标、安全区等量化标准，可以判断地震逃生方法的可行性；

（2）对单层砌体房屋地震逃生进行了模拟试验，初步得到了得到了逃生时间与逃生者个体、逃生者环境的关系；

（3）对地震逃生案例进行了实证分析，得到了农村单层砌体房屋中的地震逃生各种方法的可行性；

（4）对单层砌体房屋地震逃生方法提出了以安全区为分类标准的 4 种逃生方法；

（5）提出了各种情况下农村单层砌体房屋中的地震逃生方法，逃生者宜优先选择室外安全岛逃生法，其次选择室内三角区逃生法和室内伏而待定法。

向周凯龙硕士、王明光硕士和所有参与地震逃生试验的人员致谢。

[1] 姚攀峰. 农村单层砌体房屋中的地震逃生方法 [J]. 国际地震动态，2009 (3)：37-44.
[2] 中国地震灾害防御中心. 中国是个多地震的国家 [EB/OL]. http://www.dizhen.ac.cn/uw/gateway.exe/dizhen/arcanum/aomi.html? key=@1503|19|1.
[3] 百度地震吧. 英国皇家特种部队权威教程生存手册，地震篇 [EB/OL]. http://tieba.baidu.com/

fkz=378138839.

[4] 滋賀県. 防震，从力所能及的事情做起，有备乃不畏震，发行：滋贺县国际协会志愿者团体 [EB/OL]. http://www.s-i-a.or.jp/advice/saigai/jishin-cn.html.

[5] 中国地震信息网. 地震时如何保护自己 [EB/OL]. http://www.csi.ac.cn/manage/html/4028861611c5c2ba0111c5c558b00001/_content/08_07/04/1215141451141.html.

[6] 任欢迎，王天星，张雷等. 地震安全手册 [M]. 北京：地震出版社，2008.

[7] 韩渭宾，陈维锋. 唐山地震有关紧急救援的启示 [J]. 四川地震，2008，01.

[8] 吴琪、李翊、蔡小川. “孤城”映秀的 72 小时 [J]. 三联生活周刊. 2008 年第 18 期抗震救灾专刊.

[9] 新华网. 新华视点：汶川大地震获救者回首惊魂那一刻 [EB/OL]. 2008-05-18 http://news.xinhuanet.com/newscenter/2008-05/18/content_8198390.htm.

9 地震逃生方法的探讨[1]

地震灾害是复杂的，地震逃生又涉及逃生人员这一个要素，所以地震逃生是一个非常复杂的问题，迄今为止地震逃生方法尚缺乏系统化，本文在以前的研究基础上提出了地震综合逃生法，并介绍了综合逃生法的 4 要素。

9.1 地震逃生方法简介

地震逃生是非常不成熟的，目前比较流行的有以下逃生方法。

9.1.1 伏而待定法

1556 年华县大地震后秦可大在《地震记》中总结的经验："卒然闻变，不可疾出，伏而待定，纵有覆巢，可冀完卵"。一些专业抗震的书籍和网站上采用了类似的观点，如国家地震局官方网站介绍的地震逃生方法：蹲下，寻找掩护，抓牢——利用写字台、桌子或者长凳下的空间，或者身子紧贴内部承重墙作为掩护，然后双手抓牢固定物体等[2]。

9.1.2 生命三角法

美国道格拉斯针对伏而待定法提出了不同见解，他认为：

1. 当建筑物倒塌时，几乎每个只是简单地"躲进掩蔽物下面寻求掩护"的人都被压死了。那些躲藏到一些物体，如桌子或汽车下面的人被挤压变形。

2. 你可以在一个很小的空间里存身。靠近一个沙发，或体积较大的物件，这样当它们受到轻微挤压时，仍会在它旁边的地方留下一个空间——"生命三角区"。

3. 在地震中，木质建筑物作掩体最安全。木头有弹性，可以随地震一起移动。如果木质建筑物倒塌，也会留出很大的生存空间。而且，木质材料密度和重量都比较小。

9.1.3 其他逃生建议

也有一些其他的逃生建议，例如：

地震来了，不要跑到楼梯间；地震来了，不能往外跑，高空坠物可能击伤人……

9.2 逃生思路

$$F(t)=[t_s]-t_s \tag{9-1}$$

式（9-1）是地震逃生安全函数，可以判断地震逃生方法的可行性，只有当 $F(t)\geqslant 0$

时，相应的地震逃生方法才是有效的。逃生的基本思路就是：(1) 增加地震逃生安全时间 $[t_s]$，(2) 减少地震逃生时间 t_s；从而使得满足式 (9-1) 的要求，实现较高的地震逃生成功率。

第一种方式是增加地震逃生安全时间，由于目前人类还无法简单地人工控制地震，提高地震逃生安全时间的范围是非常有限的。

第二种方式就是减少地震逃生时间 t_s，这主要通过提高环境安全等级或者人员逃生技能，可以通过培训等方式来实现，是目前提高地震逃生成功率的重点。例如，可以整体提高中小学校的抗震安全等级，使得房屋在地震中不发生倒塌，从而缩短地震逃生距离，有效地提高地震逃生成功率。

根据公式 (9-2)，减少地震逃生时间有两种思路，(1) 提高等效逃生速度，主要是通过提高逃生效率来实现；(2) 缩短地震逃生距离。

$$t_s = \frac{S}{V_e} \tag{9-2}$$

9.3 提高逃生效率

提高逃生效率是缩短地震逃生时间主要方式，有以下 3 种措施：(1) 提高地震短临预报的精度，提前给震区人员警报，及早采取人员疏散、转移等措施；(2) 对地震监测，监测到地震之后，立即进行预警，采取逃生措施；(3) 进行地震逃生培训；参见图 9-1。

对于中国逃生人员，地震短临预报、地震预警这两种技术目前是无效的，通过地震逃生培训，掌握科学的地震逃生知识有一定效果，能够有效地减少地震逃生人员的心理伤害。但是上述 3 种技术措施对提高地震逃生成功率的效果都是有限的，而且很难减少财产损失。

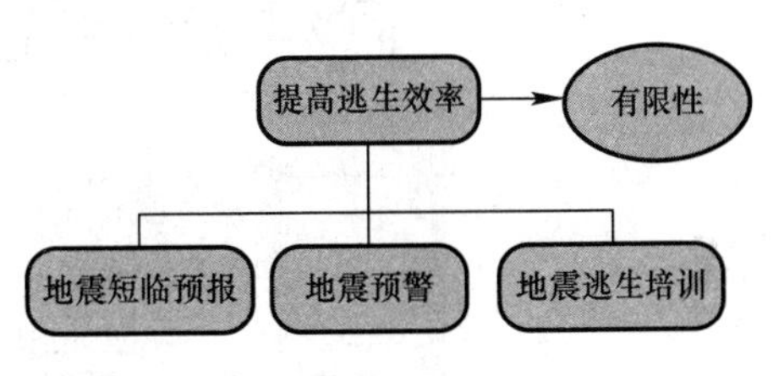

图 9-1 提高地震逃生效率的措施

9.4 缩短逃生距离

缩短逃生距离是缩短地震逃生时间的另外一种思路，可以采取避难单元法。从地震逃生角度出发，姚攀峰等把房屋分为地震避难单元和非地震避难单元。地震避难单元和非地震避难单元均需要满足“小震不坏，中震可修，大震不倒”的性能目标，对于设防巨震，地震避难单元需要满足“巨震，(避难单元) 不倒”性能目标，允许非地震避难单元的结构构件和非结构构件在巨震中破坏或者局部倒塌，不允许地震避难单元的结构构件在设防巨震中倒塌或者局部倒塌，不允许地震避难单元内部发生非结构构件倒塌或者火灾等次生性破坏。地震来临时，逃生人员可转移到地震避难单元，从而减少人员伤亡和财产损失，参见图 9-2～图 9-4。

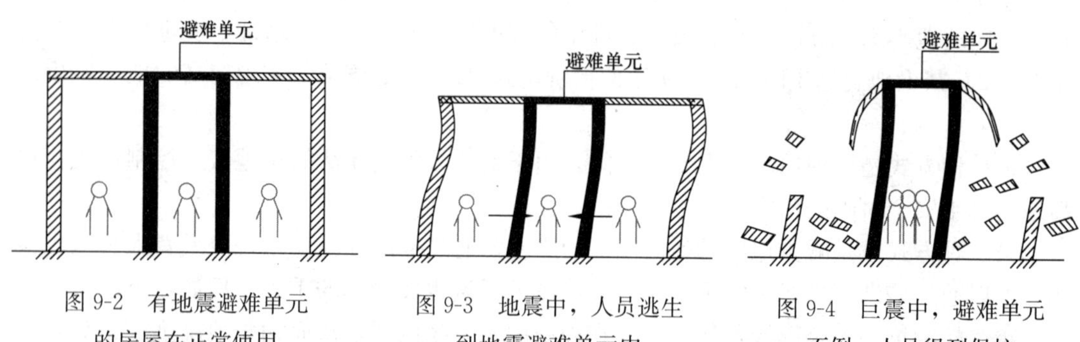

图 9-2　有地震避难单元的房屋在正常使用

图 9-3　地震中，人员逃生到地震避难单元中

图 9-4　巨震中，避难单元不倒，人员得到保护

一般情况下，避难单元的面积可小于建筑物的面积，当有特殊需要时，可取避难单元的面积等同建筑物全部面积，如核电站等甲类建筑物。从某种角度来看，整体提高的甲类建筑物是避难单元的一个特例，采用隔震技术的部分抗震建筑物也可以视为避难单元的一个特例。

避难单元法可以应用到砌体房屋、框架房屋、框架剪力墙房屋等各种结构形式。地震避难单元根据可能发生的逃生人员数量、安全目标、逃生距离、逃生方式、建筑功能、结构布置等因素综合确定，例如，砌体住宅中可把卫生间（或客厅）和楼梯间设计为地震避难单元。参见图 9-5。

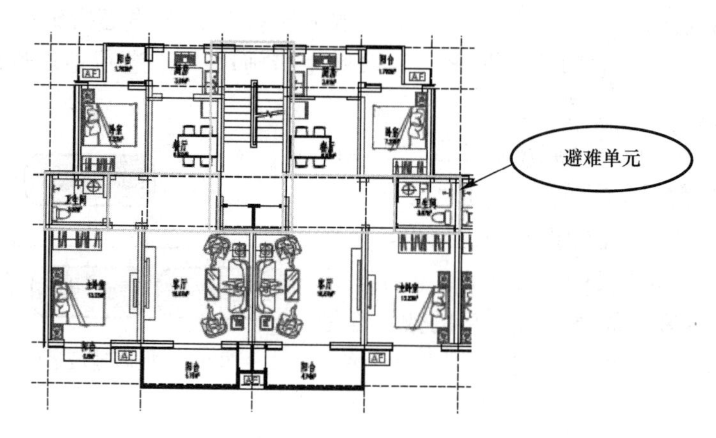

图 9-5　避难单元法在砌体住宅中的应用

对于教学楼，教室中人员众多，逃生困难，办公室人员较少，逃生较为方便，安全等级要求比较高，可以选择每一个教室均作为地震避难间。

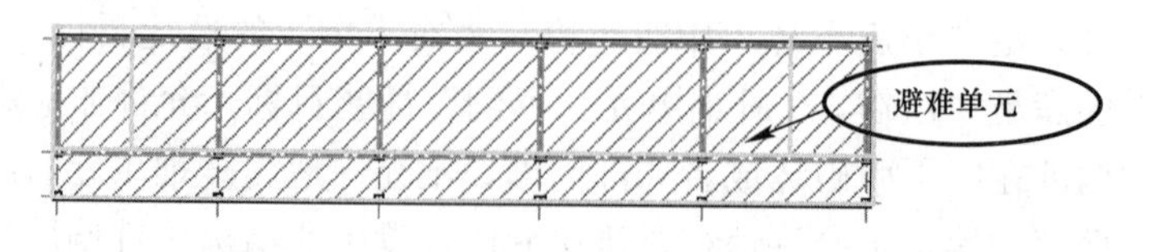

图 9-6　避难单元法在砌体教室中的应用

综上所述，对于中国逃生人员，避难单元法是相当有效地提高逃生成功率的方法，而且能够减少一定的财产损失。

9.5 综合逃生法

从上述分析可以看出，科学的地震逃生方法是提高地震逃生成功率的重要措施之一，是有必要进行探讨和研究的。

地震逃生是一个非常复杂的问题，任何一种逃生方法均有成功的概率，任何一种逃生方法也有失败的概率。我国邢台地震、通海地震、唐山地震的人员伤亡率分别为14%、13%、18.4%，这说明仅仅依靠本能逃生方式，人员的生存概率可高达80%～85%。

根据具体的环境、地震和逃生人员状况，综合考虑各方面因素，确定具体的逃生安全目标区，选择合适的逃生路径和逃生行为，采用正确的逃生流程，得到成功概率比较高的地震逃生方法，称之为综合逃生法（the escape method based on the total cases ，EMBTC法）。综合逃生法的4要素是目标安全区、逃生路径、逃生流程、逃生行为。

综合逃生法有以下基本理念：

1. 综合逃生法的重心是震前准备。

综合地震逃生法的指导原则是通过地震逃生培训和缩短地震逃生距离来提高地震逃生成功率，实现它的关键在于震前做好准备工作。

2. 综合逃生法是具体的。

具体的环境、地震、逃生人员决定了具体的灾害和逃生安全目标，所以针对不同的情况，人员需要采取不同的地震逃生方法和措施。

3. 综合逃生法不是唯一的。

综合逃生法只给出建议方法，该方法只是成功概率相对较高的逃生方法，不是唯一的逃生方法。

[1] 姚攀峰. 科学地震逃生 [M]. 北京：中国建筑工业出版社，2012.

[2] 地震安全手册（一）——地震安全逃生手册，地震出版社，中国地震局官方网站 http://www.cea.gov.cn/manage/html/8a8587881632fa5c0116674a018300cf/_content/08_06/17/1213687936842.html.

10 房屋结构抗巨震的探讨、应用及实现[1]

10.1 引 言

目前，房屋结构抗震以三个水准为抗震设防目标，即“小震不坏，中震可修，大震不倒”。各类建筑根据功能的需要，又分为甲、乙、丙、丁四类建筑，抗震设防目标在一定程度上提高或降低，通过提高结构的整体抗震性能来实现“大震不倒”的性能目标。然而近数十年来很多6度、7度地震区发生了较大的地震甚至特大地震，部分地区的地震烈度超过预估的大震烈度[2]，可称之巨震烈度[3~6]。房屋倒塌、人员伤亡主要发生在巨震烈度区。如何在社会条件允许的前提下实现房屋在巨震烈度的抗震性能是一个难题，诸多专家学者对此进行了探讨[7~10]。姚攀峰基于地震逃生的需要针对巨震烈度首次提出了“巨震，(避难单元) 不倒”[3~5,11,12]的抗震理念，从地震逃生的安全目标出发，把房屋分为地震避难单元和非地震避难单元，对地震避难单元提出了更高的抗震性能目标，较好地兼顾了地震逃生目标、经济性、技术可行性等因素。在工程实践中如何应用并实现“巨震，(避难单元) 不倒”是一个重要且有现实意义的问题。

本文首先对地震中不同类型的房屋结构震害进行分析，阐述地震避难单元的抗震概念和设置原则，最后提出“巨震，(避难单元) 不倒”的实现方法。

10.2 震害分析

图10-1～图10-4分别是砌体结构、木结构、钢筋混凝土结构、钢结构的房屋在地震中的破坏实例。图10-5和图10-6是地震中非结构物的破坏实例。

图10-1 局部坍塌的砌体结构（汉旺镇，10度区）

图10-2 木结构房屋破坏（阪神地震，1995）

图 10-3 汶川地震中某框架结构垮塌

图 10-4 21 层的钢框架办公楼倒塌（墨西哥地震，1985）

图 10-5 非结构构件破坏 1

图 10-6 非结构构件破坏 2

从图 10-1～图 10-4 的震害实例可知，当房屋结构遭遇到的实际烈度超过设防大震烈度时，达到巨震烈度时，砌体结构、混凝土结构、钢结构、木结构均可能出现严重破坏，甚至局部或全部倒塌。随着烈度的增加，破坏的严重程度增加。即使满足现行规范设防要求，结构仍然不能确保在巨震中“不倒”的性能目标。当房屋结构位于断层之上，局部倒塌或者整体倒塌是很难避免的。图 10-5 和图 10-6 的震害案例则说明地震中非结构构件可能倒塌或者破坏，从而造成人员伤亡或者心理伤害。上述震害实例表明，对于各种结构形式，为了减少地震中结构构件和非结构构件对人员的伤害和财产的损失，均有必要设置地震避难单元。

10.3 巨震设防概念及设置原则

图 10-7 所示是绵竹市聚源中学的一教学楼，设防地震烈度为 7 度，实际地震烈度高达 10～11 度，达到了巨震烈度，房屋已经整体倒塌，但是钢筋混凝土框架结构的楼梯间没有倒塌，在其中的逃生人员得到了有效的保护。从该教学楼震害可知：1）在巨震作用下，局部存在不倒塌的结构单元，可以作为地震避难单元的一部分，从而实现人员的逃生目标；2）钢筋混凝土框架部分的填充墙遭到严重破坏或者倒塌，对在楼梯间的逃生人员可能造成一定的伤害，应该对避难单元的非结构构件提出相应的抗震性能要求，防止填充墙倒塌等造成逃生人员生理和心理伤害，从而更加有效地保护其中的逃生人员；3）地震避难单元的范围应该不仅仅只包括楼梯间，应该根据地震逃生的需要，合理地布置地震避难房间、水平逃生通道、楼梯间等，构成一个相对独立的、完整的地震避难、逃生空间系统。

图 10-7 都江堰聚源中学教学楼两翼砌体结构倒塌仅留中部钢筋混凝土结构楼梯[13]

从抗震减灾角度出发，可把房屋分为地震避难单元和非地震避难单元。地震避难单元和非地震避难单元均需要满足“小震不坏，中震可修，大震不倒”的性能目标，对于设防巨震，地震避难单元需要满足“巨震，（避难单元）不倒”性能目标，允许非地震避难单元的结构构件和非结构构件在巨震中破坏或者局部倒塌，不允许地震避难单元的结构构件在设防巨震中倒塌或者局部倒塌，不允许地震避难单元内部发生非结构构件倒塌或者火灾等次生性破坏。地震来临时，逃生人员可转移到地震避难单元，从而减少人员伤亡和财产损失，参见图 10-8～图 10-10。

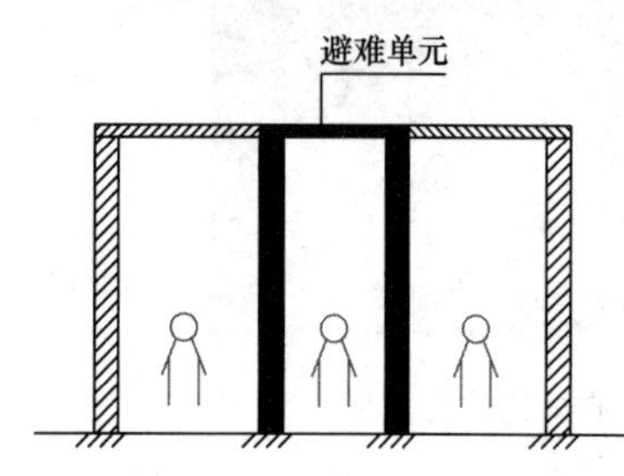

图 10-8 有地震避难单元的房屋在正常使用

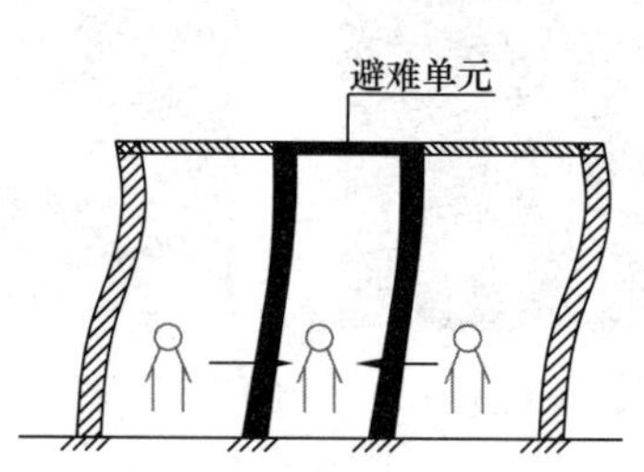

图 10-9 地震中，人员逃生到地震避难单元中

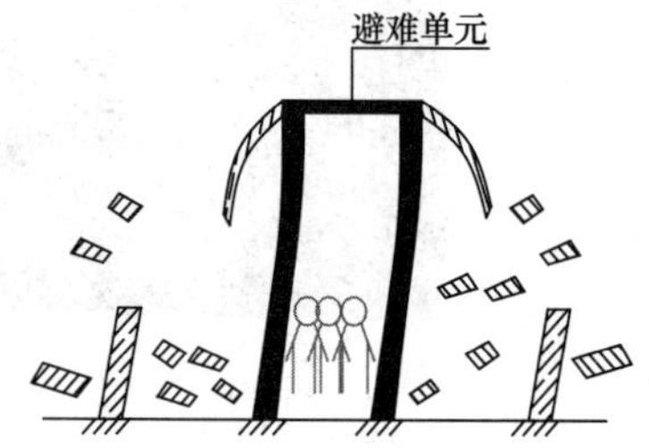

图 10-10 巨震中，避难单元不倒，人员得到保护

地震避难单元通过只增加少数重要单元的抗震能力，从而实现对人员和财产的保护，增加成本较少，对于量大面广的中低烈度区房屋实现高烈度的抗震设防目标在经济上具有可行性。

“巨震，（避难单元）不倒”的抗震原则可以应用到砌体房屋、框架房屋、框架剪力墙房屋等各种结构形式。地震避难单元应该根据可能发生的逃生人员数量、安全目标、逃生距离、逃生方式、建筑功能、结构布置等因素综合确定，例如，砌体住宅中可把卫生间（或客厅）和楼梯间设计为地震避难单元。地震避难单元不仅仅是结构专业抗震，更是在安全目标下各专业的协同工作，对于确定的地震避难空间区域，建筑专业需要采用抗震性能较好的轻钢龙骨隔墙，避免可能造成的砸伤等伤害，设备等专业也要采用相应的措施避免次生灾害。对于房屋结构，在建筑专业确定地震避难空间的设置范围之后，结构专业需要根据房屋抗震分析需要，选择合适的子结构系统（简称地震避难单元子结构），采取合适的结构措施确保该子系统在巨震中不倒塌，从而实现建筑专业对避难空间的要求，该子结构所包络的空间可以大于建筑专业确定的地震逃生单元空间，地震避难单元子结构所包围的空间可用 α_{rus}（地震避难单元子结构面积比❶）和 β_{rus}（地震避难单元子结构层面积比❷）来衡量，$0 \leqslant \alpha_{rus} \leqslant 1$，$0 \leqslant \beta_{rus} \leqslant 1$。当 $\alpha_{rus}=0$ 时，即未设置地震避难单元子结构，目

❶ 地震避难单元子结构避难单元面积比：地震避难单元子结构包围空间的建筑面积占整个建筑面积的比值。

❷ 地震避难单元子结构层避难单元面积：地震避难单元子结构包围空间的每层避难单元的建筑面积占该层建筑面积的比值。

前设计的多数建筑物即属此类建筑；当 $\alpha_{rus}=1$ 且 $\beta_{rus}=1$ 时，即地震避难单元子结构包括了整个结构，需根据具体需要采用更高要求的抗震性能目标，目前抗震规范的甲类建筑抗震设防要求即是其中的一种特例，超高层建筑或者其他特殊建筑也可参照此标准。

10.4 “巨震，（避难单元）不倒”的实现

实现“巨震，（避难单元）不倒”的关键在于增强地震避难单元子结构的抗震能力，使其相应的构件在巨震中仍然有一定的承载能力，并且不宜发生过大的变形，从而避免地震避难单元子结构的倒塌。

对于设置地震避难单元的房屋结构，其抗震性能目标可参看表 10-1 结构抗震设防目标。现有规范的抗震性能目标是“小震不坏，中震可修，大震不倒”，从表 10-1 结构抗震设防目标可以看出，设置地震避难单元的房屋结构，不但满足上述抗震规范对房屋结构抗震性能的要求，而且提出了“巨震，（避难单元）不倒”性能目标，高于现行规范的抗震性能要求，抗震效果更好。

结构抗震设防目标　　**表 10-1**

编号	结构单元	设防小震	设防中震	设防大震	设防巨震
1	整体结构	不坏	可修	不倒	—
2	非地震避难单元子结构	不坏	可修	不倒	—
3	地震避难单元子结构	不坏	可修	不倒或可修	不倒或根据安全目标确定

注：设防大震，高出设防烈度 1 度；设防巨震，高出设防大震烈度的设防地震，实际工程中宜明确指定具体工程的设防巨震烈度；“—”表示未作抗震性能目标要求。

对于设置避难单元的房屋结构，可通过对整体结构和地震避难单元子结构进行小震等不同阶段的抗震验算，从而实现表 10-1 结构抗震设防目标中“小震、中震、大震、巨震”4 个水准的抗震要求（可简称为“4 水准、多阶段”抗震方法）。

设防小震，宜对整体结构进行线弹性分析，见式（10-1）和式（10-2）：

$$R_{w1}/\gamma_{RE} \geqslant S_{w1} \tag{10-1}$$

$$R_{s1}/\gamma_{RE} \geqslant \gamma_s S_{s1} \tag{10-2}$$

式中：R_{w1} 为小震时构件的承载力设计值；

S_{w1} 为小震时构件的地震作用荷载及其他荷载效应的组合值；

R_{s1} 为地震避难单元子结构构件的承载力设计值；

S_{s1} 为小震时地震避难单元子结构构件的地震作用荷载及其他荷载效应的组合值；

γ_{RE} 为承载力调整系数；

γ_s 为地震避难单元子结构荷载效应调整系数，$\gamma_s \geqslant 1.0$。

设防大震，宜对整体结构进行弹塑性变形验算，同时对地震避难单元子结构的构件进行承载力验算，见式（10-3）和式（10-4）。

$$\Delta u_{p3} \leqslant [\theta_p] h \tag{10-3}$$

$$R_{s3} \geqslant S_{s3} \tag{10-4}$$

式中：$[\theta_p]$ 为弹塑性层间位移角限值；

h 为薄弱层楼层高度；

Δu_{p3}为大震时整体结构的弹塑性层间位移；

R_{s3}为大震时地震避难单元子结构构件的承载力特征值（设计值或者标准值）；S_{s3}为小震时地震避难单元子结构构件的地震作用荷载及其他荷载效应的特征值（设计值或者标准值）。

设防巨震，首先根据具体需要确定设防巨震烈度和各种参数，宜对地震避难单元子结构进行弹塑性变形验算，同时对地震避难单元子结构进行承载力验算，见式（10-5）和式（10-6）。

$$\Delta u_{ps4} \leqslant [\theta_{ps}]h_s \tag{10-5}$$

$$R_{s4} \geqslant S_{s4} \tag{10-6}$$

式中：$[\theta_{ps}]$ 为地震避难单元子结构的弹塑性层间位移角限值；

h_s为地震避难单元子结构的薄弱层楼层高度；

Δu_{ps4}为在巨震时，考虑其他子结构对地震避难单元子结构作用下的弹塑性层间位移；

R_{s4}为巨震时地震避难单元子结构构件的承载力特征值（设计值、标准值或者极限值）；

S_{s4}为巨震时考虑其他子结构对地震避难单元子结构作用下的地震避难单元子结构构件的地震作用荷载及其他荷载效应的特征值（设计值、标准值、极限值）。

在需要的时候，也可对整体结构和地震避难单元子结构进行中震验算。

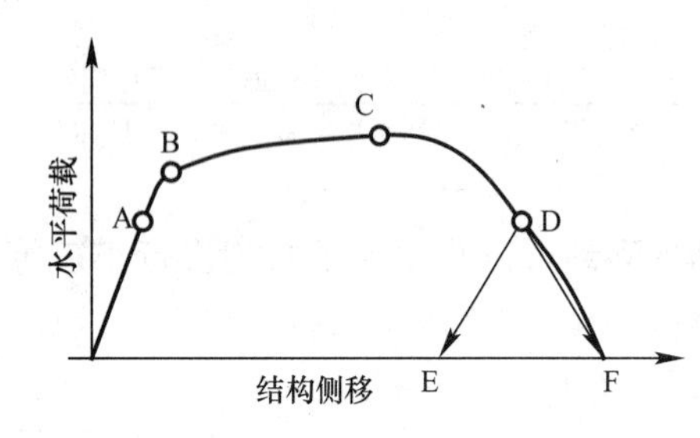

图 10-11　房屋结构侧移和水平荷载的关系示意图

由于巨震设防涉及局部子结构的破坏或者倒塌，房屋结构侧移和水平荷载的关系可参考图 10-11，在目前的技术条件下，准确的结构分析是一件困难的事情。对于房屋结构在不同地震水平作用下的动力反应，在给定材料本构、地震时程曲线、构件破坏准则等条件下，可以采用弹塑性动力时程分析法进行全过程的分析，计算结果作为工程的参考依据。但是从 B 到 F 段，结构处于塑性阶段，由于材料本构参数、地震时程曲线的不确定性等因素，即使采用弹塑性时程分析，仍然难以得到准确的结果。为了便于工程应用，也可进行简化计算，如采用 Pushover 或者采用规范的简化方法等进行分析。

10.5　结　论

通过对不同结构在巨震下的震害分析，阐述了“巨震，（避难单元）不倒”的抗震概念，给出了避难单元的设置原则，并提出了通过“4 水准，多阶段”的抗震设计实现上述抗震性能目标，可以应用到砌体、框架等不同结构类型中去。目前对巨震烈度中的结构破坏和倒塌的研究还远远不够，需要从各个角度进行更详细深入的探讨。

[1]　姚攀峰. 房屋结构抗巨震的探讨，应用及实现 [J]. 建筑结构，2011，1.

[2]　GB 50011—2001 建筑抗震设计规范 [S]. 2008 年版. 北京：中国建筑工业出版社 2008.

[3] 姚攀峰. 砌体结构抗高烈度地震的探讨 [J]. 建筑结构，2009，39 (S1)：653-655.

[4] 姚攀峰，石路也，陈之晞，等. 砌体-钢筋混凝土核心筒结构抗震性能的探讨. 建筑结构学报，2010，31 (S2)：12-17.

[5] 姚攀峰. 房屋结构抗巨震烈度地震的探讨及其在砌体结构中的应用（会议报告稿）[C]//上海：第二届全国建筑结构技术交流，2009.

[6] 姚攀峰. 房屋结构抗巨震的探讨及应用（会议报告稿）[C]//北京：第一届建筑结构抗倒塌学术研讨会，2010.

[7] 王亚勇. 汶川地震建筑震害启示——抗震概念设计 [J]. 建筑结构学报，2008，29 (4)：20-25.

[8] 叶列平，陆新征，赵世春，等. 框架结构抗地震倒塌能力的研究——汶川地震极震区几个框架结构震害案例的分析 [J]. 建筑结构学报，2009，30 (6)：67-76.

[9] 陆新征，叶列平. 基于 IDA 分析的结构抗地震倒塌能力研究 [J]. 工程抗震与加固改造，2010. 32 (1)：13-18.

[10] 李宏男等. 汶川地震震害调查与启示 [J]. 建筑结构学报，2008，29 (4)：10-19.

[11] 姚攀峰. 砌体一钢筋混凝土筒体结构及其施工方法 [P]：中国，200810303142X，2009.

[12] 姚攀峰. 农村单层砌体房屋中的地震逃生方法 [J]. 国际地震动态，2009. 363 (3)：37-44.

[13] 王亚勇. 汶川地震建筑震害启示———三水准设防和抗震设计基本要求. 建筑结构学报，2008，29 (4)：26～33.

11 高层及超高层房屋抗巨震的探讨与应用及实现[1]

11.1 引 言

目前，在《建筑抗震设计规范》（GB 500101—2010）中，高层和超高层房屋的主结构抗震以三个水准为抗震设防目标，即“小震不坏，中震可修，大震不倒”，根据功能的需要，高层和超高层房屋通常分为乙、丙类建筑，抗震设防目标可以在一定程度上局部调整[2]；对于次结构和非结构构件，规范没有具体要求，通常容许建筑非结构构件的损坏程度大于主体结构；对于地震火灾等次生灾害的应对，抗震规范尚没有涉及。然而近数十年来很多6度、7度地震区发生了较大的地震甚至特大地震，部分地区的地震烈度达到巨震烈度[3~6]。房屋倒塌、人员伤亡主要发生在大震和巨震烈度区。诸多专家学者对房屋在巨震烈度的抗震进行了探讨[7~11]，姚攀峰从实现人员安全和财产安全的角度出发，把房屋分为地震避难单元和非地震避难单元，对避难单元抗震要求适当提高，在原抗震规范基础上提出了“小震不坏，中震可修，大震不倒，巨震（避难单元）不倒”的“4水准，多阶段”[3~5,12,13]的抗震理念。该技术较好地兼顾了安全、经济性、可行性等因素，但是在高层和超高层房屋中如何应用尚需要进一步探讨。

本文首先对地震中高层和超高层房屋震害进行分析，提出针对复杂的震害应该整合各种抗震技术手段，并给出具体的实现方法方法，最后给出具体实施流程。

11.2 震害分析

图11-1～图11-5分别是高层和超高层房屋在大震或者巨震烈度中的震害实例。

图11-1 21层的钢框架办公楼倒塌（墨西哥地震，1985）

图11-2 高层钢结构房屋破坏（阪神地震，1995）

图 11-3 高层钢筋混凝土结构房屋破坏（阪神地震，1995）

图 11-4 非结构构件破坏（东日本大地震，2011）

图 11-5 地震火灾（阪神地震，1995）

从图 11-1～图 11-3 的震害实例可知，当高层和超高层房屋结构遭遇到大震或者巨震烈度时，混凝土结构、钢结构均可能出现严重破坏，甚至局部倒塌和全部倒塌。随着地震能量的增加，破坏的严重程度增加。图 11-4 的震害案例则说明地震中次结构或者非结构构件可能倒塌或者破坏，从而造成人员伤亡或者心理伤害。图 11-5 表明地震中可能遇到地震火灾等次生灾害。上述震害实例表明，地震可能发生主结构构件破坏、次结构及非结构构件破坏、次生灾害等，这些震害均有可能对人员和财产造成严重损失。

11.3 整合式抗震[14]

地震、环境、人员、财产等因素相互作用造成地震灾害。目前在我国的工程实践，所谓的房屋抗震，在实际执行过程中往往是房屋结构抗震，建筑师完成建筑方案之后，结构工程师根据地震设防烈度区划，进行主结构抗震设计，对于次结构及非结构构件通常不予验算和详细设计，在工程实践中甚至出现图 11-6所示极不合理现象，机电工程师对机电管线等通常不进行专门的抗震验算和分析，对于地震次生灾害，由于其复杂性，各专业工程师基本不关注，尤其缺乏针对房屋具体情况提供系统地震逃生方案的工程实践。然而，正如第 11.2 小节所述，地震对建筑物可能造成结构破坏、非结构破坏、次生灾害等，其灾害原因和形式是多样的，单纯通过房屋结构抗震的技术手段，无法完全实现地震灾害中人员安全，例如，发生地震火灾时，无论房屋结构抗震能力多么强，也不能完全避免人员伤害，必须采用科学的地震逃生的方式，才能有效的减少人员伤亡。而且随着社会的发展，财产越来越多，如何实现地震中财产安全也是一个重要的目标，尤其是高层和超高层建筑物，其本身就是重要财产，投资巨大，部分超高层建筑物本身价值 100 亿元人民币以上，建筑物破坏或者倒塌也是一种严重的财产损失。

图 11-6 某工程砌体墙（姚攀峰 摄影）

由于地震具有高度不确定性，有可能发生大震或者巨震，为了实现地震中人员安全和财产安全的目标，需要采用地震预测、工程抗震、运营抗震、地震逃生、地震救援等不同领域的具体技术措施应对上述灾害，例如：地震设防烈度区域的划分是房屋抗震设计的依据，影响房屋结构的整体抗震性能；使用人员的逃生能力和逃生目标的确定直接影响避难间和地震逃生通道的设计；房屋结构倒塌的次序直接决定避难单元设置的可行性。这些技术措施相互影响、相互制约，必须有机地整合在一起，方能实现人员安全和财产安全的抗震设防目标，所以称之为整合式抗震技术理念（Integrated technologies for seismic engineering，ITSE，下简称整合式抗震），参见图 11-7。

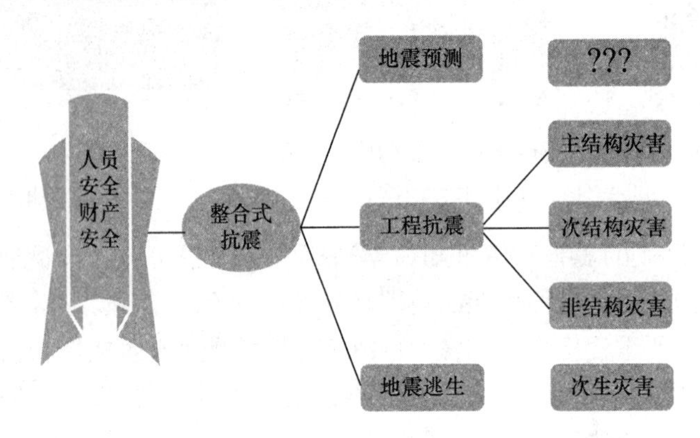

图 11-7　整合式抗震

与传统强调房屋主体结构抗震技术不同，整合式抗震技术有以下特点：

1. 整合式抗震不仅要实现人员安全，还要尽可能实现财产安全，其中房屋既是居住环境又是重要财产。

2. 整合式抗震是全专业的，不仅要重视主结构抗震，还要高度重视次结构、非结构构件、机电等专业的抗震。

3. 整合式抗震需要全员参与，不仅仅是结构工程师抗震，还需要业主、建筑、机电、施工、物业等专业人员的参与，需要使用人员的参与。

4. 整合式抗震是房屋全寿命的抗震。预测、设计、施工、运营期间均要进行相应的措施。

5. 整合式抗震技术是具体的，防震减灾需要地震预测、工程技术、运营抗震、人员逃生等技术的有机整合，均是不可缺少的，并应落实到具体的抗震目标和技术措施（本文只探讨工程抗震和地震逃生）。

6. 地震逃生是整合式抗震的重要组成部分，由于地震灾害的复杂性，使用人员的参与是必需的，地震逃生技术和方案是应对地震灾害的不可缺少的技术措施之一，地震逃生需要采用科学方式。

11.4　高层和超高层房屋的实现

整合式抗震是具体的，针对房屋结构、次结构、非结构物需要进一步细化其抗震设防目标及实施措施。

11.4.1　主结构抗震

对于高层和超高层房屋的主结构设防目标仍然可以采用“小震不坏、中震可修、大震不倒、巨震（避难单元子结构）不倒”。参见图 11-8，该图所示工程实例表明对高层和超高层建筑物，其破坏仍然是逐步破坏的，存在不倒塌的子结构。

图 11-8 得昌新世界大楼（台湾集集地震，1999）

地震避难单元子结构是实现避难单元建筑空间抗震目标的子结构体系，由于结构具有整体性，地震避难单元子结构所包络的空间一般情况下大于建筑专业所需要的地震避难单元空间，为了简化表达，仍然称之为“巨震（避难单元）不倒”，参见式（11-1）。

$$0 \leqslant \beta \leqslant \beta_{\mathrm{rus}} \leqslant 1 \tag{11-1}$$

式中：β 为地震避难单元层面积比：地震避难单元包围空间的每层避难单元的建筑面积占该层建筑面积的比值；

β_{rus} 为地震避难单元子结构层面积比：地震避难单元子结构包围空间的每层避难单元的建筑面积占该层建筑面积的比值。

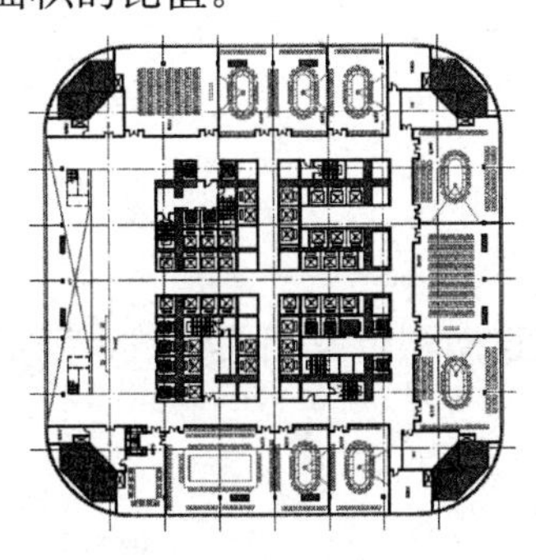

图 11-9 某高层建筑布置

由于具体工程不同，在确定建筑避难单元之后，结构的避难单元子结构的确定必须根据整体情况确定，对于核心筒高宽比大于 7 以上的框架核心筒高层和超高层房屋，对于目前无法准确确定避难单元子结构的建筑物，为了便于分析并偏于安全，可直接取 $\beta_{\mathrm{rus}}=1$。仅举例说明，某高层房屋（图 11-9），其该楼层的建筑避难单元仅定义为竖向逃生通道——疏散楼梯，但是为了实现该目标，通常取避难单元的结构子单元为核心筒部分结构。

实现该目标可以采用“四水准，多阶段”的设计方法，具体可参考文献［11］，具体技术措施可用钢结构、钢筋混凝土结构、混合结构、耗能技术、隔震技术等实现。

11.4.2 次结构及非结构构件抗震

对于非避难单元的次结构及非结构构件抗震设防目标可暂时参考目前规范相关条文要求，对于避难单元的抗震目标可定为“小震不坏、大震/巨震不倒”

实现上述目标，可参考“4 水准，多阶段”的分析方法，并进行适当简化，只验算小震不坏和大震或者巨震不倒。由于机电系统的复杂性，本文暂时不涉及该系统的抗震设防目标。

11.4.3 地震逃生[13,15]

由于地震破坏的复杂性，地震逃生不同于火灾逃生等常见的灾害逃生，需要根据地震、空间、人员三者具体情况确定，人员逃生安全目标可分为 4 级：

A 级安全目标：逃生人员生理上未受伤害，减少心理伤害、财产等其他损失；

B级安全目标：逃生人员生理上未受轻伤；

C级安全目标：逃生人员生理上未受重伤；

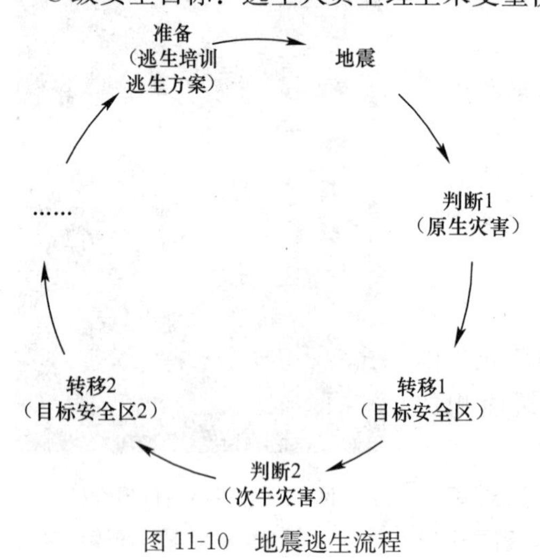

图 11-10　地震逃生流程

D级安全目标：逃生人员生存。

为了实现上述逃生目标，可采用综合逃生法，即根据具体的环境、地震和逃生人员状况，综合考虑各方面因素，确定具体的逃生安全目标区，选择合适的逃生路径和逃生行为，采用正确的逃生流程，得到成功概率比较高的地震逃生方法（the escape method based on the total cases ，EMBTC 法）。综合逃生法的 4 要素是目标安全区、逃生路径、逃生流程、逃生行为。其中目标安全区可分为 5 级，逃生流程参见图 11-10，逃生行为有低蹲护头等 4 种基本行为模式。

11.5　整合式抗震实施流程

整合式抗震技术实施流程如下：

1. 确定房屋设防烈度及场地条件

根据实际地质勘察成果或者地震安评成果，确定房屋地震设防烈度及相关参数、确定场地条件。

2. 确定功能空间

确定地震避难单元和非地震避难单元的空间布置。

3. 确立设防目标

根据具体情况，确立出不同空间的结构、次结构、非结构物（包含装修、大型家具等）、机电系统抗震设防目标，并制定出地震逃生安全目标。

4. 实现设防目标

采用“4 水准，多阶段”的方法进行结构和建筑空间抗震设计，结合“地震综合逃生法”制定出完整的地震逃生预案，采取必要的机电抗震措施，有效整合上述技术，从而实现预定的设防目标。

5. 检查抗震设计

对上述技术措施进行检查，抗震设防目标是否实现？是否满足业主、相关专业的需求？

6. 调整抗震设计

通常情况下，一次设计难以完全实现，需要对上述方案进行多次沟通并调整。

7. 施工抗震

通过高质量的施工，确保满足工程质量满足设计要求。

8. 运营抗震

运营抗震在正常运营阶段，对结构、机电等进行必要的维护保养，对大型家具等物件采取抗震相应措施。

9. 地震逃生方案完善与演习

根据运营期间实际环境条件对地震逃生预案进行调整和完善，定期举行地震逃生演习。

11.6 结　语

主要结论如下：

1）地震是不确定的，存在突发性的大震和巨震，可能引发结构破坏、非结构物破坏、次生灾害。

2）应对复杂的震害需要采用不同的技术手段，这些技术相互影响，需要进行有机整合，采用“整合式抗震”以实现人员安全和财产安全。

3）结构和非结构的设防目标为“小震不坏、中震可修、大震不倒、巨震（避难单元）不倒”；人员逃生目标分为4级，需要根据地震、空间、人员三者具体确定。

4）可采用“4水准、多阶段”的方式实现结构和非结构的抗震，采用“地震综合逃生法”实现人员逃生安全目标。

5）介绍了整合式抗震技术实施流程。

6）需要采用合适的地震逃生预案，并应该在运营期间根据实际情况进行调整，并进行演练。

整合式抗震技术初步在北京中国尊等项目中得到的应用。目前对巨震烈度中高层和超高层房屋抗震和地震逃生等的研究还远远不够，需要从各个角度进行更详细深入的探讨，上述方法可以适当简化后应对普通地震灾害。

[1] 姚攀峰，张义元. 高层及超高层房屋抗巨震的探讨与应用及实现 [J]. 城市地下空间综合开发技术交流会论文集，2013.
[2] GB 50011—2001 建筑抗震设计规范 [S]. 北京：中国建筑工业出版社 2010.
[3] 姚攀峰. 砌体结构抗高烈度地震的探讨 [J]. 建筑结构，2009，39（S1）：653-655.
[4] 姚攀峰，石路也，陈之唏，等. 砌体－钢筋混凝土核心筒结构抗震性能的探讨. 建筑结构学报，2010，31（S2）：12-17.
[5] 姚攀峰. 房屋结构抗巨震烈度地震的探讨及其在砌体结构中的应用（会议报告稿）[C]//上海：第二届全国建筑结构技术交流，2009.
[6] 姚攀峰. 房屋结构抗巨震的探讨及应用（会议报告稿）[C]//北京：第一届建筑结构抗倒塌学术研讨会，2010.
[7] 王亚勇. 汶川地震建筑震害启示——抗震概念设计 [J]. 建筑结构学报，2008，29（4）：20-25.
[8] 叶列平，陆新征，赵世春，等. 框架结构抗地震倒塌能力的研究——汶川地震极震区几个框架结构震害案例的分析 [J]. 建筑结构学报，2009，30（6）：67-76.
[9] 陆新征，叶列平. 基于IDA分析的结构抗地震倒塌能力研究 [J]. 工程抗震与加固改造，2010. 32（1）：13-18.
[10] 李宏男等. 汶川地震震害调查与启示 [J]. 建筑结构学报，2008，29（4）：10-19.

[11] 姚攀峰. 房屋结构抗巨震的探讨、应用及实现 [J]. 建筑结构，2011，sl.

[12] 姚攀峰. 砌体-钢筋混凝土筒体结构及其施工方法 [P]：中国，200810303142X，2009.

[13] 姚攀峰. 农村单层砌体房屋中的地震逃生方法 [J]. 国际地震动态，2009. 363 (3)：37-44.

[14] 姚攀峰. 超高层房屋抗震设防目标及实现（会议报告稿）[C]//厦门：第22届超高层房屋结构学术交流会，2012.

[15] 姚攀峰. 科学地震逃生. 北京：中国建筑工业出版社 2012.

12　中国尊抗巨震的探讨及工程实践［5］

12.1　引　言

北京朝阳区CBD核心区Z15地块发展项目位于北京CBD核心区，东至金和东路，南至规划绿地，西至金和路，北至光华路。拟建的Z15地块项目主塔楼建筑高度528.00m，地下7层，地上108层，塔楼外形类似中国古代宗教礼仪中的“尊”，所以通常称之为中国尊项目（下简称中国尊），参见图12-1和图12-2。本项目底部尺寸约为78m×78m，在大楼的中上部平面尺寸收进，尺寸为54m×54m，向上到顶部又放大，约为69m×69m，是世界上第一个8度抗震设防区超过500m的建筑物。本工程所在的北京地区处在华北平原地震带、汾渭地震带及东北地震区的交界范围，地震活动较为频繁，历史上曾经发生过8级地震、7.8级地震，震中烈度最高曾经达到11度，有可能高于现在规范要求的8度大震。近期发生了多次小地震，震源深度主要分布在5～14km范围，占总数的74.8%，为浅源地震。如何有效地防震减灾是本大楼安全的关键，也是世界性难题。

图12-1　三维建筑图

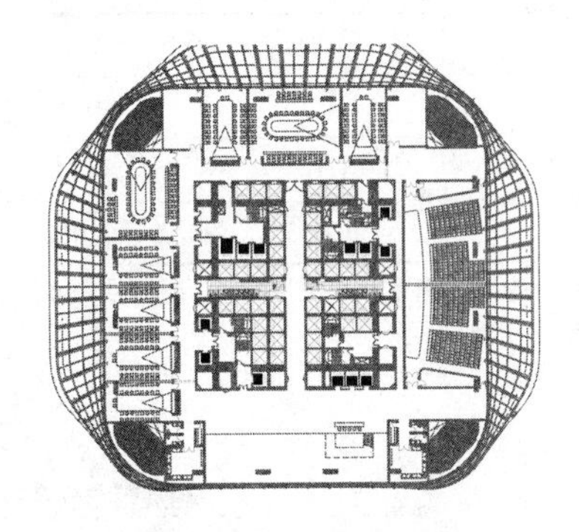

图12-2　典型建筑平面图

在中国的建筑工程实践中，主要采用结构抗震技术和措施，很少有地震逃生预案等措施。这种抗震技术理念与防震减灾的现实需要有一定距离，日本阪神地震（1995）、中国汶川地震（2008）、日本311地震（2011）均表明单纯的结构抗震是无法应对复杂的地震灾害。姚攀峰（2012）提出了整合式抗震技术理念（ITSE）[1～3]，认为由于地震具有高度不确定性，有可能发生大震或巨震，为了实现地震中人员安全和财产安全的目标，需要采用地震预测、工程抗震、运营抗震、地震逃生等多领域的技术措施，这些技术措施相互影响、相互制约，必须整合在一起，方能实现人员安全和财产安全的抗震设防目标，该技术得到国内部分专家的支持和认可。

本工程尝试在超高层建筑中全面实施整合式抗震技术理念和相应的具体技术措施，本文首先介绍中国尊项目地震安全性评估及地震动参数成果，然后确定设防巨震的参数及抗震性能目标，确定避难单元和避难单元子结构的范围，然后介绍主结构抗震、次结构和非结构构件抗震的具体技术措施，最后介绍了地震逃生预案。

12.2 地震安全性评估及地震动参数

根据中国尊项目的地勘报告[4]及地震烈度区划图，本工程所在区域为8度抗震设防[5]，小震、中震、大震的地震加速度值参见表12-1。场地为Ⅱ类第一组，建筑物抗震分类为乙类。

抗震设防参数　　表12-1

地震烈度	50年设计基准期超越概率	重现周期（年）	地面峰值加速度
小震	63%	50	70
中震	10%	475	200
大震	2%	2500	400

本工程做了地震安全性专项评估，相应的地震反应谱参数及规范反应谱参数详见表12-2、图12-3～图12-5[6]。

地震安评地震动参数机规范地震动参数　　表12-2

	规范小震	安评小震	规范中震	安评中震	规范大震	安评大震
α_{max}	0.16	0.18	0.45	0.552	0.9	0.975
T_g	0.4	0.4	0.4	0.7	0.45	0.95
γ	0.93	1.03	0.93	0.93	0.90	0.90
η	0.035	0.035	0.035	0.035	0.05	0.05

注：1. α_{max}最大地震影响系数，T_g场地特征周期，γ反应谱衰减指数，阻尼比η；
2. 参数相应于地表；
3. 地震影响系数对应的阻尼比5%。

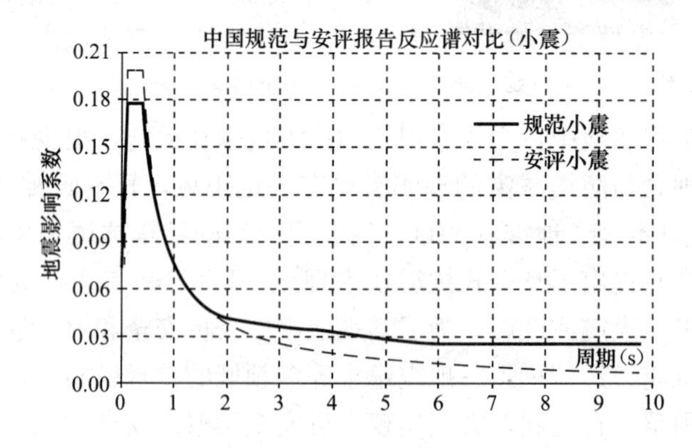

图12-3　规范与安评报告反应谱对比（小震）

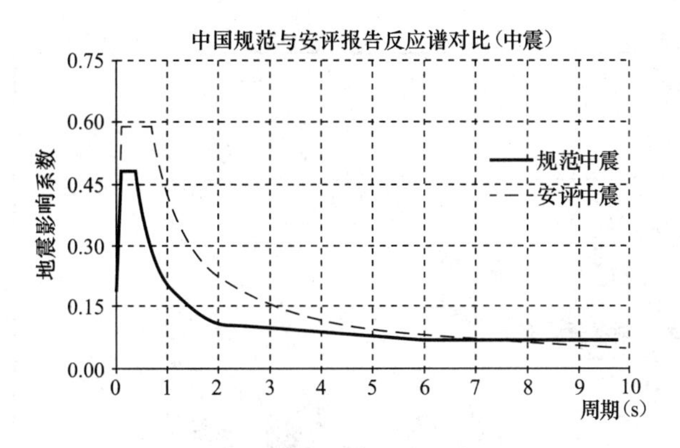

图 12-4 规范与安评报告反应谱对比（中震）

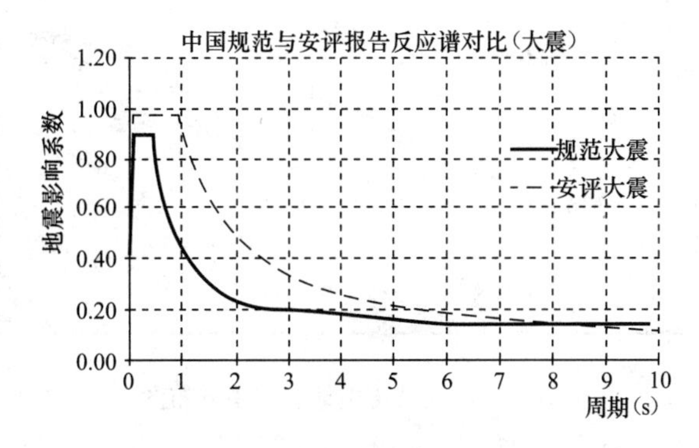

图 12-5 规范与安评报告反应谱对比（大震）

从上述图表可以知道，规范反应谱和地震安评谱是有较大差异。在小震作用下，2s 之后，地震规范反应谱中的影响系数 α_{maxc1} 值高于安评反应谱中的影响系数 α_{maxs1}；在中震作用下，7s 之后，地震规范反应谱中的影响系数 α_{maxc2} 高于安评反应谱中的影响系数 α_{maxs2}；在大震作用下，8s 之后，地震规范反应谱中的影响系数 α_{maxc3} 低于安评反应谱中的影响系数 α_{maxs3}。对于场地特征周期的评估，两者在中震之后差异较大，规范谱中中震的 T_g 为 0.4s，安评的为 0.7s，安评值较规范值大 75%；对于大震，规范的 T_g 为 0.45s，地震安评的 T_g 为 0.95s，安评值较规范值大 111%。由于地震的高度不确定性，如何利用地震安评的参数在工程界还有不同的观点，由于本工程小震下的规范反应谱对应的地震作用起到控制作用，设计中根据超限审查委员会专家审查意见小震、中震、大震采用了规范反应谱，但是针对工程具体场地进行地震安评仍然是有一定意义的，如何针对具体工程对地震作用进行较为准确的预估还有待进一步研究和完善。

本区域历史上发生过多次 6 级以上地震，参见图 12-6，最大一次地震为 1679 年 9 月 2 日地震，震级 8 级，震中烈度为 11 度，震中在平谷三河。由于地震的高度不确定性，本工程可能遇到超过设防大震的地震，称之为极罕遇地震或者设防巨震，简称为巨震。尽管规范和超限审查委员会没有要求，也应该适当考虑，本工程结合地震安评及经济、技术等综合考虑，巨震参数取 8.5 度大震参数，地面峰值加速度为 510gal，α_{maxc4} 取 1.2，T_g 取 0.45s。

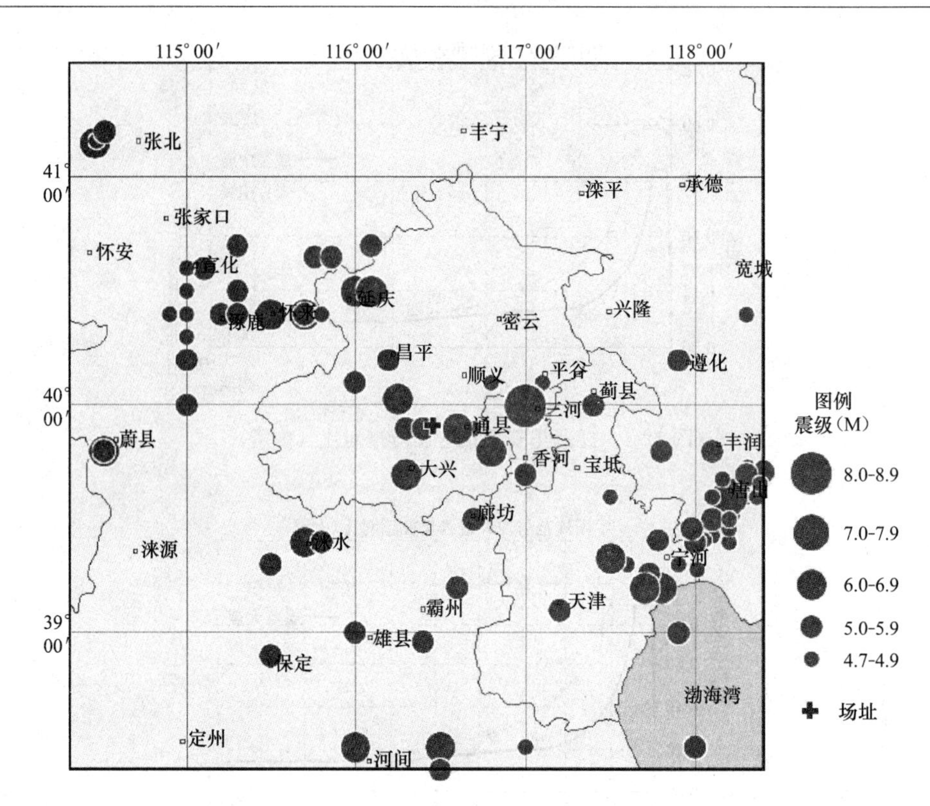

图 12-6　区域历史地震震中分布图

（$M \geqslant 4.7$，294～2012 年 6 月）

12.3　避难单元、抗震性能目标

本工程从地震逃生角度出发，设置避难单元和非避难单元，结合地震逃生、结构、建筑等多方面因素，避难单元取核心筒内的前厅和楼梯间，典型楼层核心筒的尺寸约为 32.2m×32.2m，面积为 1040m^2/层，参见图 12-7，地震避难单元层面积比 β 约为 0.25。

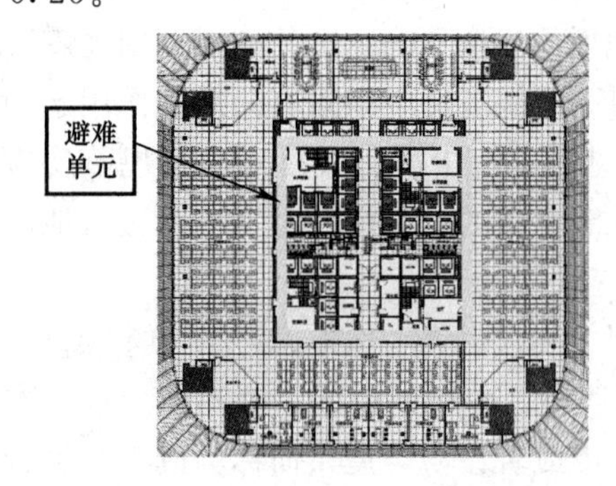

图 12-7　典型平面的避难单元设置

本工程主结构的高宽比为 7.07，内核心筒的高宽比为 16.2，偏于安全，令地震避难单元子结构层面积比 $\beta_{\text{rus}}=1$，直接取避难单元子结构范围同主结构。

本工程主结构的性能目标为“小震不坏，中震可修，大震不倒，巨震（避难单元子结构）不倒”；次结构及非结构构件的性能目标为“小震不坏，中震可修，大震不倒，巨震（避难单元）不倒”；地震逃生的性能目标为“小震不惊，中震不伤，大震不残，巨震可生”。

地震避难单元子结构应进行巨震时的承载力验算，需要满足式（12-1）和式（12-2），

对于本工程 [θ_{ps}] 取 1/80。

$$\Delta u_{ps4} \leqslant [\theta_{ps}]h_s \tag{12-1}$$

$$R_{s4} \geqslant S_{s4} \tag{12-2}$$

式中：[θ_{ps}] 是地震避难单元子结构的弹塑性层间位移角限值；h_s 是地震避难单元子结构的薄弱层楼层高度；Δu_{ps4} 是在巨震时，考虑其他子结构对地震避难单元子结构作用下的弹塑性层间位移；R_{s4} 是巨震时地震避难单元子结构构件的承载力特征值（标准值或者极限值）；S_{s4} 是巨震时考虑其他子结构对地震避难单元子结构作用下的地震避难单元子结构构件的地震作用荷载及其他荷载效应的特征值（标准值、极限值）。

12.4　主结构抗震

在设计阶段，在小震、中震、大震分析[7]的基础上，采用概念和构造措施实现巨震性能目标，并在振动台试验时进行验证，采用以下主要措施满足抗震要求。

12.4.1　结构体系

中国尊主结构最初的结构体系为竖向不连续的超高层的巨型组合结构体系，上部为密柱框架，通过腰桁架进行转换，下部为巨型支撑外框筒，存在刚度突变、竖向传力不连续等概念性缺陷。参见图 12-8。

通过业态、建筑功能、结构技术可行性分析等措施，把原结构调整为巨型支撑框架＋高延性双连梁核心筒的组合结构体系，三维结构参见图 12-9，地上分为 8 个区，7 道腰桁架，1 道帽桁架，1～8 区均有斜撑。除了腰桁架和支撑采用钢结构等常规技术之外，还采用了一些新技术，有效提高了抗震性能。

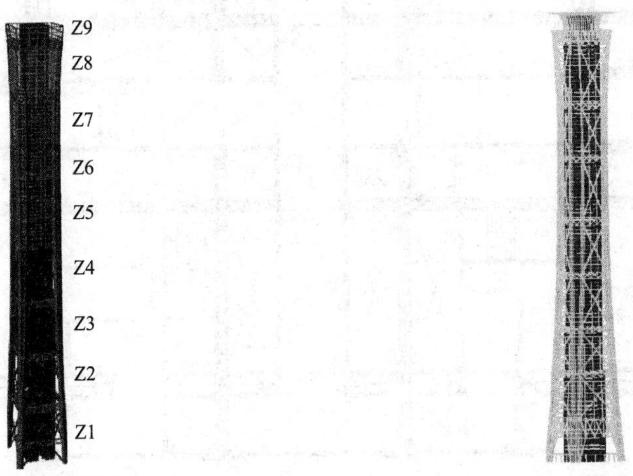

图 12-8　第一次超限咨询会结构方案三维图　　图 12-9　三维结构图

12.4.2　多边多腔钢管钢筋混凝土巨柱

本工程角部巨柱是整个大楼安全的关键，角柱破坏将可能导致整个大楼破坏或者倒塌。角柱 B7～7 层为 4 个巨柱，单个巨柱的最大截面面积为 63.8m^2，7 层以上为 8 颗巨

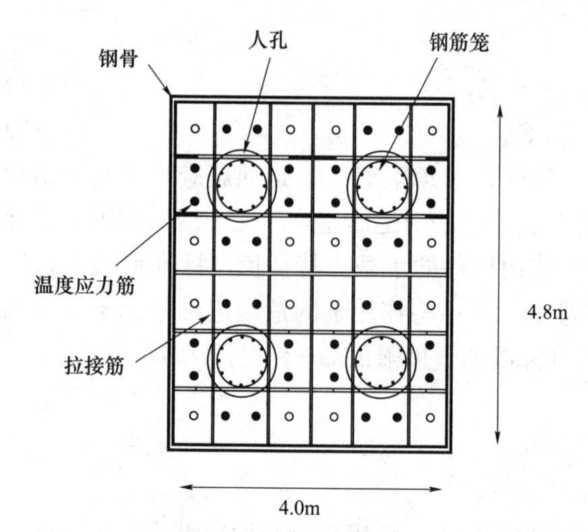

图 12-10　典型的多边多腔钢管钢筋混凝土巨柱

柱，最大截面约 19.2m²。姚攀峰首次提出了多边多腔钢管混凝土巨柱[8,9]，是一项有效解决超大截面巨柱的新型技术方案，具有承载力大、延性好的优点，姚攀峰等已经在天津 117 项目中完成了初步研究、具体设计并施工。本项目最终采用了多腔钢管混凝土巨柱这种新技术，典型的截面如图 12-10 所示。

12.4.3　钢混凝土混合式双连梁核心筒

本核心筒采用了钢-混凝土混合式双连梁核心筒技术。底部采用钢板与钢筋混凝土组合的剪力墙，中部采用钢骨柱与钢筋混凝土组合的剪力墙，顶部采用带内支撑钢桁架的钢骨柱与钢筋混凝土组合的剪力墙，参见图 12-11，连梁采用双连梁技术，参见图 12-12。

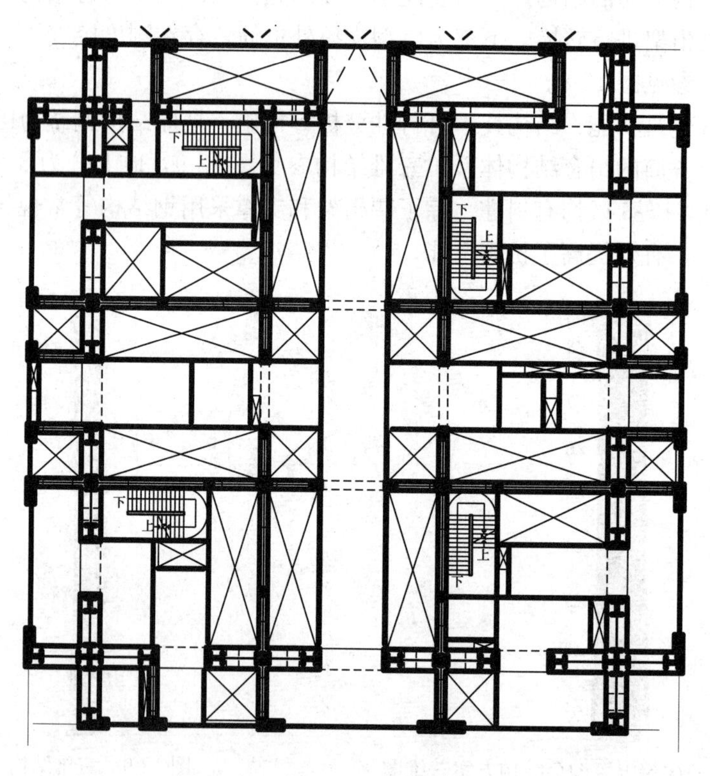

图 12-11　核心筒局部示意图（L9）

12.4.4　适当增加结构刚度

采用增大巨柱截面、桁架截面等方式，适当增加了整个结构的刚度。主结构的自振周

期 T_1 为 7.30s，T_2 为 7.27s，T_3 为 2.99s，与国内其他低烈度设防区的 500m 以上超高层建筑物比较，本工程刚度较大（图 12-13）。

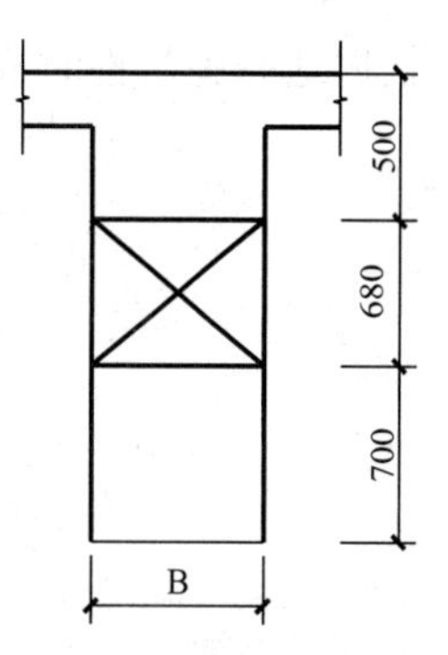

图 12-12 双连梁示意图

12.4.5 地震反应

采用上述多项措施之后，进行了位移和承载力等分析。本工程基本对称，下面只描述 X 向的分析结果。小震下的 X 向基底剪力为 130MN，剪重比调整之后为 154MN。X 向小震层间位移角为 1/548，剪重比调整后的最大层间位移角为 1/513，X 向 50 年风荷载下的最大层间位移角为 1/999，参见图 12-14，满足安全要求。

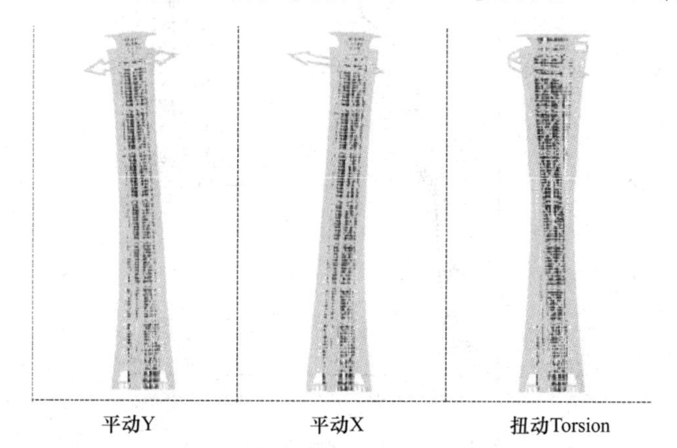

图 12-13 振型图

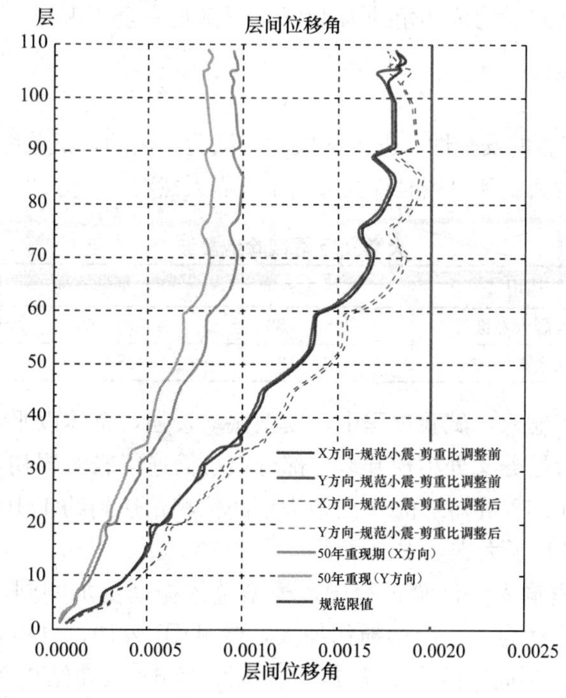

图 12-14 层间位移角

根据地震弹塑性时程分析，X 向大震平均位移角为 1/128，参见图 12-15，满足安全要求。

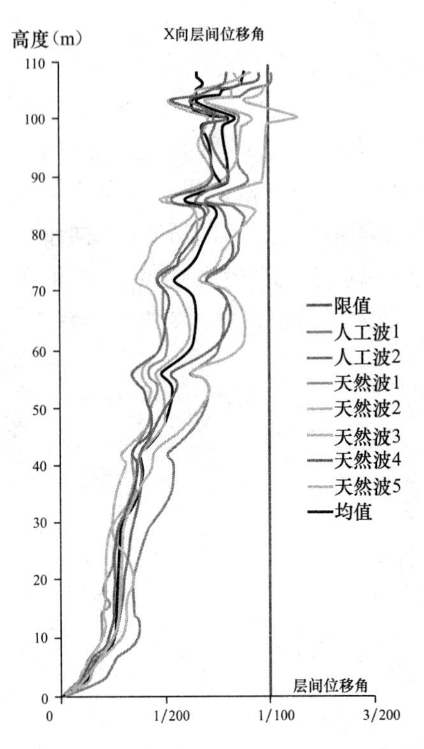

图 12-15　大震弹塑性时程分析

经过估算，X 向巨震平均位移角约为 1/96，可满足安全要求。

12.4.6　试验验证[10]

为了进一步检验工程的安全性，进行了振动台试验，振动台试验缩尺比为 1∶40，试验模型参见图 12-16；8 度大震和巨震时程波选用了大震天然波 2（表 12-3），参见图 12-17。

大震及巨震试验地震波　　**表 12-3**

工况	选用波	水平主方向	水平辅方向	竖向
大震	大震天然波 2	USA0782	USA0781	USA0783
巨震	大震天然波 2	USA0782	USA0781	USA0783

大震时为三向地震输入，试验过程中，模型振动较强，整体以平动为主，部分构件发生破坏响声。角柱在七层分叉处出现开裂，部分核心筒连梁轻微损伤，巨型斜撑、转换桁架等基本完好。从图 12-18 可知结构 X 向最大层间位移角达到约 1/103，96 层以下层间位移角均小于 1/150。满足了大震要求。

巨震时为三向地震输入。试验过程中，模型整体振动更加剧烈，伴随较大焊缝开裂声。位移主要以整体平动为主。结构损伤加大，参见图 12-19，自振频率继续下降，其中 X 向一阶降低 9.60%、Y 向一阶降低 7.14%。从图 12-18 可知结构 X 向最大层间位移角达到约 1/81，96 层以下层间位移角均小于 1/100。这可能是由于在大震中模型已经有较大

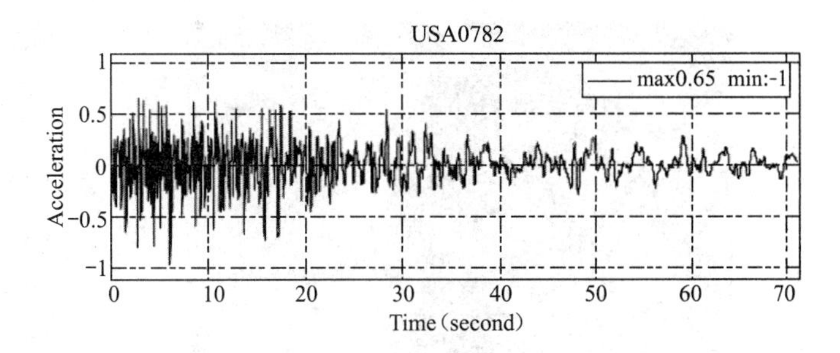

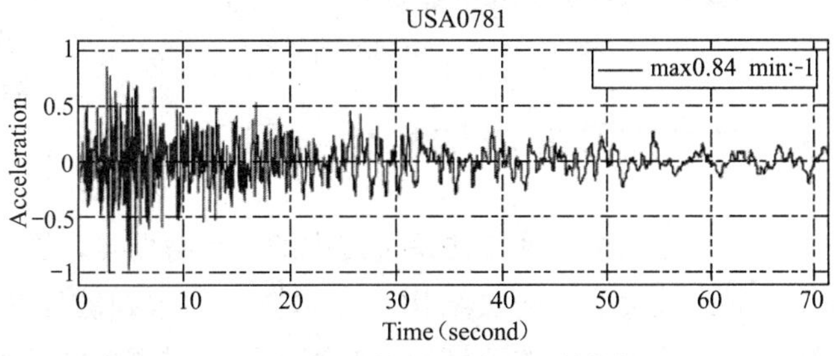

大震天然波2归一化后波形图（辅方向）

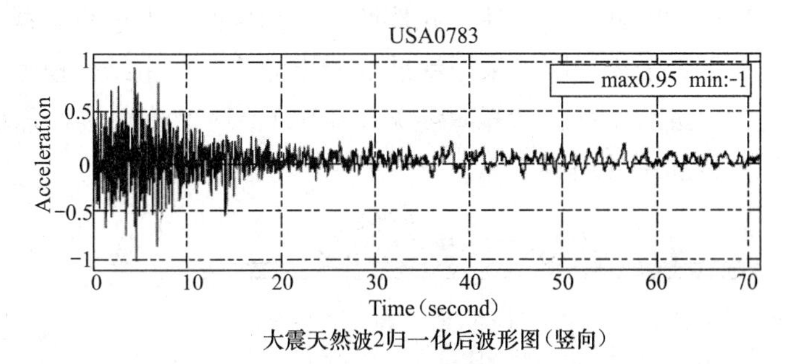

大震天然波2归一化后波形图（竖向）

图 12-16 振动台试验模型

图 12-17 大震时程波

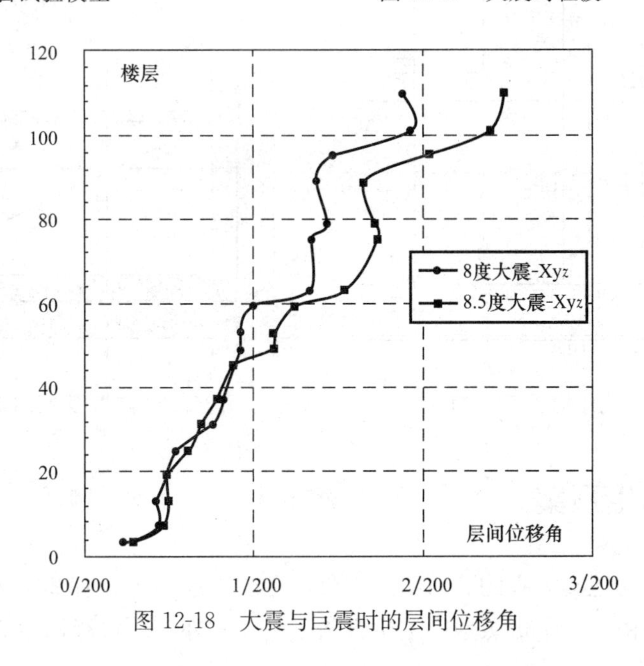

图 12-18 大震与巨震时的层间位移角

图 12-19　结构裂缝图

损伤，刚度下降，其中 X 向一阶降低 4.80%、Y 向一阶降低 5.56%，另外一个原因是本实验用的地震时程波较均值大，所以层间位移角达到 1/81，但是结构整体性倒塌，关键构件基本完好。这说明结构能够满足巨震时的抗震性能要求，而且还有一定的抗震储备能力。

12.5　次结构及非结构构件抗震

次结构及非结构构件往往是抗震中的一个薄弱点，在日本 311 地震中，尽管主结构没有倒塌，但是较大面积的次结构和非结构构件遭到破坏甚至倒塌[11]。中国尊项目一般部位的次结构和非结构构件满足规范要求，但是对楼梯间及特殊房间采用了特殊的措施。

次结构的柱采用钢柱，并按照中震弹性的内力进行承载力计算（图 12-20）。

地下疏散楼梯隔墙采用钢筋混凝土隔墙，在主结构模型中建模进行计算，按照小震弹性的内力进行承载力计算，参见图 12-21。地上疏散楼梯隔墙拟采用砌体填充墙，圈梁构造柱进行加密处理。

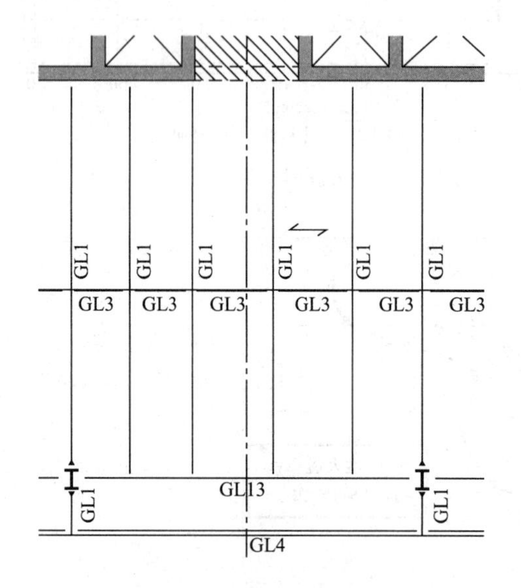

图 12-20　次结构示意图（L9）

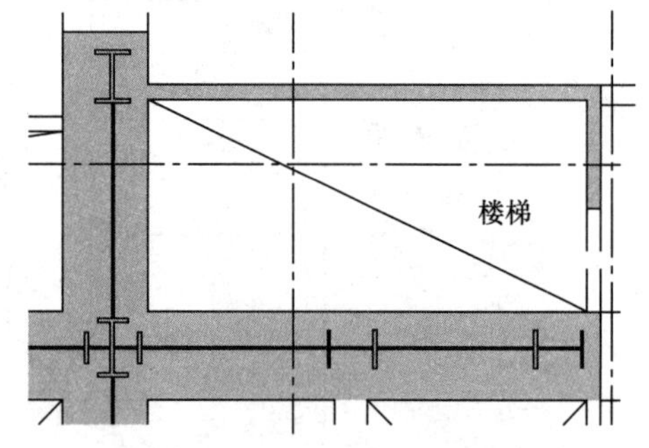

图 12-21　疏散楼梯隔墙（B001）

12.6　地震逃生预案

地震逃生是应对地震灾害的有效组成部分，在汶川地震中，有 2 个班级，各种客观条件相差不大，但是由于一个班级地震逃生方法正确，另外一个班级逃生方法错误，死亡人数差异 30 人，死亡率相差高达 66%。地震逃生是地震灾害自救的最后一道防线，尤其是地震可能引发地震火灾，阪神地震(1995)、东京大地震（1923）等地震中发生过重大火灾，参见图 12-22，在地震火灾中，地震逃生是唯一可行的有效措施。

图 12-22 阪神地震火灾

姚攀峰提出了综合逃生法[12]，针对具体的环境、地震和逃生人员状况，综合考虑各方面因素，结合具体的逃生安全目标，选择合适的逃生路径和逃生行为，采用正确的逃生流程，得到成功概率比较高的地震逃生方法，称之为综合逃生法，目前已经在雅安等地震灾区得到了较为广泛的应用。

对于目前的中国，地震逃生是防震减灾中不可缺失的一环，有着重要的作用。在 2009 年之前我国对此关注度不足，至今尚没有完整的科学地震逃生预案。本工程尝试基于综合逃生法的原理给出地震逃生预案。

12.6.1 地震灾害

本工程位于平原，周边无化工厂、核设施，主要面临以下地震灾害：

1. 主结构局部倒塌

主结构在巨震时，96 层以上局部层间位移角小于 1/100，位于严重破坏至倒塌的范围，有可能局部倒塌。

2. 次结构和非结构构件局部倒塌

由于对非避难区域的要求较低，规范允许其先于主结构破坏，有可能局部破坏或者倒塌。

3. 地震火灾

本工程在低区、中区、高区均设置有厨房，燃气送到高区，且有大量的电线，有可能在地震中发生地震火灾。

4. 践踏伤亡

本大楼使用人数可能超过一万人，人群在地震逃生中可能发生践踏伤亡。

12.6.2 基于综合逃生法的地震逃生预案

针对本工程，地震逃生有着特殊的重要性，逃生流程可参见图 12-23。

在阶段 1，主要地震灾害是次结构及非结构构件破坏造成的伤害。目标安全区可设置为原地，躲避在逃生人员的桌子底下，抓牢。逃生人员无桌子等掩蔽物的可采用低蹲护头的行为。

在阶段 2，主要地震灾害是主结构的局部倒塌和破坏，次结构和非结构构件可能倒塌，目标安全区可设置在 96 层以下的核心筒（避难单元），逃生人员可采用护头式速走转移到避难单元，96 层以上的人群要快速有序撤离到 96 层以下的核心筒。

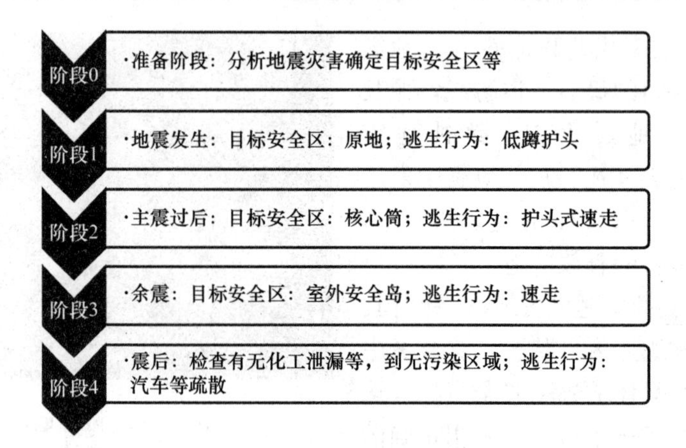

图 12-23　逃生流程图

在阶段 3，主要地震灾害是地震火灾、人员践踏伤亡，目标安全区设置在室外安全岛，本工程南侧有大片的中央绿地，可作为本工程安全区，可采用护头式速走转移到目标安全区。

在阶段 4，主要地震灾害是化学污染等，目标安全区设置在无污染区域，在核实确定污染信息之后，可采用汽车等交通方式有效撤离。

12.7　结　论

本工程尝试采用整合式抗震的理念，通过主结构抗震、次结构和非结构构件抗震、地震逃生等具体技术措施，初步实现了主结构 8 度大震不倒的规范预定安全目标，而且实现了“巨震，(避难单元子结构) 不倒”的性能目标，完成了国内第一个系统地震逃生应对方案和措施，能够有效实现预定逃生目标，防震减灾。为 8 度抗震设防区 500m 以上超高层建筑防震减灾的世界性难题提供了一种解决思路和方案。

本工程开发单位为北京中信和业投资有限公司，地勘单位为北京市勘察设计研究院有限公司，地震安评单位是中国地震局地球物理研究所，结构设计单位为奥雅纳工程顾问和北京市建筑设计研究院有限公司。奥雅纳工程顾问完成结构方案和初步设计及结构超限审查，中信建筑设计研究总院是本项目设计复核单位，华东建筑设计院是该项目结构顾问单位；建研科技股份有限公司进行了独立第三方弹塑性分析和振动台试验；北京中信和业投资有限公司对本工程结构设计的技术、质量、进度等工作进行了全方位参与并管控。本工程已于 2013 年 2 月通过了全国超限高层建筑工程抗震设防审查专家委员会的审查。

致谢：徐培福、王亚勇、戴国莹、容柏生、陈富生、钱稼茹、娄宇、顾宝和，刘鹏、般超、柯长华、齐五辉、汪大绥、姜文伟、王建，李治、陈松，肖从真、徐自国、魏庆鼎、顾明、顾志福、杨庆山、李小军、周宏磊等专家和设计师在本工程地勘、地震安评、结构设计、振动台试验等做了大量工作，提供了许多宝贵意见，张义元先生参与了本章讨论并作了部分翻译工作，在此表示衷心感谢！

[1]　姚攀峰. 房屋结构抗巨震的探讨及应用（会议报告稿）[C]//北京：第一届建筑结构抗倒塌学术研

讨会，2010.

[2] 姚攀峰. 超高层房屋抗震设防目标及实现（会议报告稿）[C]//厦门：第 22 届超高层房屋结构学术交流会，2012.

[3] 姚攀峰、张义元. 高层及超高层房屋抗巨震的探讨、应用及实现 [J]. 建筑结构，2013，43（s2）：390-394.

[4] 北京市勘察设计研究院有限公司.《岩土工程勘察报告》（详勘）2012-03.

[5] GB 50011—2001 建筑抗震设计规范 [S]. 北京：中国建筑工业出版社 2010.

[6] 中国地震局地球物理研究所.《北京朝阳区 CBD 核心区 Z15 地块发展项目工程场地地震安全性评价报告》2012 年 12 月.

[7] 奥雅纳工程顾问.《北京朝阳区 CBD 核心区 Z15 地块项目“中国尊”超限高层建筑工程抗震设防审查专项报告最终版》，2013 年 1 月.

[8] 奥雅纳工程顾问.《天津市高新区软件和服务外包基地综合配套区中央商务区一期项目-高银 117 大厦超限设计可行性论证》（第二版，2009 年 12 月）.

[9] 姚攀峰. 多边多腔钢管钢筋混凝土巨柱力学性能初步探讨 [A]. 第二届大型建筑钢与组合结构国际会议论文集 [C]. 2014.

[10] 中国建筑科学研究院，建研科技股份有限公司.《CBD 核心区 Z15 地块项目超高层塔楼模拟地震振动台模型试验报告》，2013 年 12 月.

[11] 周福霖，崔鸿超等. 东日本大地震灾害考察报告 [J]. 建筑结构，2011，42（4）：1-20.

[12] 姚攀峰. 科学地震逃生. 北京：中国建筑工业出版社 2012.

地基基础篇

13 半回填建筑地基承载力的探讨[1]

13.1 引 言

随着中国西部开发的进程和建筑形式新要求，有部分建筑物的基坑一边或多边为半回填，见图 13-1。这种半回填的建筑物地基承载力如何计算？目前，规范和相关文献还没有明确的计算方法[2~6]。本文首先推导 Prandtl 假设下半回填地基承载力公式，然后得出工程实用的半回填地基承载力公式。

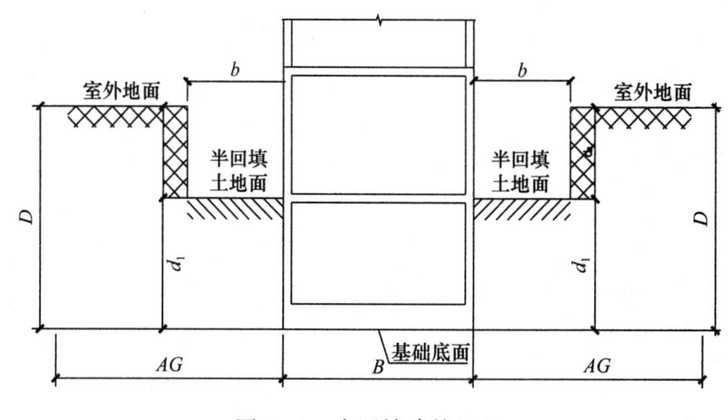

图 13-1 半回填建筑地基

13.2 prandtl 假设下半回填地基承载力

根据 prandtl 假设，首先假定（1）地基土为无重介质；（2）基础地面是光滑面，与土的摩擦系数为零；（3）对于埋深（D）小于基础宽度（B）的浅基础，滑裂面只延伸到基础底面。

13.2.1 对称半回填的地基极限承载力 1

对于回填土为对称半回填的情况，可以取半结构进行计算分析，如图 13-2 所示，土体 OCEGO 处于极限平衡状态。

$$\Sigma M_{\mathrm{A}} = 0 \tag{13-1}$$

$$M_{p_u} + M_{p_a} = M_{q_1} + M_{q_2} + M_c + M_R + M_{p_p} \tag{13-2}$$

式中：M_{p_u} 为 OA 段极限承载力 p_u 对 A 点的弯矩；M_{p_a} 为 OC 段朗肯主动土压力 p_a 对 A 点的弯矩；M_{q1} 为 MA 段 q_1 对 A 点的弯矩；M_{q2} 为 MG 段 q_2 对 A 点的弯矩；M_c 为 CE 段黏

聚力 c 对 A 点的弯矩；M_R 为 CE 段反力 R 对 A 点的弯矩；M_{p_p} 为 GE 段朗肯被动土压力 p_p 对 A 点的弯矩；

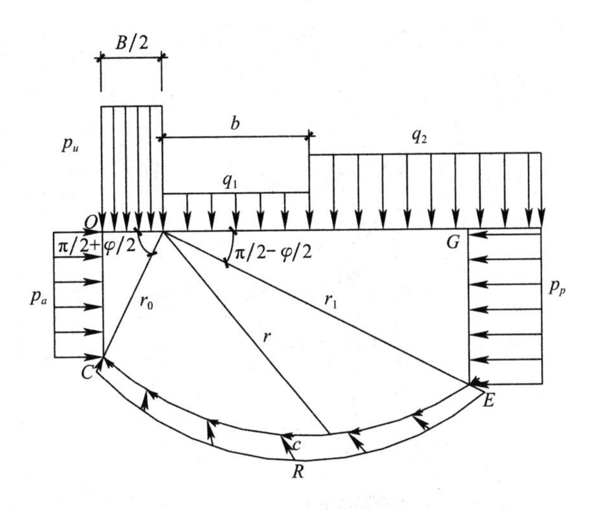

图 13-2 对称半回填地基

反力 R 的方向指向螺旋曲线的极点 A，所以 $M_R=0$

当 $b\leqslant AG=\frac{B}{2}\tan\left(\frac{\pi}{4}+\frac{\varphi}{2}\right)e^{\frac{\pi}{2}\tan\varphi}$ 时，根据朗肯土压力计算公式，有式（13-3）

$$\begin{aligned} p_a &= p_u K_a, K_a = \tan^2\left(\frac{\pi}{4}-\frac{\varphi}{2}\right) \\ p_p &= q_2 K_p, K_p = \tan^2\left(\frac{\pi}{4}+\frac{\varphi}{2}\right) \end{aligned} \tag{13-3}$$

本文首先对砂土进行研究，对于砂土，$c=0$，$M_c=0$，式（13-2）可以简化为下式：

$$M_{p_u}+M_{p_a}=M_{q_1}+M_{q_2}+M_{p_p} \tag{13-4}$$

根据图 13-2 的几何关系，各段长度有以下关系：

$$\begin{aligned} &OA=\frac{B}{2};OC=\frac{B}{2}\tan\left(\frac{\pi}{4}+\frac{\varphi}{2}\right) \\ &k=\frac{b}{AG},k\leqslant 1 \\ &r_0=AC=\frac{B}{2}\cos^{-1}\left(\frac{\pi}{4}+\frac{\varphi}{2}\right);r_1=AE=r_0 e^{\frac{\pi}{2}\tan\varphi} \\ &GE=r_1\sin\left(\frac{\pi}{4}-\frac{\varphi}{2}\right);AG=r_1\cos\left(\frac{\pi}{4}-\frac{\varphi}{2}\right) \end{aligned} \tag{13-5}$$

由式（13-4）、式（13-3）、式（13-5）可得到下式：

$$M_{p_u}=\frac{1}{8}B^2 p_u$$

$$M_{p_a}=\frac{1}{2}p_a(OC)^2=\frac{1}{8}B^2 p_u$$

$$M_{q_1}+M_{q_2}=\frac{1}{2}q_1(AG)^2$$

$$+(q_2-q_1)\cdot(AG-b)\cdot\left(b+\frac{AG-b}{2}\right)$$

$$M_{p_p}=\frac{1}{2}p_pGE^2=\frac{1}{2}p_p\left[r_1\sin\left(\frac{\pi}{4}-\frac{\varphi}{2}\right)\right]^2 \tag{13-6}$$

令 $N_q=\tan^2\left(\frac{\pi}{4}+\frac{\varphi}{2}\right)e^{\pi\tan\varphi}$，由式（13-4）、式（13-6）可得，

$$\frac{1}{4}B^2p_u=\frac{B^2}{4}N_q\left(q_1+\frac{1}{2}(q_2-q_1)(2-k^2)\right) \tag{13-7}$$

$$p_u=q_eN_q$$
$$q_e=q_1+\frac{1}{2}(q_2-q_1)(2-k^2) \tag{13-8}$$

对于对称半回填下的地基，若地基的黏聚力 $c\neq0$，如黏土、粉土等，同理公式可推导出来。

$$令\ N_c=(N_q-1)\cot\varphi$$

$$M_c=\int_0^{\frac{\pi}{2}}c\cdot ds\cdot\cos\varphi\cdot r=cr_0{}^2\frac{1}{2\tan\varphi}(e^{\pi\tan4}-1) \tag{13-9}$$

由式（13-6）、式（13-9）、式（13-2）可得到下式

$$p_u=cN_c+q_eN_q$$
$$q_e=q_1+\frac{1}{2}(q_2-q_1)(2-k^2) \tag{13-10}$$

从式（13-10）中可以得出以下结论，对于半回填的地基，b 越大，k 值越大，地基承载力值越小，由黏聚力 c 引起的地基承载力与 b 无关。

13.2.2 对称半回填下的地基极限承载力 2

当 $b>AG=\frac{B}{2}\tan\left(\frac{\pi}{4}+\frac{\varphi}{2}\right)e^{\frac{\pi}{2}\tan\varphi}$时，$p_p=q_1K_p$，承载力公式为下式：

$$p_u=cN_c+q_eN_q$$
$$q_e=q_1 \tag{13-11}$$

13.3 实用的半回填地基承载力公式

《建筑地基基础设计规范》(GB 50007—2011）中 5.2.4 条，其地基承载力按照下式计算[5]：

$$f_a=f_{ak}+\eta_b\gamma(B-3)+\eta_d\gamma_m(d-0.5) \tag{13-12}$$

式中：f_{ak}为地基承载力特征值；B 为基础宽度，当 $B>6$m 时，取 $B=6$m，当 $B<3$m 时，B 取 3m；η_b 为宽度修正系数；η_d 为深度修正系数；γ 为基底以下土的自重；γ_m 为基底以上土的平均自重；d 为基础埋深。

式（13-12）是经验公式，根据规范条文及解释，该式不能直接用于半回填地基承载力计算，用于半回填的地基承载力应该折减，如何折减尚无经验，这是一个难题。为了简化计算，在实际工程中可参考式（13-10）和式（13-11）进行折减，建议对称半回填建筑

地基承载力实用计算公式如下：

当$b\leqslant\frac{B}{2}\tan\left(\frac{\pi}{4}+\frac{\varphi}{2}\right)e^{\frac{\pi}{2}\tan\varphi}$时，

$$f_{a}=f_{ak}+\eta_{b}\gamma(B-3)+\lambda[\eta_{d}\gamma_{m1}(d_{1}-0.5)] \tag{13-13}$$

λ为修正系数，$\lambda=\beta\lambda_{1}$，

$$\lambda_{1}=1+\frac{\frac{1}{2}(\gamma_{m2}D-\gamma_{m1}d_{1})(2-k^{2})}{\gamma_{m1}d_{1}}$$

式中：β为修正系数，根据经验确定，范围在0～1之间，若无经验可取1.0；d_1为半回填土的厚度，参见图13-1；γ_{m1}为半回填土的加权平均重度；D为基础底面至地面的厚度，参见图13-1；γ_{m2}为基底至地面土的平均自重。

当$b>\frac{B}{2}\tan\left(\frac{\pi}{4}+\frac{\varphi}{2}\right)e^{\frac{\pi}{2}\tan\varphi}$时，

$$取\ f_{a}=f_{ak}+\eta_{b}\gamma(B-3)+\eta_{d}\gamma_{m1}(d_{1}-0.5) \tag{13-14}$$

对于非对称半回填建筑地基承载力，为了偏于安全，可直接参考式（13-13）和式（13-14）计算。β范围可取0～1。

13.4 结　论

本文推导了prandtl地基承载力在对称半回填建筑地基承载力公式，并对工程实用的对称和非对称半回填建筑地基承载力给出了建议公式。

［1］ 姚攀峰，刘永东，苑清山，等. 半回填建筑地基承载力的探讨［J］. 第三届全国岩土与工程学术大会论文集，2009.

［2］ 建筑地基基础设计规范（GB 50007—2002）

［3］ 陈仲颐，周景星，王洪瑾. 土力学. 北京：清华大学出版社，1994

［4］ 陈仲颐，叶书麟主编. 基础工程学. 北京：中国建筑出版社，1996

［5］ D. G. Fredlund，H. Rahardjo，非饱和土力学，陈仲颐 张在明 陈愈炯等译，北京：中国建筑工业出版社，2003

［6］ 黄熙龄，腾延京，王铁宏等. 建筑地基基础设计规范（DBJ15－31－2003）. 北京：中国建筑工业出版社，2003

14 再论非饱和土的抗剪强度[1]

14.1 引 言

抗剪强度是非饱和土土力学中的基本问题之一，众多专家学者对此进行了深入的探讨，至今仍存在不同的观点，其中 Fredlund（1978）基于双应力变量理论提出的扩展的摩尔库仑抗剪强度公式得到了国际公认和局部采用，见式（14-1）[2]

$$\tau_f = c' + (\sigma_n - u_a)\tan\varphi' + (u_a - u_w)\tan\varphi^b \tag{14-1}$$

式中：τ_f 为非饱和土的抗剪强度；c'为有效黏聚力；φ'为有效内摩擦角；φ^b 为基质角；u_a 为破坏时破坏面上的孔隙气压力；u_w 为破坏时破坏面上的孔隙水压力；$u_a - u_w$ 为破坏时破坏面上基质吸力；$\sigma_n - u_a$ 为破坏时破坏面上净法向应力。

缪林昌等（1999）提出了式（14-2）[3]：

$$\tau_f = c_{tol} + \sigma\tan\varphi_{tol} \tag{14-2}$$

式中：c_{tol}、φ_{tol}类似于 Mohr-Coulumb 中的 c 和 φ，是含水指标的函数。

陈敬虞和 Fredlund D. G.（2003）把非饱和土的抗剪强度公式总结如下[4]：

$$\tau_f = c' + (\sigma_n - u_a)\tan\varphi' + \tau_s \tag{14-3}$$

文中列举出了以往非饱和土的各种抗剪强度理论，其中 τ_s 为基质吸力引起的吸附强度，本文不再赘述。

考虑到非饱和土中的基质吸力、渗透吸力等因素，姚攀峰（2003，2004，2007）提出下列形式的摩尔库仑抗剪强度公式[5~7]：

$$\begin{aligned}\tau_f &= c^g + (\sigma_n - u_a)\tan\varphi^g \\ c^g &= c' + c^e, \varphi^g = \varphi' + \varphi^e\end{aligned} \tag{14-4}$$

式中：φ^g 为摩擦角，即包线与净法向应力轴的倾角；c^g 为黏聚力，即净法向应力为零时，摩尔一库仑破坏包线在剪应力轴上的截距；c^e、φ^e 为基质吸力和其他因素在 $\tau-(\sigma_n-u_a)$ 坐标系中引起的等效黏聚力、等效摩擦角（见图 14-1）。

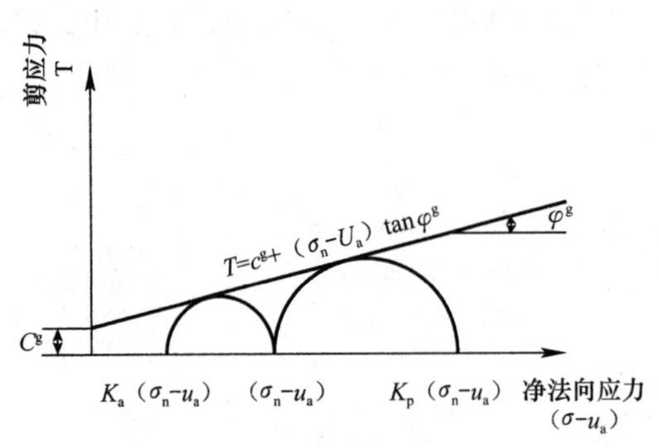

图 14-1 非饱和土极限平衡时单元应力

对于基质吸力以外的因素对非饱和土抗剪强度的影响，目前尚缺乏必要的研究。对于非饱和土，一般情况可认为基质吸力和静法向应力为非饱和土的两个独立应力状态变量[2]，对抗剪强度等起决定性作用，以下均针对此种情况进行探讨。

本文首先分析 3 个典型的非饱和土抗剪实验，然后尝试对非饱和土抗剪强度包络面给出几何描述，给出其抗剪强度的函数表达式并用实验进行了验证，最后用于土和饱和土两个极限状态进行验证。

14.2　抗剪强度实验

14.2.1　Escario 实验（1986）[8]

Escario 和 Sáze（1986）对非饱和马德里灰色黏土等三种土样的进行了直剪实验（下简称 Escario 实验），实验结果见图 14-2，根据式（14-4）可求出 c^g 和 φ^g，详见表 14-1。

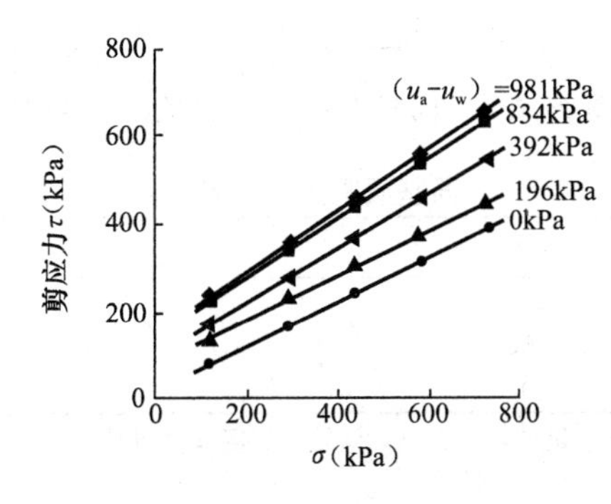

图 14-2　不同基质吸力下的摩尔库仑包线

不同基质吸力下的 c^g、φ^g　　**表 14-1**

编号	(u_a-u_w)（kPa）	c^g（kPa）	φ^g（°）
1	0	22.7	24.5
2	196	75.0	24.5
3	392	90.9	29.0
4	834	125.0	32.5
5	981	136.4	33.5

注：数据为图上量取，存在测量误差，假定 $u_a=0$kPa。

14.2.2　龚壁卫实验（2006）[9]

龚壁卫等（2006）对非饱和土进行了不同路径的抗剪实验研究（下简称龚壁卫实验），土样为湖北枣阳某渠道一处已经发生滑坡的边坡，脱湿路径下的实验结果见图 14-3，根据式（14-4）可求出 c^g 和 φ^g，见表 14-2：

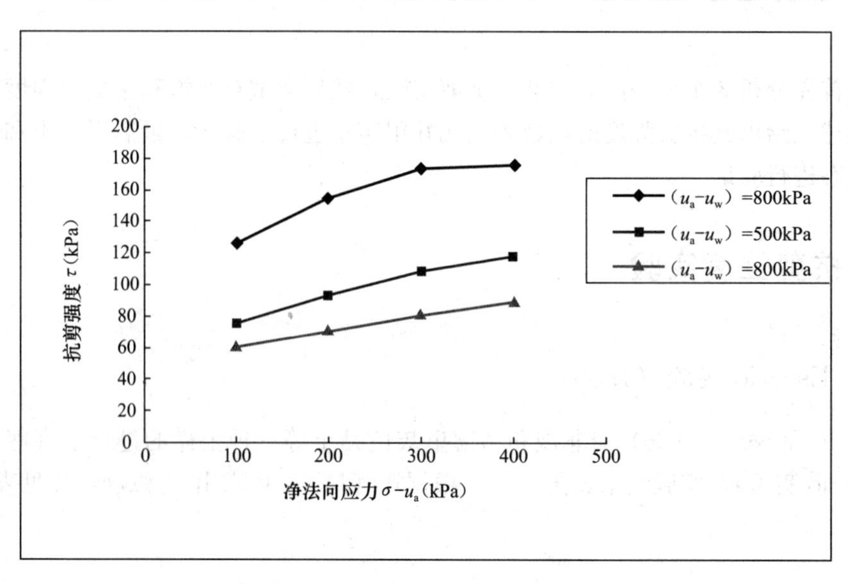

图 14-3　不同基质吸力下的摩尔库仑包线

不同基质吸力下的 c^g、φ^g　　**表 14-2**

编号	(u_a-u_w) (kPa)	c^g (kPa)	φ^g (°)
1	200	52.8	6.27
2	500	62	8.53
3	800	120	9.36

注：脱湿路径下实验，数据为图上量取，存在测量误差；假定 $u_a=0$kPa。

14.2.3　林鸿州实验（2007）[10]

林鸿州等（2007）对非饱和北京粉质黏土等三种土样进行了直剪实验（下简称林鸿州实验），假定 $u_a=0$kPa，根据式（14-4）可求出 c^g 和 φ^g，结果见表 14-3。

不同基质吸力下的 c^g、φ^g　　**表 14-3**

编号	(u_a-u_w) (kPa)	c^g (kPa)	φ^g (°)
1	0	8.1	25.5
2	30.0	27.8	27.4
3	60.1	47.6	29.6
4	≈400	79.5	30.8
5	>400	15.7	40.8

注：土为黏土；编号 1 的土样为浸水饱和；编号 5 的土样为干燥状态，剪切后饱和度为 5%；假定 $u_a=0$kPa。

对上述实验进行分析，可得出不同基质吸力条件下黏聚力和摩擦角的比值，见表 14-4。

不同基质吸力条件下 c^g、φ^g 的比值　　**表 14-4**

编号	实验	$(u_a-u_w)_1$ (kPa)	$(u_a-u_w)_2$ (kPa)	$\frac{c^g_{(u_a-u_w)_2}}{c^g_{(u_a-u_w)_1}}$	$\frac{\varphi^g_{(u_a-u_w)_2}}{\varphi^g_{(u_a-u_w)_1}}$
1	Escario 实验	0	981	600.9%	136.7%
2	龚壁卫实验	200	800	227.3%	149.3%
3	林鸿州实验	0	≈400	981.4%	120.8%
4	林鸿州实验	0	>400	193.8%	160.0%

注：表中的第 4 组数据是林鸿州实验中编号 5 的数据，剪切后饱和度为 5%；假定 $u_a=0$kPa。

由图 14-2 和图 14-3 可知，对于同一基质吸力，静法向应力在一定区间内，非饱和土的抗剪强度包线为直线；由表 14-4 可知，当吸力的变化区间为 0～981kPa 时，黏聚力变化为 227.3%～981.4%，摩擦角变化为 120.8%～149.3%；对于高基质吸力状态下，无准确的吸力数据，但从林鸿州实验可知，剪切后饱和度为 5%时，摩擦角变化为 160.0%。

根据上述 3 个非饱和土抗剪强度实验，可得出以下结论：(1) 对于同一基质吸力，静法向应力在一定区间内，非饱和土的抗剪强度包线近似为直线，符合摩尔库仑破坏准则；(2) 对于不同吸力，黏聚力和摩擦角是不同的，摩擦角相对变化可高达 160.0%，在一定情况下不可忽略摩擦角的变化；(3) 吸力变化时，黏聚力变化较大，摩擦角变化较小。

14.3 改进的摩尔库仑抗剪强度公式

根据上述非饱和土的 3 个抗剪强度实验可知，非饱和土抗剪强度包络面在 $\tau-(\sigma_n-u_a)-(u_a-u_w)$ 坐标系中是一个曲面，当 (u_a-u_w) 为定值时，净法向应力在一定区间内，其破坏包线为一条直线，符合摩尔库仑破坏准则；当 (u_a-u_w) 变化时，该破坏包线在 τ 轴上的截距是变化的，该破坏包线与 $(\sigma_n-u_a)-(u_a-u_w)$ 平面的夹角也是变化的，也就是说黏聚力 c^g 和摩擦角 φ^g 是变化的。该抗剪包络曲面从几何学上属于直纹面的一种，见图 14-4。该直纹面可以用式 (14-4) 来描述，对于基质吸力和静法向应力为非饱和土的两个独立应力状态变量的情况，式 (14-4) 可简化为式 (14-5) 和式 (14-6)：

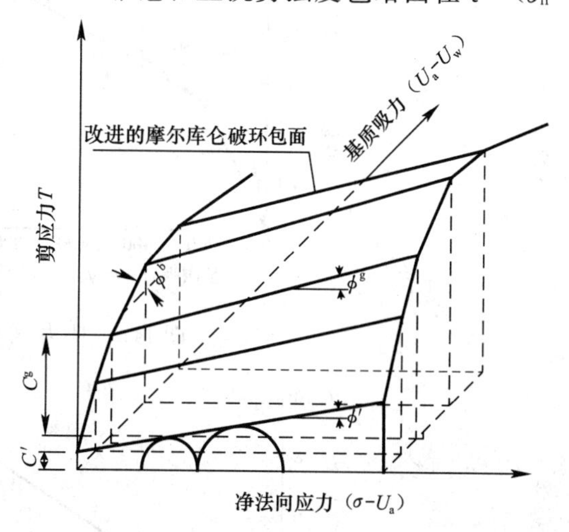

图 14-4 非饱和土改进的摩尔库仑破坏包面

$$\tau_f = c^g + (\sigma_n - u_a)\tan\varphi^g \tag{14-5}$$

$$c_m = c^g - c', \varphi_m = \varphi^g - \varphi'$$

$$\tau_f = c' + c_m + (\sigma_n - u_a)\tan(\varphi' + \varphi_m) \tag{14-6}$$

式中：c_m、φ_m 为基质吸力 (u_a-u_w) 引起的等效黏聚力和等效摩擦角；c_m、φ_m 是吸力的函数，假定其函数关系为式 (14-7) 和式 (14-8)。

$$c_m = f_1(u_a - u_w) \tag{14-7}$$

$$\varphi_m = f_2(u_a - u_w) \tag{14-8}$$

式 (14-7)、式 (14-8) 可通过下列方法求出：(1) 根据饱和土实验求出 c' 和 φ'；(2) 根据非饱土抗剪实验得出 c^g 和 φ^g，绘制出黏聚力-吸力曲线 (Cohesion-Suction Curve，下简称 CSC 曲线) 和摩擦角-吸力曲线 (Friction Angle-Suction Curve，下简称 FASC 曲线)；(3) 根据式 (5) 求出 c_m 和 φ_m，绘制出等效黏聚力-吸力曲线 (Equal Cohesion-Suction Curve，下简称 ECSC 曲线) 和等效摩擦角-吸力曲线 (Equal Friction Angle-Suction Curve，下简称 EFASC 曲线)；(4) 对于不同的基质吸力区间，直接根据实验曲线

选择合适的函数进行拟合或者插值，该函数表达式即式（14-7）和式（14-8）。通常情况下，基质吸力在一定的区间范围内，式（14-7）和式（14-8）可选择线性函数表达，见式（14-9）和式（14-10）。

$$c_m = c_{m0} + (u_a - u_w)\tan\varphi^b \tag{14-9}$$

式中：c_{m0} 为 ECSC 直线在 c_m 轴上的截距，$\tan\varphi^b = \dfrac{\Delta c_m}{\Delta (u_a - u_w)}$

$$\varphi_m = \varphi_{m0} + (u_a - u_w)\tan\theta^b \tag{14-10}$$

式中：φ_{m0} 为 EFASC 直线在 φ_m 轴上的截距，$\tan\theta^b = \dfrac{\Delta\varphi_m}{\Delta (u_a - u_w)}$

图 14-5、图 14-6 分别为 Escario 实验和林鸿州实验中的 ECSC 曲线和 EFASC 曲线。

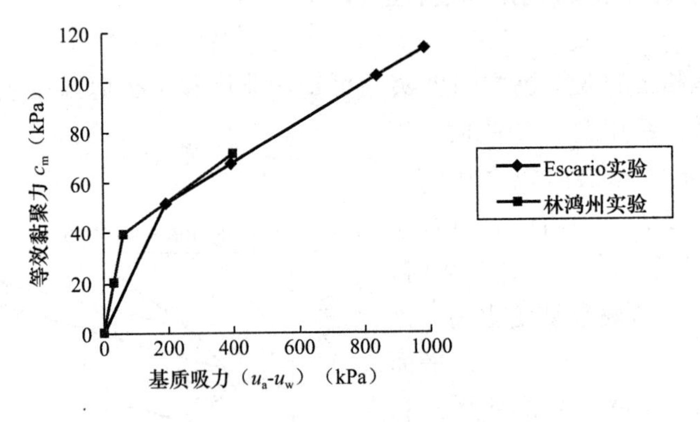

图 14-5　吸力-等效黏聚力曲线

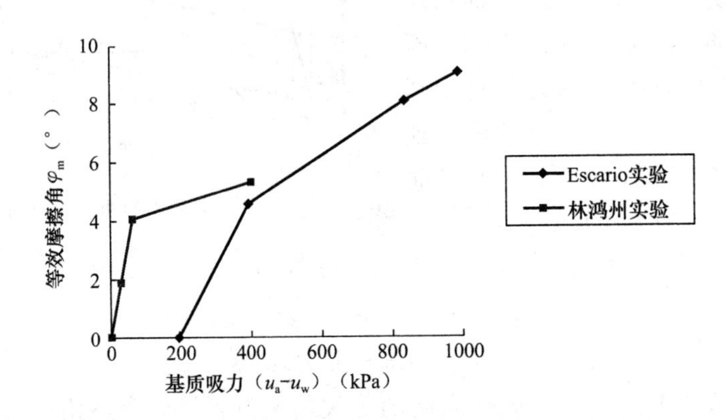

图 14-6　吸力-等效摩擦角关系曲线

对于 Escario 实验，（$u_a - u_w$）在区间［0kPa，196kPa］上，

$c_m = 0 + 0.267\ (u_a - u_w)$，$c_{m0} = 0$，$\varphi^b = 14.95°$

$\varphi_m = 0$，$\varphi_{m0} = 0$，$\theta^b = 0°$

其他区间的函数关系均可利用上述方式求出。

由图 14-5 和图 14-6 的 Escario 实验可知，对某些非饱和土，当基质吸力较小时，ECSC 曲线近似为一条直线，EFASC 曲线为一条截距为 0、倾角为 0 的直线，即等效摩擦角为 0，可以用式（14-1）描述；当基质吸力较大时，在一定区间内，ECSC 曲线近似为一条直线，EFASC 曲线为一条截距和倾角不为 0 的直线，等效摩擦角不能忽略为 0，式

(14-1) 是不能描述该种情况的。由图 14-5 和图 14-6 中的林鸿州实验数据曲线可知，对某些重塑非饱和土，在不同的基质吸力区间上，ECSC 曲线和 EFASC 曲线近似为直线，即使基质吸力较小时，EFASC 曲线也是一条倾角不为 0 的直线，等效摩擦角不能忽略为 0，式 (14-1) 是不能描述该种情况的。式 (14-4)、式 (14-5)、式 (14-6) 可较好地描述非饱和土的抗剪强度特性，可称之为改进的摩尔库仑抗剪强度公式 (Improved Mohr-Coulomb Shear Strength)，该公式描述的抗剪强度包络面是直纹面的一种，也可用轨迹面来描述，母线是摩尔-库仑包线，轨迹线是 CSC 曲线，母线与 $(\sigma_n-u_a)-(u_a-u_w)$ 坐标面的夹角随着基质吸力的变化而改变，改变的规律遵照 FASC 曲线所对应的函数关系。

14.4 极端状态下的验证

饱和土和干土是非饱和土的两个极端状态，一个合理的非饱和土抗剪强度公式应该能够概括该状态。

对于饱和土，抗剪强度公式为式 (14-11)：

$$\tau_f = c' + (\sigma_n - u_w)\tan\varphi' \tag{14-11}$$

当土体饱和时，此时气溶解于水，由于 $u_a=u_w$，$c_m=0\text{kPa}$，$\varphi_m=0°$，所以式 (14-1) 和式 (14-5) 均可退化到式 (14-11)；而式 (14-2) 为 $\tau=c_{tol}+\sigma\tan\varphi_{tol}$，同总应力状态下的摩尔库仑抗剪强度公式，无法真正描述饱和土的破坏形式。

对于干砂，$u_a=0\text{kPa}$ 时，抗剪强度公式为式 (14-12)：

$$\tau_f = \sigma_n\tan\varphi \tag{14-12}$$

式中：φ 为干砂中摩尔库仑抗剪强度公式的摩擦角。

当为干砂时，基质吸力引起的等效黏聚力为 0kPa，$c^g=0\text{kPa}$，$\varphi^g=\varphi$；$c_{tol}=0\text{kPa}$，$\varphi_{tol}=\varphi$，式 (14-2) 和式 (14-5) 可退化到式 (14-12)；式 (14-1) 为 $\tau_f=c'+(\sigma_n-u_a)\tan\varphi'+(u_a-u_w)\tan\varphi^b$，由表 14-4 可知，$\varphi'\neq\varphi^g$，无法真正描述干砂的破坏形式。

这说明无论式 (14-1) 和式 (14-2) 均不能概括饱和土和干土两种极端状态，本文建议的强度表达式却可以较好地描述极端状态的土。

14.5 结　论

本文根据 3 个非饱和土抗剪强度实验，对非饱和土的抗剪强度公式进行了探讨，在原有抗剪强度理论基础上提出了非饱和土的抗剪强度包络面是几何学中直纹面的一种特殊形式，给出了改进的摩尔库仑抗剪强度公式，可以描述非饱和土各个应力区间上的非饱和土破坏形式；提出了通过 ECSC 曲线和 EFASC 曲线直接确定非饱和土抗剪强度参数的方法和具体算例；并用干土和饱和土两个极端状态对不同的非饱和土抗剪强度理论进行了评估。

[1] 姚攀峰. 再论非饱和土的抗剪强度 [J]. 岩土力学，2009，30 (8)：2315-2318.
[2] D. G. Fredlund，H. Rahardjo，陈仲颐 张在明 陈愈炯 等译，Soil Mechanics for Unsaturated Soils

1993.

[3] 缪林昌，仲晓晨，殷宗泽. 膨胀土的强度与含水量的关系 岩土力学，1999，20 (2).

[4] 陈敬虞，Fredlund D. G.；非饱和土抗剪强度理论的研究进展；岩土力学，2003，24 (supp.)：654-660.

[5] 姚攀峰. 非饱和土土压力研究：[硕士学位论文]. 北京：清华大学水利水电系，2003.

[6] 姚攀峰，张明，戴荣，张振刚. 非饱和土的广义朗肯土压力 工程地质学报，2004，12 (8)：285～291.

[7] 姚攀峰，祁生文，张明，张振刚. 非饱和土土压力理论工程应用化探讨. 中国土木工程学会第十届土力学及岩土工程学术会议，2007，重庆.

[8] V. Escario and J. Saez，"The Shear Strength of Partly Saturated Soils"，Geotechnique，vol. 36，no. 3，pp. 453-456，1986.

[9] 龚壁卫，周小文，周武华. 干一湿循环过程中吸力与强度关系研究；岩土工程学报，2006，28 (2)：207-209.

[10] 林鸿州，李广信，于玉贞等. 基质吸力对非饱和土抗剪强度的影响；岩土力学，2007，28 (9)：1931-1936.